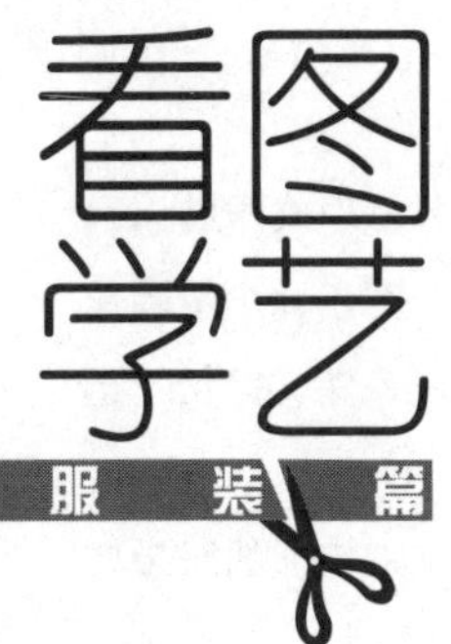

图解

服装裁剪100例

TUJIE
FUZHUANG
CAIJIAN
100 LI

杨佑国 杨 娟 主编

化学工业出版社
·北 京·

本书是《看图学艺·服装篇》丛书中的一本，按照裤装、裙装、衬衫、茄克衫、中式服装、西服、大衣、童装八个大类，吸收技术与艺术相结合的现代服装设计方法，以大量的图示、少量的配文，翔实地分解论述了服装从立体造型到平面结构的转换变化规律，使读者能由浅入深、轻松、迅速地掌握服装设计制作的规律和技巧。

全书内容通俗易懂、图文并茂、形象逼真，适合中等职业学校、技工学校、工人培训的服装专业教学用书，也可作为服装爱好者自学使用。

图书在版编目（CIP）数据

图解服装裁剪100例/杨佑国，杨娟主编. —北京：化学工业出版社，2011.1（2025.6重印）
（看图学艺·服装篇）
ISBN 978-7-122-10134-1

Ⅰ.图…　Ⅱ.①杨…②杨…　Ⅲ.服装量裁-图解
Ⅳ.TS941.631-64

中国版本图书馆CIP数字核字（2010）第245452号

责任编辑：陈　蕾　　装帧设计：尹琳琳
责任校对：周梦华

出版发行：化学工业出版社（北京市东城区青年湖南街13号　邮政编码100011）
印　　装：大厂回族自治县聚鑫印刷有限责任公司
787mm×1092mm　1/16　印张14½　字数358千字　2025年6月北京第1版第24次印刷

购书咨询：010-64518888　　售后服务：010-64518899
网　　址：http://www.cip.com.cn
凡购买本书，如有缺损质量问题，本社销售中心负责调换。

定　　价：38.00元

前言

传统的结构设计是按经验公式来裁剪服装的，服装细部的裁剪技术多数以定寸（或按简单的比例）来计算细部尺寸，没有很好考虑人体体型特征及其生长变化规律这一重要因素。现代服装结构理论，是按照“以人为本”的理念，进行定量和定性分析，其裁剪技术融理论性、系统性和实用性于一体，能达到服装结构的时尚化、个性化需求。

吸收传统服装结构制图的精华，融现代服装系统理论于一体，是服装结构设计追求的目标。本书在吸收传统经典款式裁剪技术的基础上，加入了现代服装的结构理论，使服装结构技术，尤其是细部裁剪技术，更符合人体着装需求。在编排时，本书吸收了传统的典型品种，再结合国内外流行款式进行重点设计。全书由浅入深地叙述了服装裁剪技术，图文并茂，系统而规范。款式图与结构图一一对应，易学易懂，达到比较科学又快速的现代服装结构制图标准。本书可供从事服装裁剪工作者及服装专业师生学习参考。也可作为服装高级技术人员培训教材。

在本书编写过程中，得到了江苏外贸行业朋友们的大力协助，赵兵、倪如芳、张键、杨焱雯参与了本书的绘图工作，徐平华、王华敏等协助收集资料及文字整理工作，谨此表示感谢。

由于作者水平有限，如有不足之处，恳请读者批评指教。

编　者

2011年1月

目录

第一章

服装制图基础知识 1

一、服装制图工具

(一) 尺

尺是量体和测量服装面料尺寸的重要工具，常用的尺有直尺、角尺、软尺、比例尺等。

1. 直尺

直尺有钢制、木制、竹制、塑料制、有机玻璃制等多种。直尺有30cm、40cm、60cm、100cm等规格。直尺是服装裁剪、制图中不可缺少的测量工具。直尺见图1–1。

图1–1 直尺

2. 角尺

角尺有直角尺，直角尺多为木制和钢制，三角尺有塑料、有机玻璃三角尺。直角尺和三角尺见图1–2。

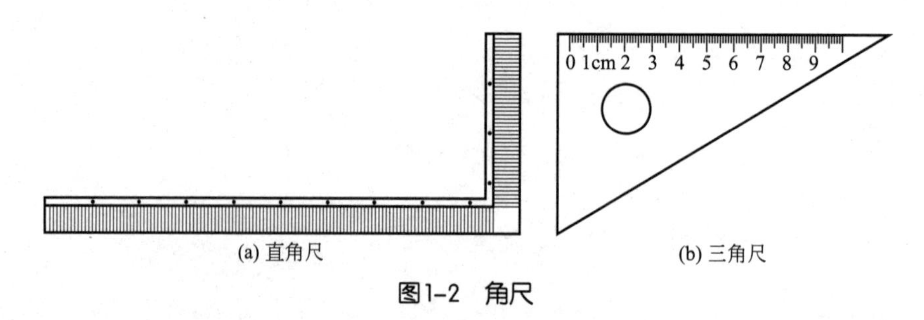

图1–2 角尺

3. 软尺

软尺主要用于测体和服装成衣尺寸。服装行业常用的软尺为1.5cm规格。在服装制图中，软尺经常用于测量、复核各曲线、组合部位的长度（如测量袖窿、袖山弧线的周长等），以判定配合关系是否合适，软尺见图1–3。

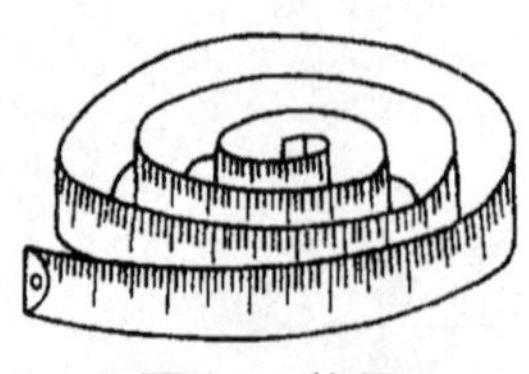

图1–3 软尺

4. 比例尺（三棱尺）

比例尺是按一定比例制作缩小图的测量工具。比例尺一般为木制材料，也有塑料和有机玻璃尺，比例尺尺形为三棱形，有三个尺面、三个尺边，有六种不同比例的刻度供选用。比例尺见图1–4。

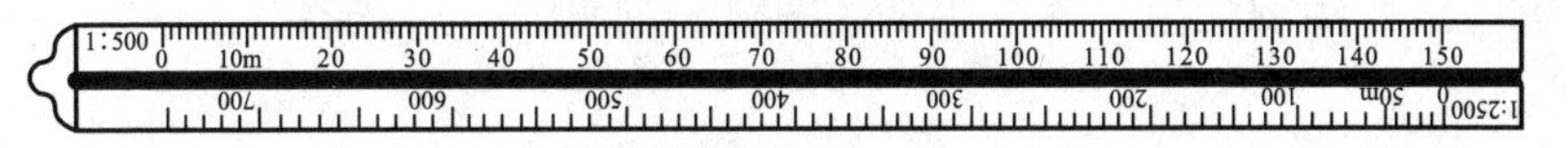

图1–4　比例尺

（二）量角器

量角器是一种用来测量角度的器具，量角器为半圆形，在圆周上刻有1°　~ 180°　的度数。量角器见图1–5。

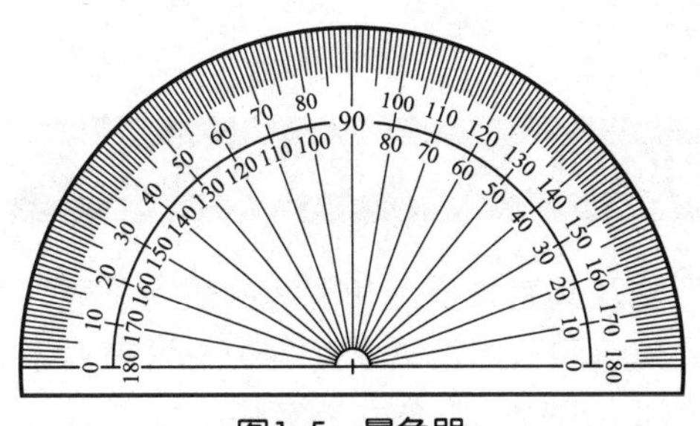

图1–5　量角器

（三）曲线板

曲线板，专为画各种曲线之用。用于绘制服装图中的弧线等部位。曲线板见图1–6。

图1–6　曲线板

（四）绘图铅笔与橡皮

绘图铅笔有软硬之分。注有符号HB的为中性，B ~ 6B为逐渐转软，6B铅笔浓黑、黑污。H ~ 6H逐渐转硬，铅色浅淡，适宜于缩小图。橡皮用于图纸修改，有普通橡皮和绘图橡皮两种，绘制服装图时应选用绘图橡皮。铅笔与橡皮见图1–7。

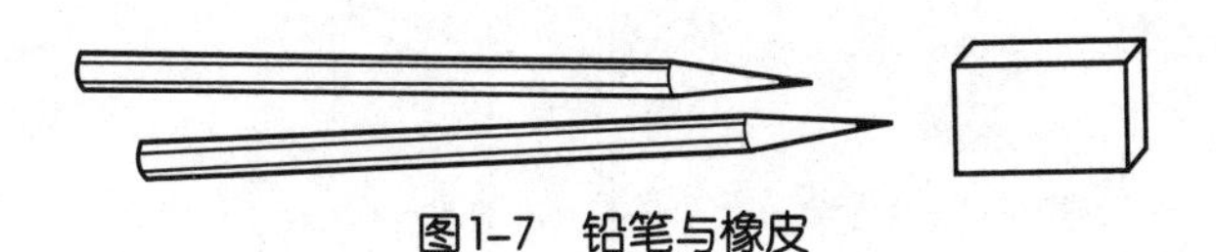

图1–7　铅笔与橡皮

（五）其他

服装结构制图还会用到图纸、图钉、彩色笔、墨线笔等。

彩色笔用于勾画装饰线。绘图用的墨线笔见图1–8。

服装制图时还会用到画板、绘图用纸、图钉、削笔刀、点线器等。

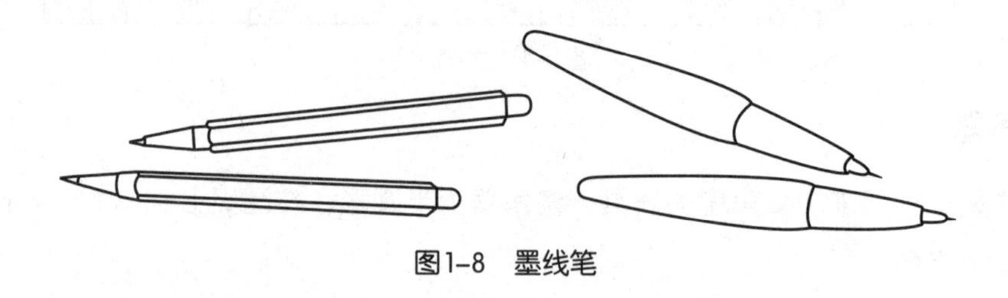

图1–8　墨线笔

二、服装结构制图的图线、符号及部位代号

服装结构制图的图线形式及其有关规定和图线的用途见表1–1。服装制图中为了准确表达各种线条、部位、裁片的用途和作用，需借助各种符号来表示。服装结构制图的常见符号见表1–2。服装结构制图的部位名称日及英文缩写代号见表1–3。

表1–1　图线画法及用途　　单位：mm

图线名称	图线形式	图线宽度	图线用途
粗实线	━━━━━━	0.9	服装和零部件轮廓线；部位轮廓线
细实线	——————	0.3	图样结构的基本线；尺寸线和尺寸界线；引出线
虚线（粗）	▬ ▬ ▬ ▬	0.9	背面轮廓影示线
虚线（细）	- - - - - - - - - - -	0.3	缝纫明线
点画线	——-——-—	0.9	对折线
双点画线	——--——--—	0.3	折转线

表1–2　结构制图符号

序号	符号形式	名称	说　明	序号	符号形式	名称	说　明
1	△ 2	特殊放缝	与一般缝份不同的缝份量	8	⌝	直角	两者成垂直状态
2	△ □	拉链	画在装拉链的部位	9		重叠	两者相互重叠
3		斜料	用有箭头的直线表示布料的经纱方向	10	↓↑	经向	有箭头直线表示布料的经纱方向
4		阴裥	裥底在下的折裥	11	——→	顺向	表示褶裥、省、覆势等折倒方向（线尾的布料在线头的布料之上）
5		明裥	裥底在上的折裥	12	∿∿∿∿	缩缝	用于布料缝合时收缩
6	○	等量号	两者相等量	13		归拢	将某部位归拢变形
7		等分线	将线段等比例划分	14		拔开	将某部位拉展变形

续表

序号	符号形式	名称	说　明	序号	符号形式	名称	说　明
15	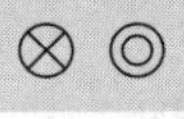	按扣	两者成凹凸状且用弹簧加以固定	26		钉扣	表示钉扣的位置
16		钩扣	两者成钩合固定	27		省道	将某部位缝去
17	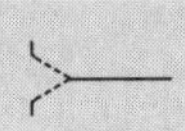	开省	省的部位需剪开	28	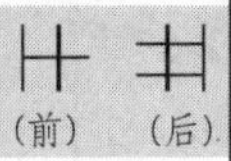 （前）（后）	对位记号	表示相关衣片两侧的对位
18		拼合	表示相关布料拼合一致	29	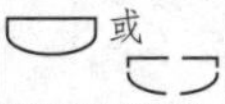 或	部件安装的部位	部件安装的所在部位
19	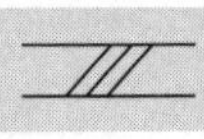	衬布	表示衬布	30	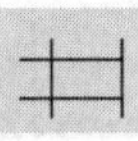	布环安装的部位	装布环的位置
20		合位	表示缝合时应对准的部位	31	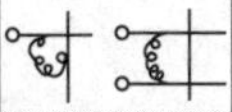	线袢安装位置	表示线袢安装的位置及方向
21	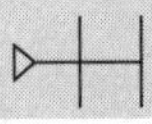	拉链装止点	拉链的装止点部位	32	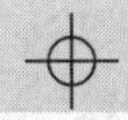	钻眼位置	表示裁剪时需钻眼的位置
22	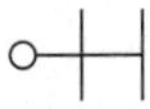	缝合止点	除缝合止点外，还表示缝合开始的位置，附加物安装的位置	33		单向折裥	表示顺向折裥自高向低的折倒方向
23	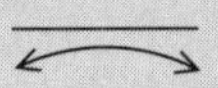	拉伸	将某部位长度方向拉长	34		对合折裥	表示对合折裥自高向低的折倒方向
24	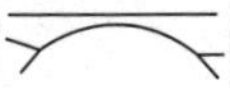	收缩	将某部位长度缩短	35	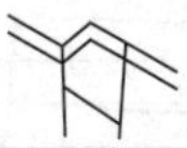	折倒的省道	斜向表示省道的折倒方向
25		纽眼	两短线间距离表示纽眼大小	36		缉双止口	表示布边缉缝双道止口线

注：在制图中，若使用其他制图符号或非标准符号，必须在图纸中用图和文字加以说明。

表1-3　结构制图的主要部位代号

序号	中文	英文	代号	序号	中文	英文	代号
1	领围	Neck Girth	N	16	膝盖线	Knee Line	KL
2	胸围	Bust Girth	B	17	胸点	Bust Point	BP
3	腰围	Waist Girth	W	18	侧颈点	Side Neck Point	SNP
4	臀围	Hip Girth	H	19	前颈点	Front Neck Point	FNP
5	大腿根围	Thigh Size	TS	20	后颈点（颈椎点）	Back Neck Point	BNP
6	领围线	Neck Line	NL	21	肩端点	Shoulder Point	SP
7	前领围	Front Neck	FN	22	袖窿	Arm Hole	AH
8	后领围	Back Neck	BN	23	衣长	Length	L
9	上胸围线	Chest Line	CL	24	前衣长	Front Length	FL
10	胸围线	Bust Line	BL	25	后衣长	Back Length	BL
11	下胸围线	Under Bust Line	UBL	26	头围	Head Size	HS
12	腰围线	Waist Line	WL	27	前中心线	Front Center Line	FCL
13	中臀围线	Middle Hip Line	MHL	28	后中心线	Back Center Line	BCL
14	臀围线	Hip Line	HL	29	前腰节长	Front Waist Length	FWL
15	肘线	Elbow Line	EL	30	后腰节长	Back Waist Length	BWL

续表

序号	中文	英文	代号	序号	中文	英文	代号
31	前胸宽	Front Bust Width	FBW	39	袖山	Arm Top	AT
32	后背宽	Back Bust Width	BBW	40	袖肥	Biceps Circumference	BC
33	肩宽	Shoulder Width	S	41	袖窿深	Arm Hole Line	AHL
34	裤长	Trousers Length	TL	42	袖口	Cuff Width	CW
35	股下长	Inside Length	IL	43	袖长	Sleeve Length	SL
36	前上裆	Front Rise	FR	44	肘长	Elbow Length	EL
37	后上裆	Back Rise	BR	45	领座	Stand Collar	SC
38	脚口	Slacks Bottom	SB	46	领高	Collar Rib	CR

三、服装结构制图各部位线条名称

服装结构制图各部位线条名称见图1-9。

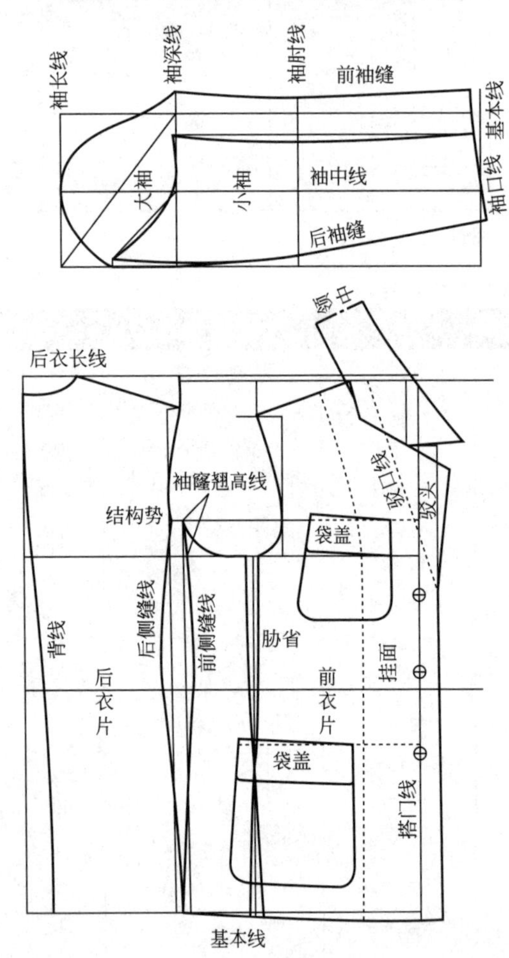

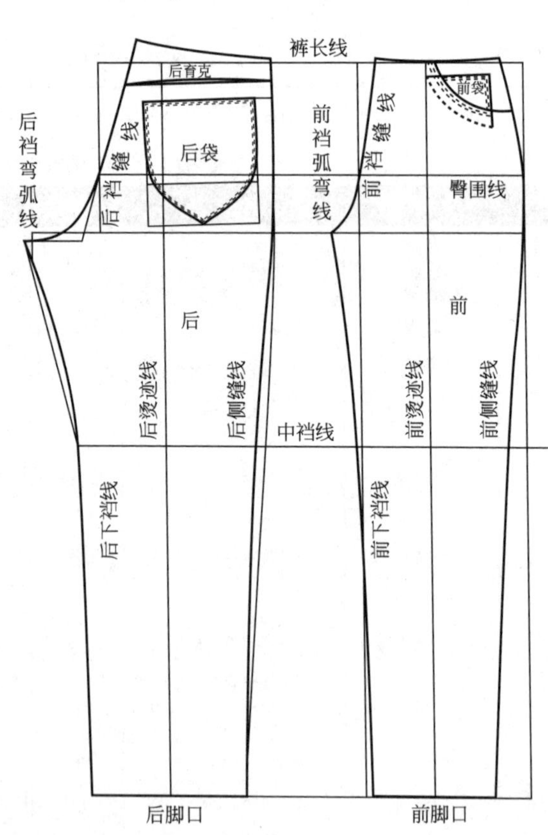

图1-9 服装结构制图各部位线条名称

四、人体的测量

（一）人体测量的工具

（1）人体测高仪　主要由一杆刻度以毫米为单位垂直安装的尺，及一把可活动的尺臂（游标）组成。

（2）直脚规　用于测量人体短而不规则部位的直线距离。

（3）弯脚规　用于人体不能直接以直尺测量的两点间距离的测量。如肩宽、胸厚等部位的尺寸。

（4）软尺　最常见、最简易的人体测量工具之一，一般以厘米（cm）为单位。

（5）人体截面测量仪　用于测量人体水平与垂直横截面尺寸的仪器。

（6）现代化测量工具　如电子激光扫描仪，摄影仪等。

（二）人体测量的部位与方法

人体主要部位的测量方法见图1-10。

（1）总体高　人体立姿时，头顶至地面的距离。

（2）身高　人体立姿时，后颈椎点至地面的距离。

（3）衣长　人体立姿时，前颈点至衣服下摆的距离。

（4）腰长　人体立姿时，体侧腰围至臀围线的距离。

（5）背长　后颈点至后腰围中心线的距离。

（6）背腰长　侧颈点经过肩胛骨至腰围线的距离。

（7）前腰长　侧颈点经过乳头中点至腰围线的距离。

（8）乳头高　侧颈点至乳头中点的距离。

（9）袖长　肩端点至手根点的距离。

（10）肘长　肩端点至肘点的距离。

（11）裙长　侧面量腰围线至裙摆的距离。

（12）裤长　侧面量腰围线至脚外踝点的距离。

（13）上裆长　腰围线至大腿根部的距离。

（14）胸围　经过腋窝和乳头一周所得的最大水平长度。

（15）腰围　经过腰部最细处水平围的长度。

（16）臀围　臀部最丰满处水平围长度。

（17）腹围　腰围线与臀围线中央位置绕水平围长度。

（18）肩宽　左右肩端点经过后颈点的长度。

（19）胸宽　胸部前腋点之间的长度。

（20）背宽　背部后腋点之间的长度。

（21）乳间距　左右乳头点之间的长度。

（22）手臂根围　经过肩端点、前后腋点绕手臂根部一周的长度。

（23）上臂围　上臂最粗处水平围长度。

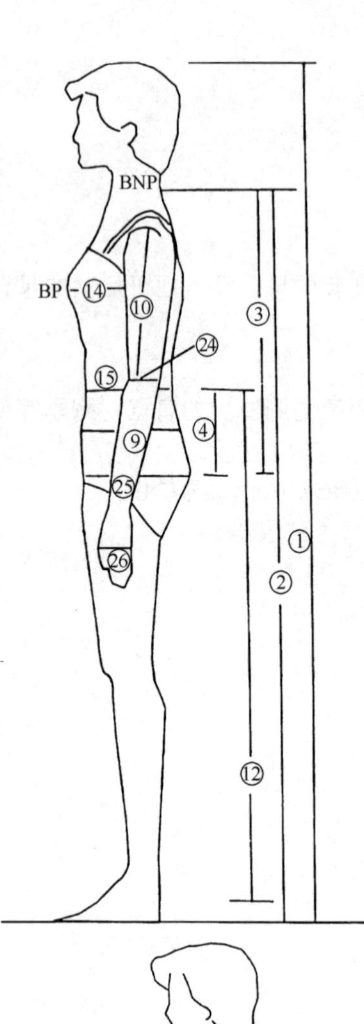

（24）肘围　手臂弯曲时，经过肘点水平围长度。

（25）手腕围　经过手根点水平围长度。

（26）手掌围　手掌最宽处水平围长度。

（27）颈根围　经过前后颈点、侧颈点绕颈根部围量一周的长度。

（28）头围　头部最丰满处水平围长度。

WH
⑬

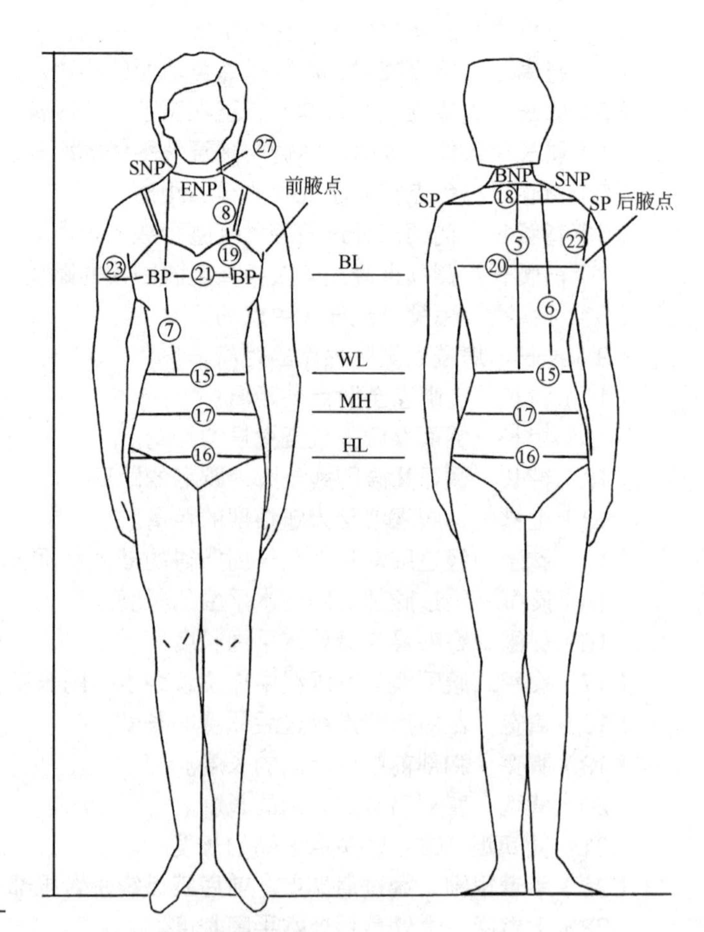

图1-10　人体主要部位的测量方法

第二章

裤装结构制图 2

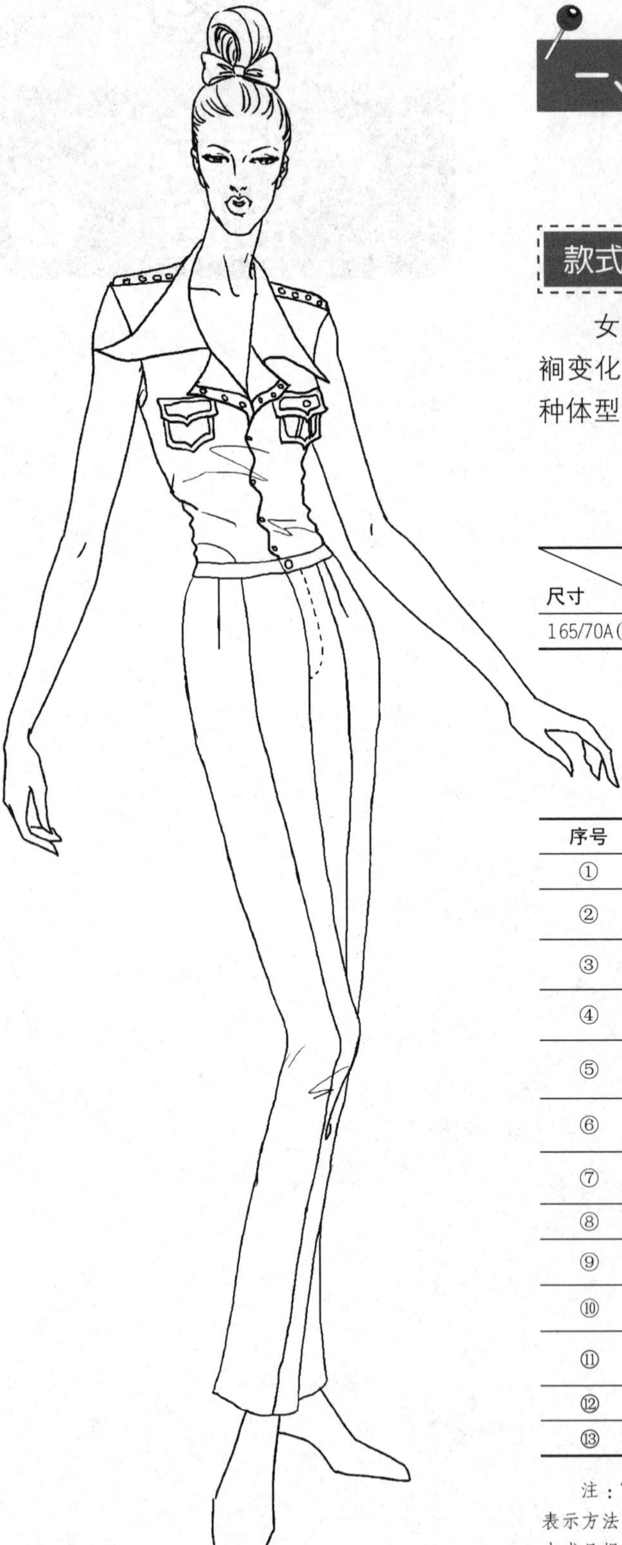

一、女裤基本型

款式分析

女裤基本型，前片两个活裥，也可以将活裥变化为抽褶。后片左右各收二道省。适合各种体型人穿着。

成品规格表

尺寸 \ 部位	裤长 L	腰围 W	臀围 H	腰宽	脚口 SB
165/70A（号型）	100	72	96	3	23

主要部位比例分配公式及尺寸表

序号	部位	细部公式	尺寸
①	裤长	L−腰宽（3）	97
②	上裆	$\frac{H}{4}$	24
③	臀高	$\frac{H}{6}$	16
④	前臀围	$\frac{H}{4}-1$	23
⑤	小裆宽	$\frac{4H}{100}$	3.8
⑥	烫迹线	$\frac{3H}{20}-1$	13.4
⑦	前腰围	$\frac{W}{4}-1+4$（裥）	21
⑧	前脚口	SB−2	21
⑨	后臀围	$\frac{H}{4}+1$	25
⑩	大裆宽	$\frac{H}{10}$	9.6
⑪	后腰围	$\frac{W}{4}+1+4$（省）	23
⑫	后脚口	SB+2	25
⑬	腰头长	W（不包括搭门）	72

注："号型"是服装长短、肥瘦的标志，是人体规格的一种表示方法，号指人体总体高，型指人体的净胸围或净腰围。本书中成品规格表，主要部位比例分配公式及尺寸表中数据，单位均为厘米（cm）。

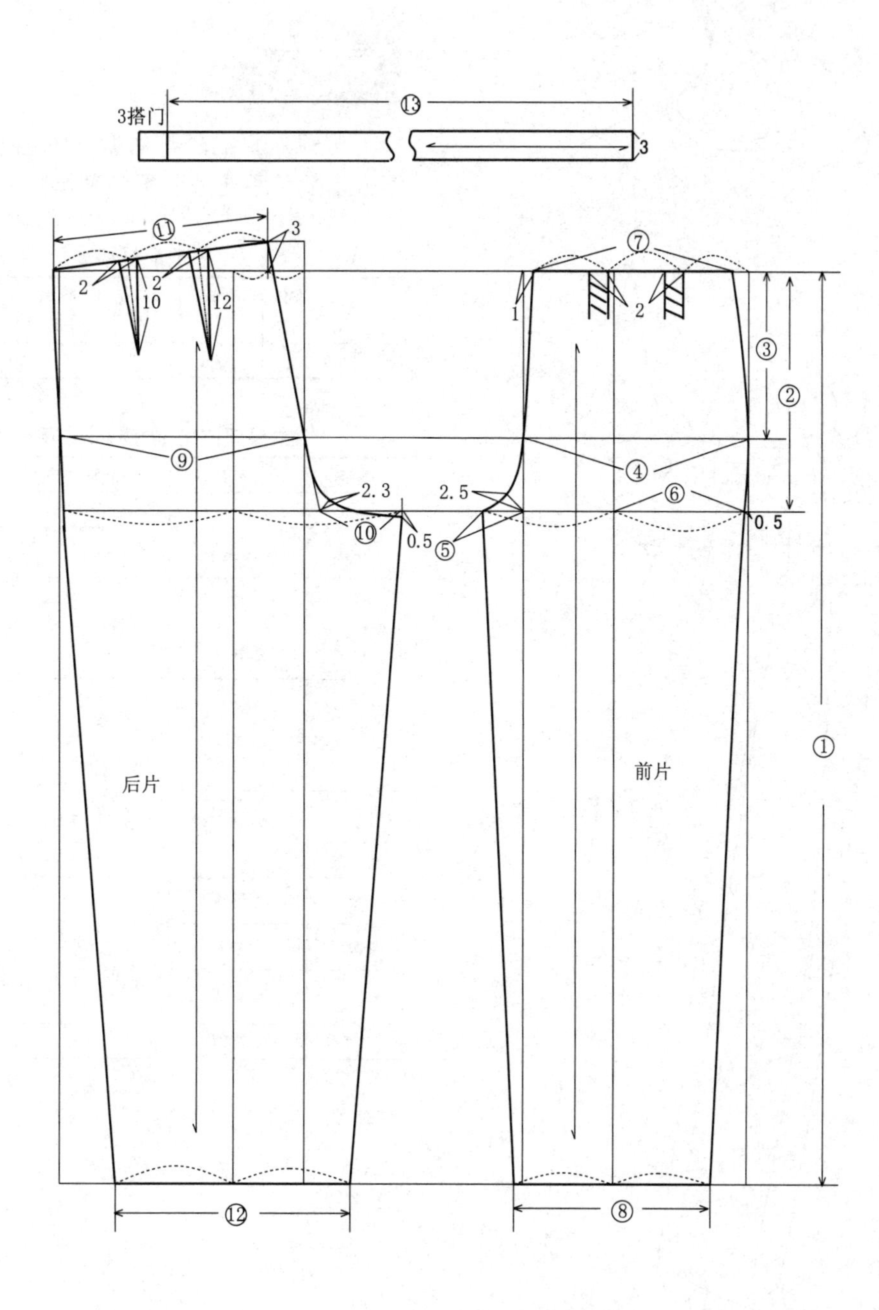
3搭门
⑬
3
⑪
3
2
2
10
12
⑦
1
2
③
②
⑨
④
2.3
2.5
⑥
⑩
0.5
⑤
0.5
后片
前片
①
⑫
⑧

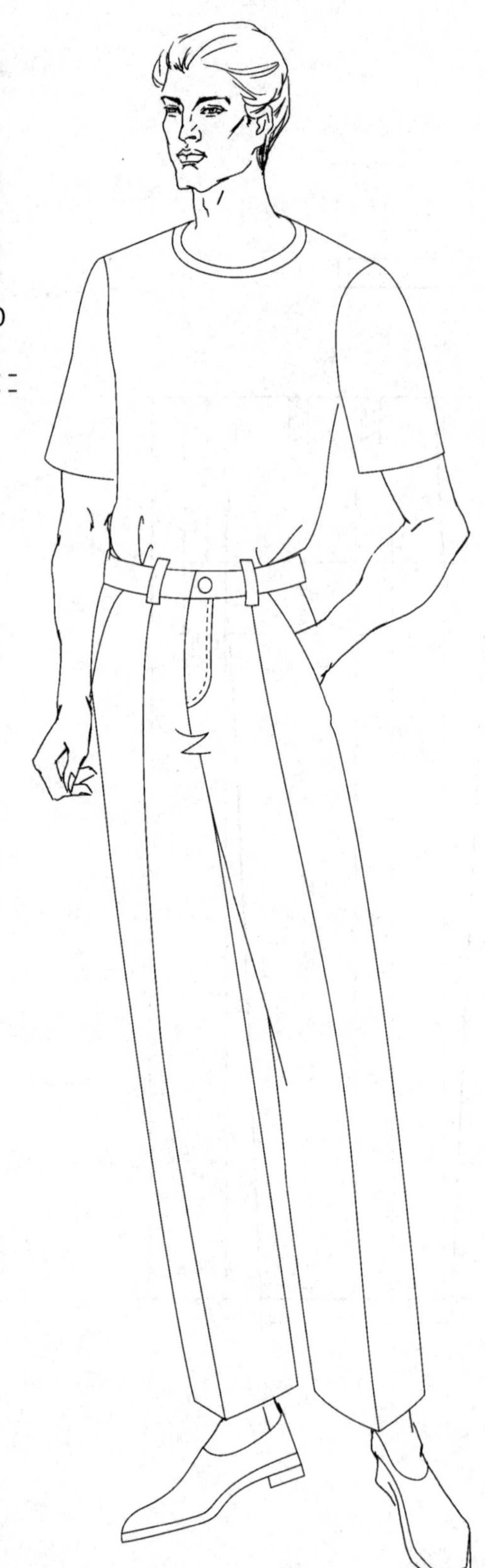

二、男西裤

款式分析

前裤片斜插袋，后臀左右各一双嵌线袋，不分年龄和职业适合于各种年龄的男性穿着。

成品规格表

部位 尺寸	裤长 L	臀围 H	腰围 W	上裆 FR	脚口 SB
170/78A(号型)	103	100	80	29	24

主要部位比例分配公式及尺寸表

序号	部位	细部公式	尺寸
①	裤长	L−腰宽(4)	99
②	上裆	FR−腰宽(4)	25
③	臀高	上裆的$\frac{2}{3}$	16.7
④	前臀围	$\frac{H}{4}-1$	24
⑤	小裆宽	$\frac{H}{20}-0.7$	4.3
⑥	烫迹线	$\frac{3}{20}H-1$	14
⑦	前腰围	$\frac{W}{4}-1+3$(裥)	22
⑧	前脚口	SB−2	22
⑨	后臀围	$\frac{H}{4}+1$	26
⑩	大裆宽	$\frac{H}{10}$	10
⑪	后腰围	$\frac{W}{4}+1+2$(省)	23
⑫	后脚口	SB+2	26

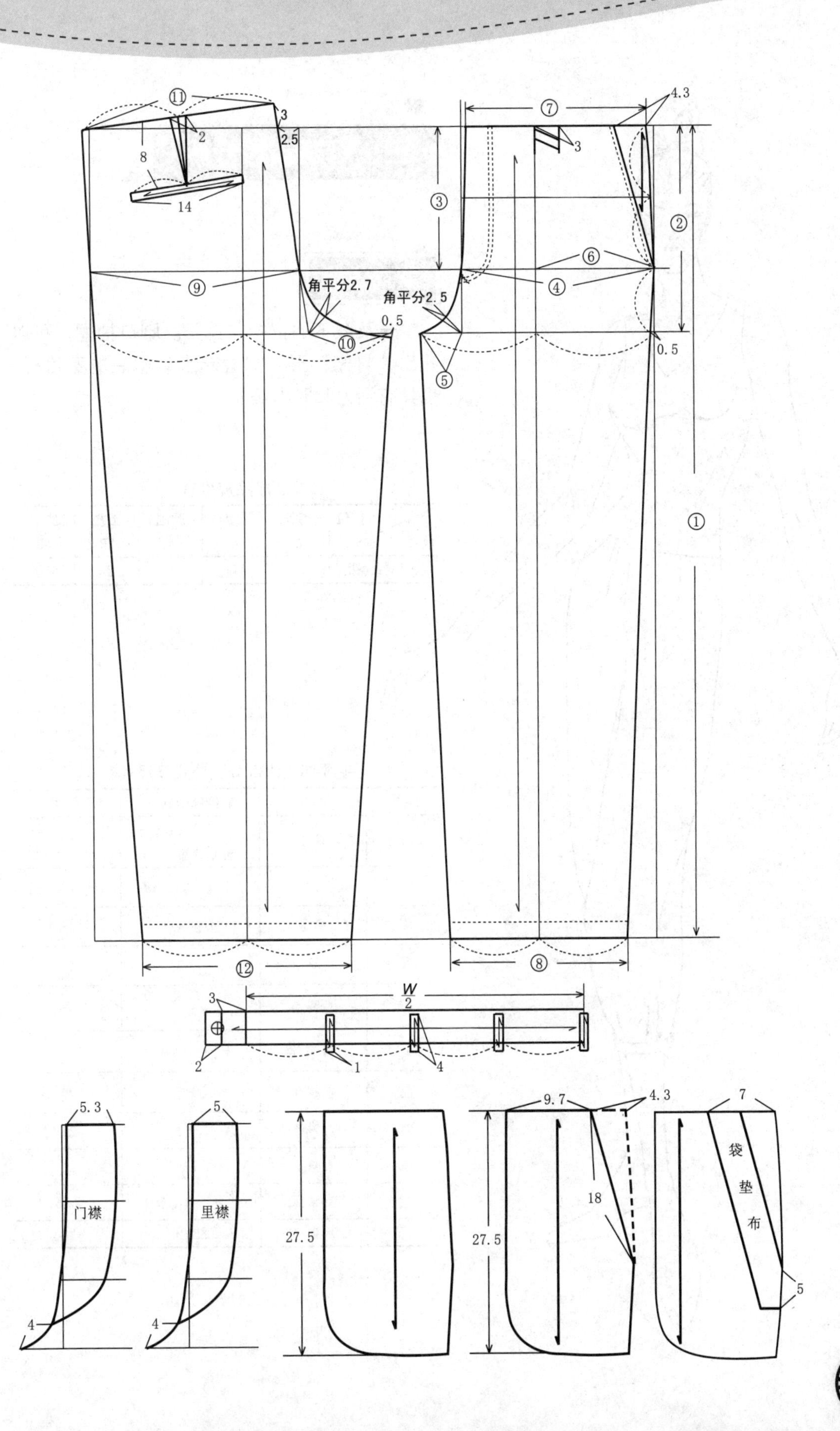

⑪
2
3
2.5
8
14
⑨
角平分2.7
0.5
⑩
角平分2.5
⑤
⑦
4.3
3
③
②
⑥
④
0.5
①
⑫
⑧
W/2
3
2
1
4
5.3
门襟
4
5
里襟
4
27.5
9.7
4.3
18
27.5
7
袋垫布
5

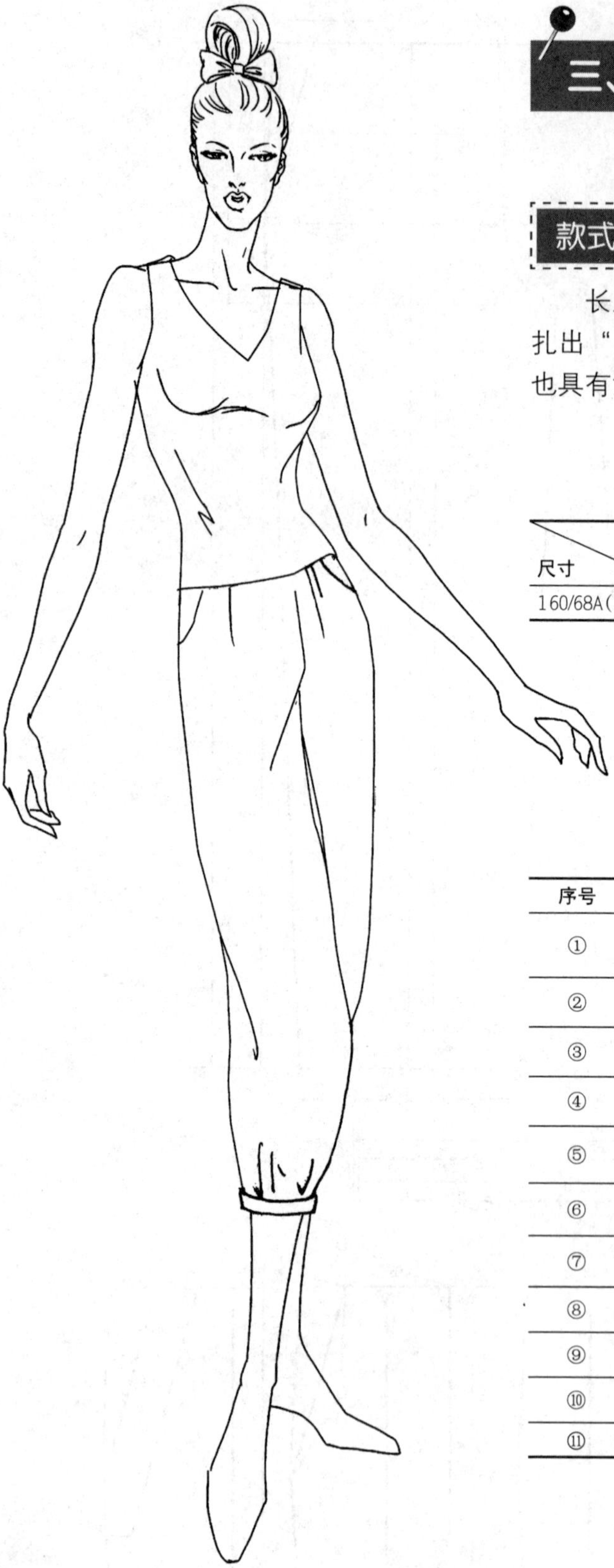

三、灯笼式七分裤

款式分析

长及膝下的宽松式裤子。脚口抽裥，可以扎出“灯笼”形，穿着起来有裙装的宽松感，也具有活力和时尚美。

成品规格表

尺寸 \ 部位	裤长 L	臀围 H	腰围 W	上裆 FR	脚口 SB
160/68A（号型）	62	100	70	27	26

主要部位比例分配公式及尺寸表

序号	部位	细部公式	尺寸
①	裤长	L－腰宽（3）－脚口束带（2）	57
②	上裆	上裆－腰（3）	24
③	臀高	上裆的$\frac{2}{3}$	16
④	前臀围	$\frac{H}{4}-1$	24
⑤	小裆宽	$\frac{H}{20}-1$	4
⑥	前腰围	$\frac{W}{4}-1+6$（裥）	22.5
⑦	前脚口	SB−2	24
⑧	后臀围	$\frac{H}{4}+1$	26
⑨	大裆宽	$\frac{H}{10}$	10
⑩	后腰围	$\frac{W}{4}+1+4$（省）	22.5
⑪	后脚口	SB+2	28

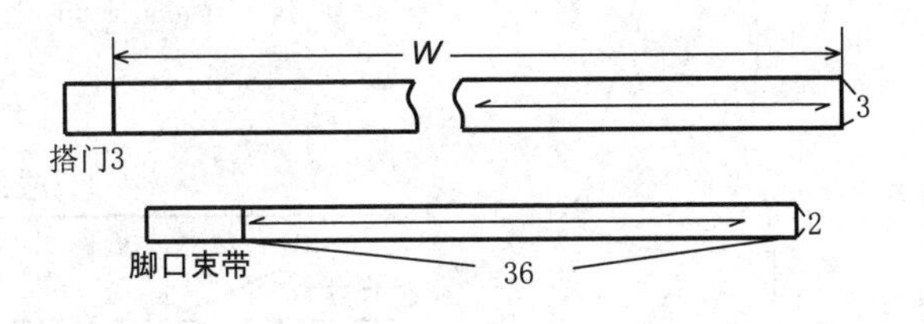

W
3
搭门3
2
脚口束带
36

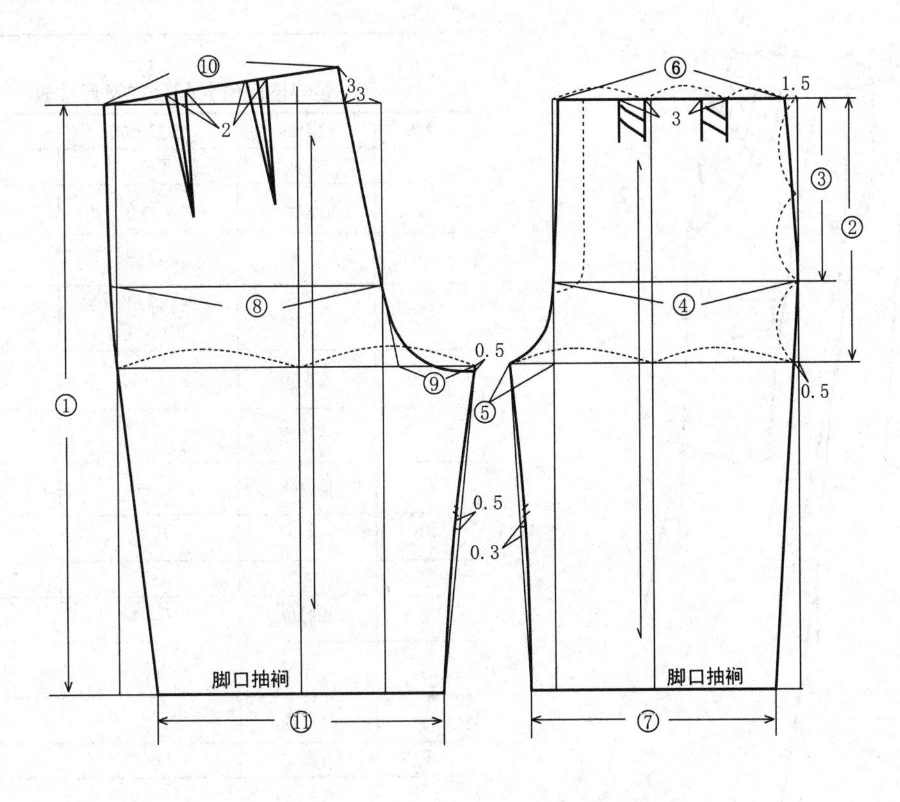

⑩
3
3
2
⑥
1.5
3
③
②
⑧
④
0.5
⑨
⑤
0.5
①
0.5
0.3
脚口抽裥
脚口抽裥
⑪
⑦

四、碎褶裤

款式分析

前裤片有斜插袋，左右同时配形态各异的装饰袋，裤腰中穿入松紧带，臀部较宽松，穿脱方便。

成品规格表

部位 尺寸	裤长 L	腰围 W	臀围 H	上裆 FR	脚口 SB
170/78A(号型)	100	78	102	30	20

主要部位比例分配公式及尺寸表

序号	部位	细部公式	尺寸
①	裤长	L-腰宽(4)	96
②	上裆	上裆-腰宽(4)	26
③	臀高	上裆的$\frac{2}{3}$	17.3
④	中裆位	臀高线至下口的1/2往上5	/
⑤	前臀围	$\frac{H}{4}-1$	24.5
⑥	小裆宽	$\frac{H}{20}-1$	4.1
⑦	烫迹线	$\frac{3}{20}H-1$	14.3
⑧	前腰围	$\frac{H}{4}-2$	23.5
⑨	前脚口	SB-2	18
⑩	后臀围	$\frac{H}{4}+1$	26.5
⑪	大裆宽	$\frac{H}{10}$	10.2
⑫	后腰围	$\frac{H}{4}$	25.5
⑬	后脚口	SB+2	22

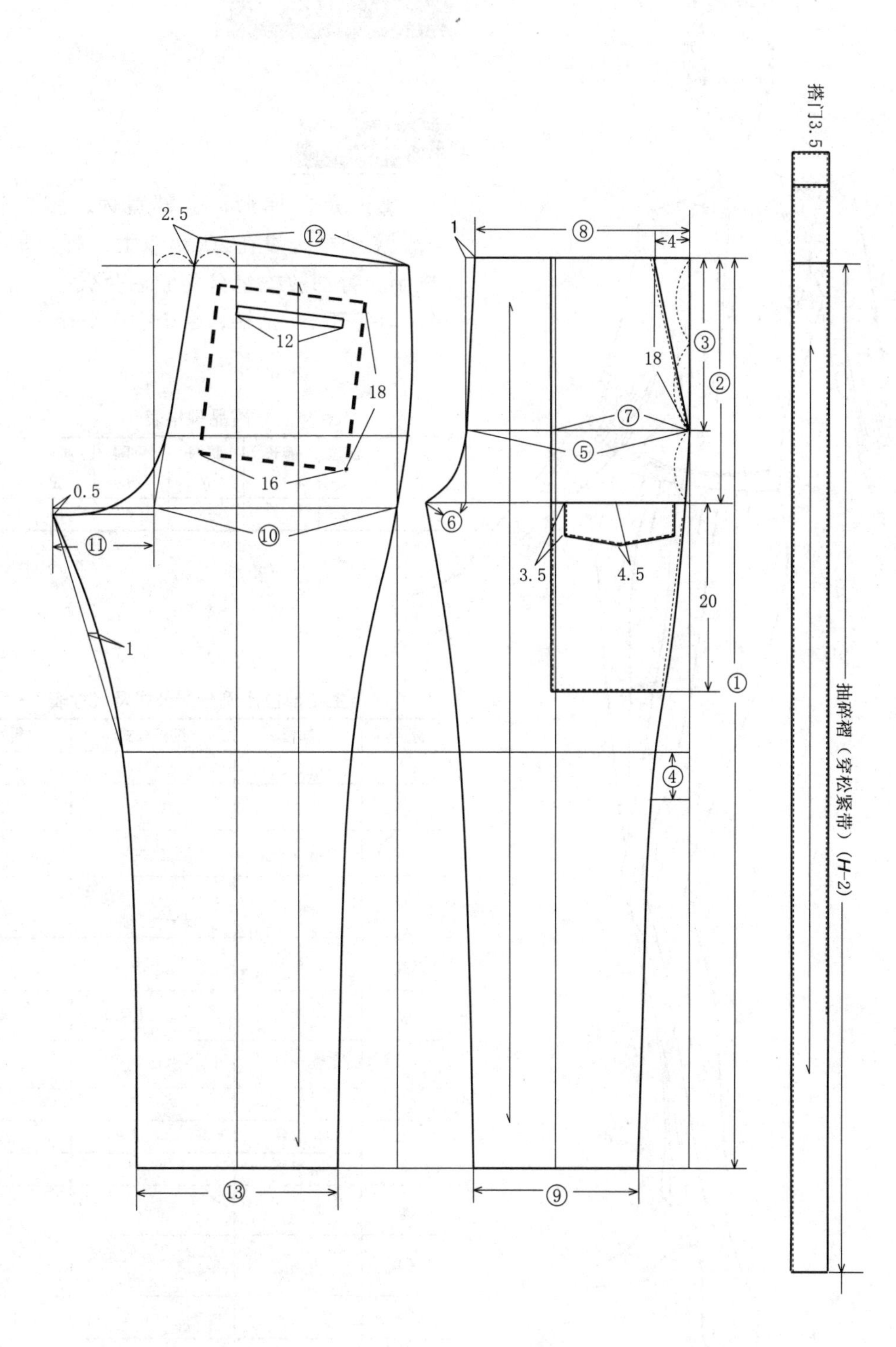

2.5
⑫
12
18
16
0.5
⑩
⑪
1
⑬
1
⑧
4
③
②
18
⑦
⑤
⑥
3.5
4.5
20
①
④
⑨
搭门3.5
抽碎褶（穿松紧带）(H-2)

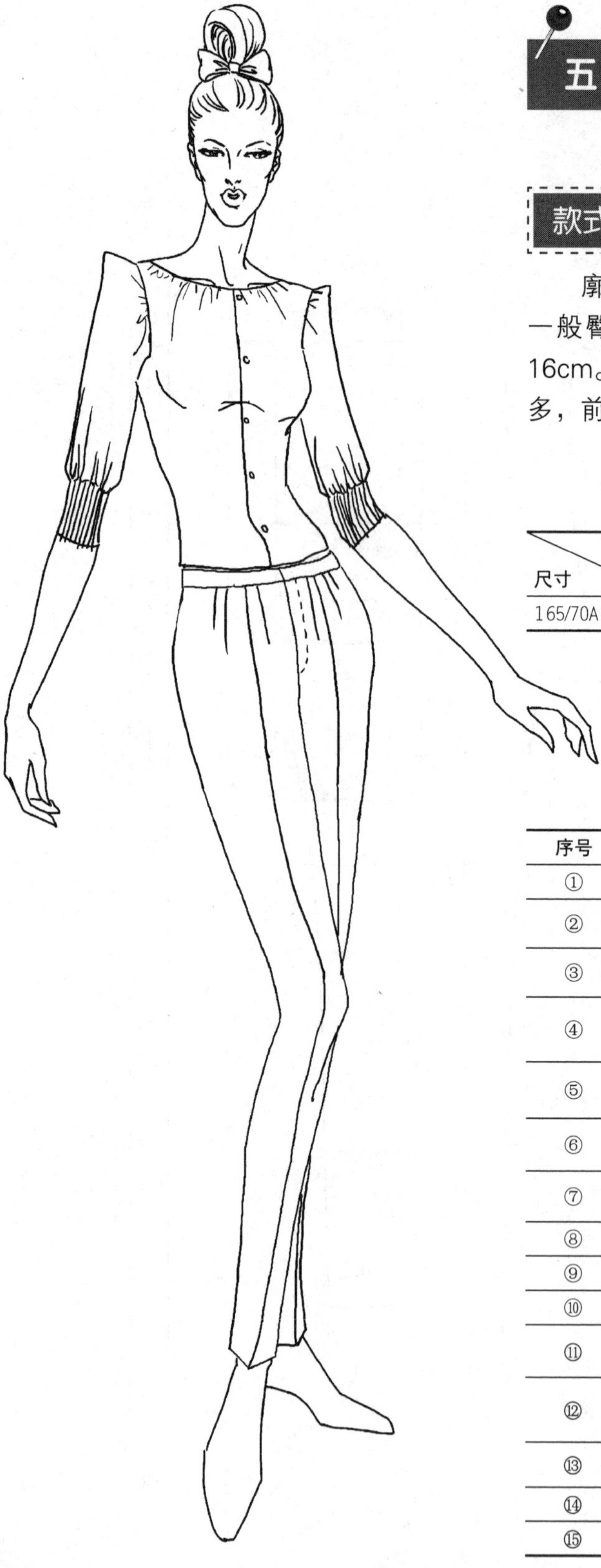

五、锥形裤

款式分析

廓形是倒梯形，上部宽大，脚口较小，一般臀部放松量在20cm以上，脚口取15～16cm。臀部放松量分配到后片较少，前片较多，前省开4个活裥，每个裥大4cm。

成品规格表

尺寸 \ 部位	裤长 L	腰围 W	臀围 H	脚口 SB	上裆 FR
165/70A（号型）	100	72	108	16	27

主要部位比例分配公式及尺寸表

序号	部位	细部公式	尺寸
①	前长	$L-3.5$	96.5
②	前上裆	上裆−3.5	23.5
③	前臀高	上裆的$\frac{2}{3}$	15.7
④	前臀围	$\frac{H}{4}+2$（臀围放松量大于22时）	29
⑤	小裆宽	$0.04H$	4.3
⑥	前腰围	$\frac{W}{4}+16$（褶）	34
⑦	前脚口	脚口−1	15
⑧	后裤长	$L-3.5$	96.5
⑨	后落裆	定寸	0.8
⑩	后臀高	与前臀高持平	18
⑪	后臀围	$\frac{H}{4}-2$	25
⑫	大裆宽	$\frac{H}{10}-1$（放松量大于22时）	9.8
⑬	后腰围	$\frac{W}{4}+5$（省）	23
⑭	后脚口	脚口+1	17
⑮	腰头长	$W+3$	75

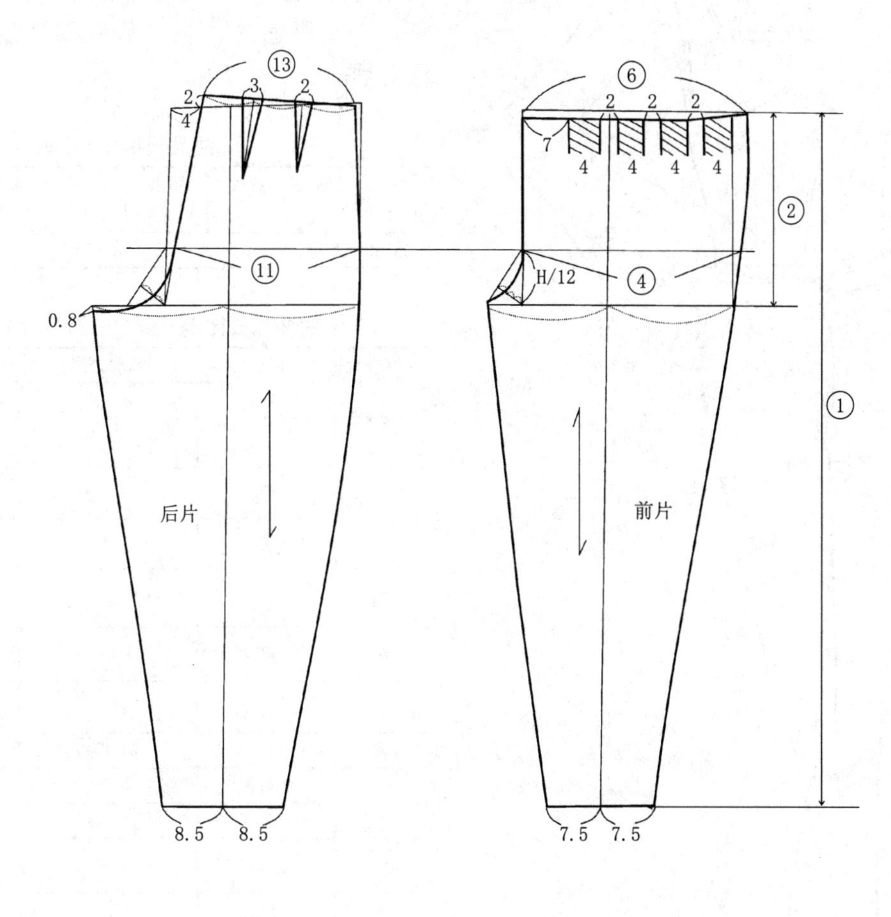
⑬
2
3
2
2
4
⑪
0.8
后片
8.5
8.5
⑥
2
2
2
7
4
4
4
4
②
H/12
④
①
前片
7.5
7.5

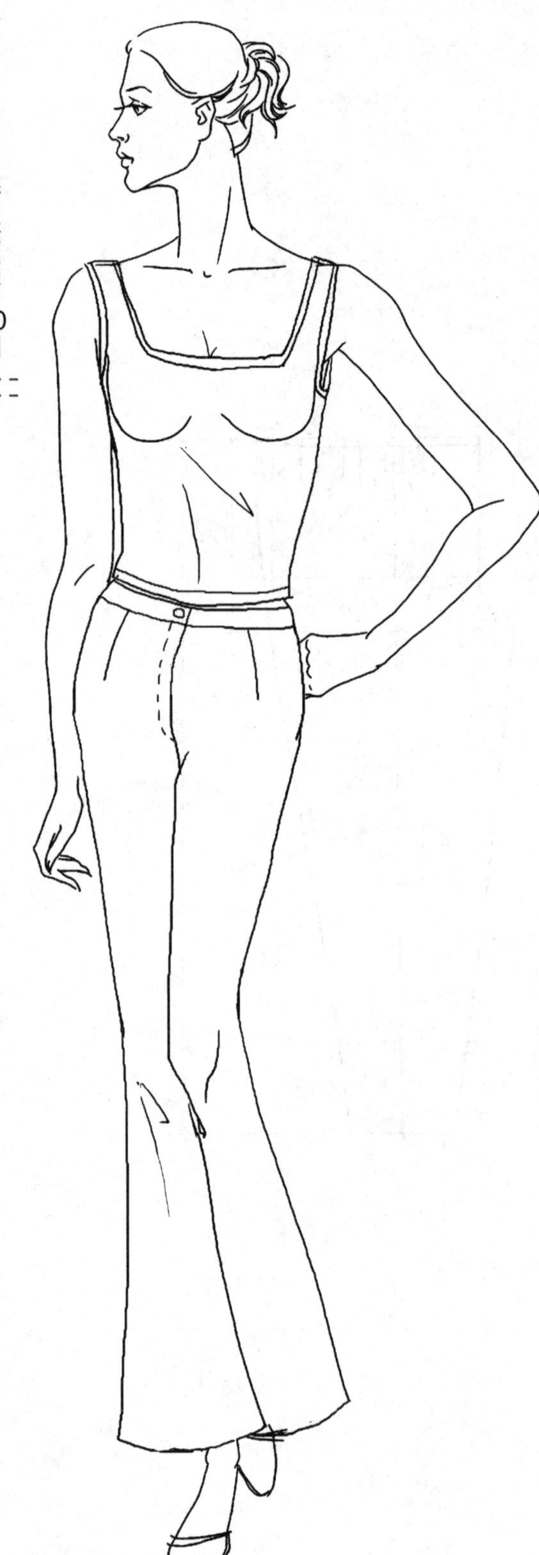

六、喇叭裤

款式分析

喇叭裤外形呈梯形结构，臀部造型合体，一般放松度4cm，脚口放大，裤长适当加长，由于脚面的关系，前后脚口线要稍作凹凸处理。

成品规格表

尺寸＼部位	裤长 L	腰围 W	臀围 H	脚口 SB	上裆 FR
165/70A（号型）	100	72	90	27	25

主要部位比例分配公式及尺寸表

序号	部位	细部公式	尺寸
①	裤长	$L-3.5$	96.5
②	前上裆	上裆−3.5	21.5
③	前臀高	$\frac{2}{3}$上裆	16.7
④	前臀围	$\frac{H}{4}$	22.5
⑤	小裆宽	$0.04H$	3.6
⑥	前腰围	$\frac{W}{4}+3$（省）	21
⑦	前脚口	脚口−1	26
⑧	前中裆	脚口−3	24
⑨	后裤长	$L-3.5$	96.5
⑩	后臀高	与前持平	16.7
⑪	后落裆	定寸	0.5
⑫	后臀围	$\frac{H}{4}$	22.5
⑬	大裆宽	$\frac{H}{10}-0.8$	8.2
⑭	后腰围	$\frac{W}{4}+3$（省）	21
⑮	后脚口	脚口+1	28
⑯	后中裆	脚口−1	26
⑰	腰头长	$W+3$	75

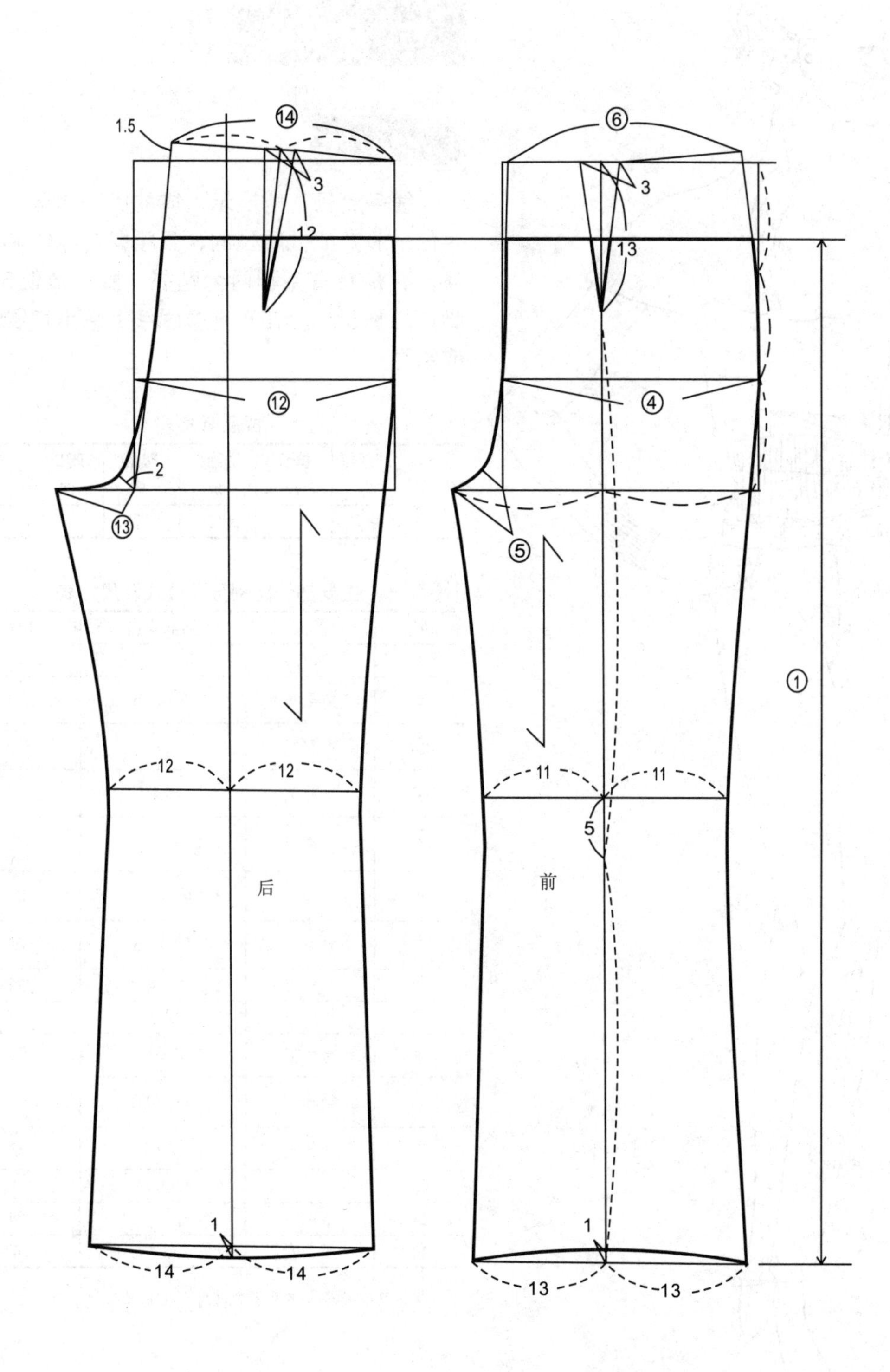

①基础知识 服装制图
②结构制图 裤装
③结构制图 裙装
④结构制图 衬衫
⑤结构制图 茄克衫
⑥结构制图 中式服装
⑦结构制图 西服
⑧结构制图 大衣
⑨结构制图 童装

七、牛仔裤

款式分析

线条流畅，能展示人体的优美体型，时尚牛仔一般做成低腰型的，且腰臀合体，前片无省，后片有育克和两个贴袋。腰口放低5cm，脚口加长5cm。在正常腰围线上采用切展法完成制图。

成品规格表

部位 尺寸	裤长 L	腰围 W	臀围 H	脚口 SB	上裆 FR
165/70A(号型)	100	72	90	27	24

主要部位比例分配公式及尺寸表

序号	部位	细部公式	尺寸
①	裤长	L−腰头宽(4)	96
②	前上裆	上裆−5	19
③	前臀围	$\frac{H}{4}$	22.5
④	小裆宽	$\frac{4}{100}H$	3.6
⑤	前腰围	$\frac{W}{4}$+3(省)	21
⑥	前脚口	脚口−1	26
⑦	前中裆	脚口−5	22
⑧	后裤长	L−腰头宽(4)	96
⑨	后落裆	定寸	0.5
⑩	后臀围	$\frac{H}{4}$	22.5
⑪	大裆宽	$\frac{H}{10}-0.8$	8.2
⑫	后腰围	$\frac{W}{4}+4$	22
⑬	后脚口	脚口+1	28
⑭	后中裆	脚口−3	24
⑮	腰头宽	定寸	4

注：腰头长根据裤片腰口实际长度取值。

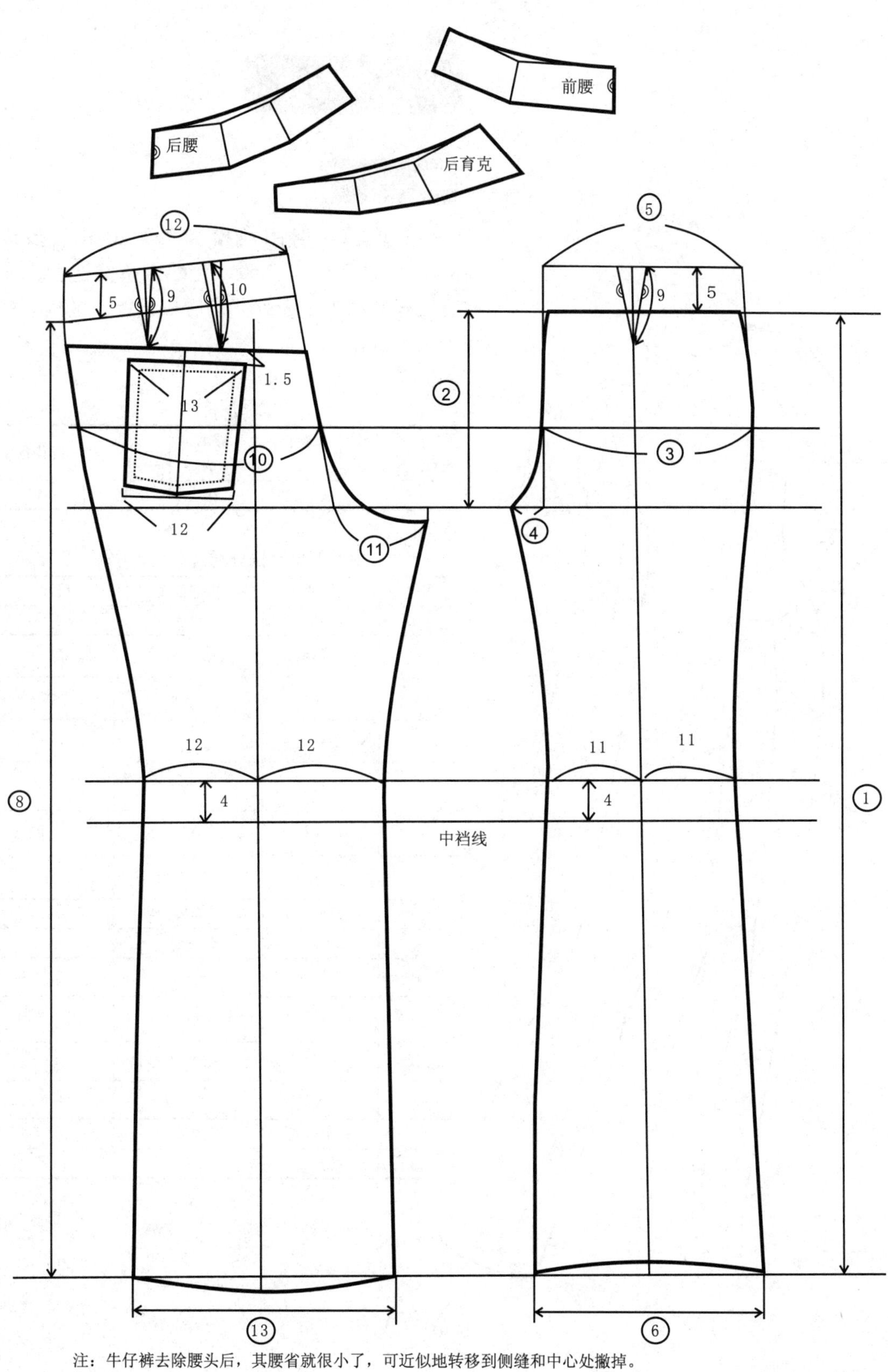

注：牛仔裤去除腰头后，其腰省就很小了，可近似地转移到侧缝和中心处撇掉。

八、宽松裤

款式分析

宽松裤是臀围放松量大于20cm，多达30cm。造型飘逸洒脱，为配合整体造型，一般上裆加深2～3cm，前腰口设置三个裥，每个裥大3cm。

成品规格表

部位 尺寸	裤长 L	腰围 W	臀围 H	腰头宽
165/76B（号型）	101	78	112	4

主要部位比例分配公式及尺寸表

序号	部位	细部公式	尺寸
①	前裤长	$L-4$	97
②	前上裆	$\frac{4}{H}+3-4$	27
③	前臀围	$\frac{4}{H}+1$	29
④	小裆宽	$\frac{4}{100}H$	4.48
⑤	前腰围	$\frac{W}{4}-1+9$（褶）	27.5
⑥	前脚口	$\frac{H}{5}-4-2$	16.4
⑦	前中裆宽	前脚口+4	20.4
⑧	后裤长	$L-4$	97
⑨	后落裆	定寸	0.5
⑩	后臀围	$\frac{H}{4}-1$	27
⑪	大裆宽	$\frac{10}{100}H$	11.2
⑫	后腰围	$\frac{W}{4}+1+4$（省）	24.5
⑬	后脚口	$\frac{H}{5}-4+2$	20.4
⑭	后中裆宽	后脚口+4	24.4
⑮	腰头长	$W+3$	81

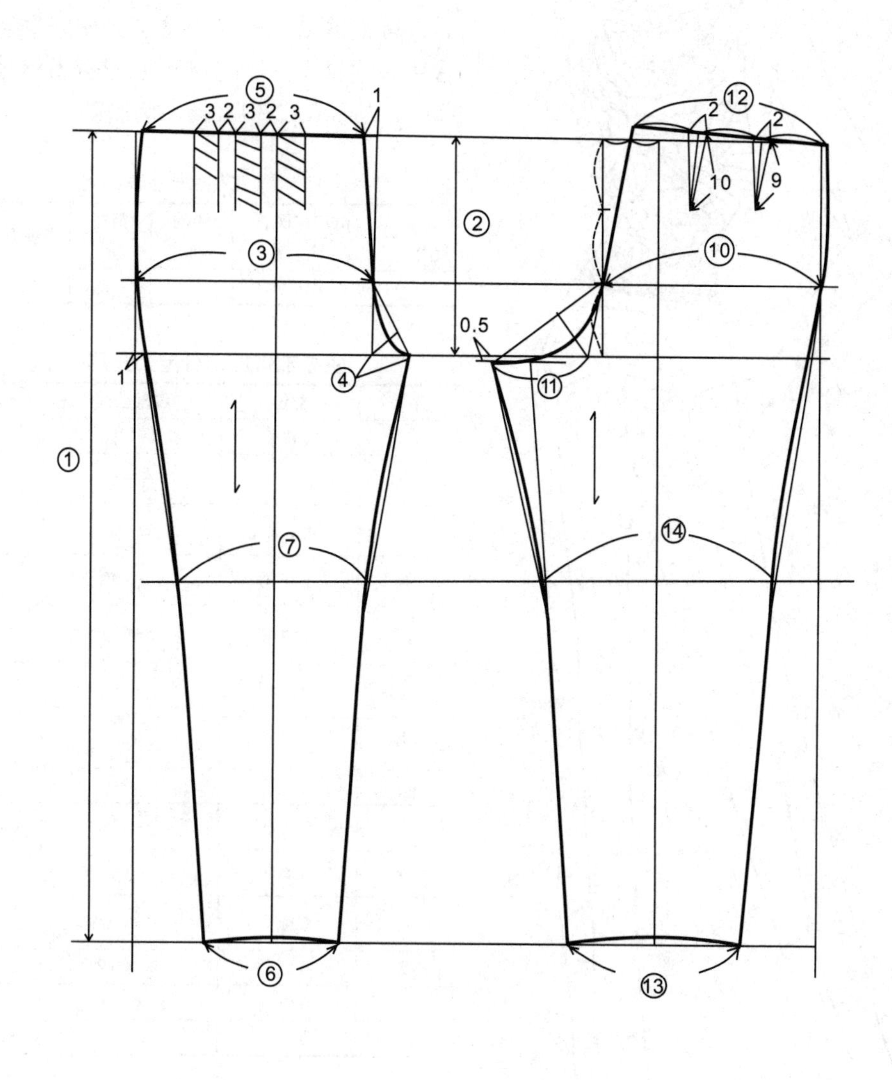

⑤
1
3 2 3 2 3
⑫
2
2
10
9
②
③
⑩
0.5
④
⑪
1
①
⑦
⑭
⑥
⑬

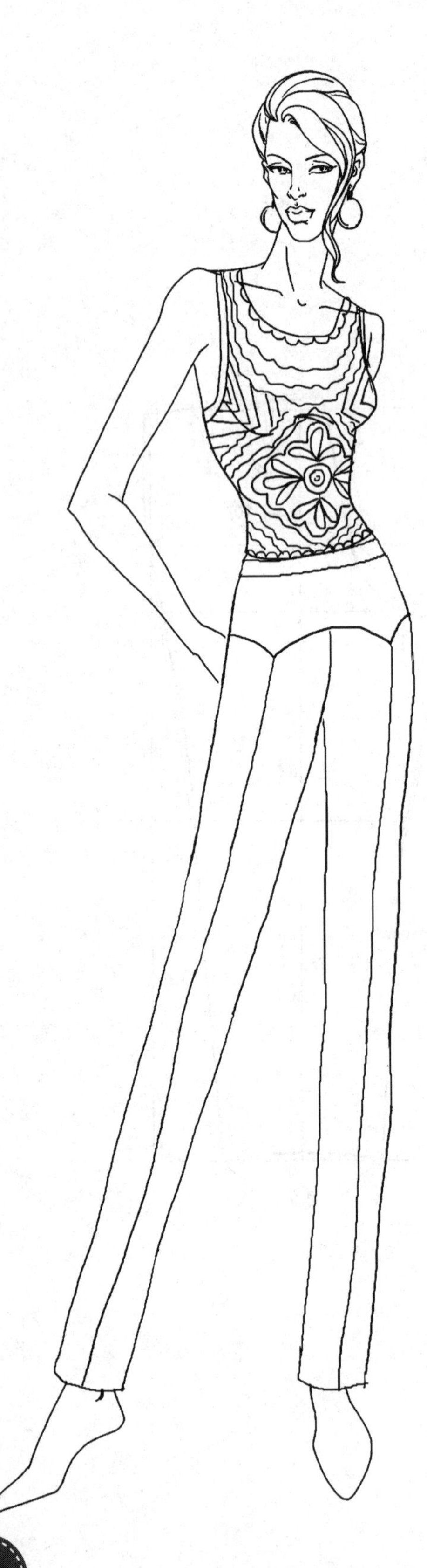

九、育克裤

款式分析

育克裤就是前后腰身处进行分割，分割的形式可根据款式来定，注意分割线尽量通过前后裤片的省尖处，这样可以把腰省转移到分割缝中，从而使结构流畅、洒脱。

成品规格表

部位 尺寸	裤长 L	腰围 W	臀围 H	腰头宽	脚口 SB
160/70A（号型）	100	72	96	3.5	23

主要部位比例分配公式及尺寸表

序号	部位	细部公式	尺寸
①	前裤长	$L-3.5$	96.5
②	上裆	$\frac{H}{4}-1$	23
③	前臀围	$\frac{H}{4}-1$	23
④	小裆宽	$\frac{4}{100}H$	3.8
⑤	前腰围	$\frac{W}{4}-1+3$（省）	20
⑥	前脚口	脚口−2	21
⑦	前中裆	前脚口+3	24
⑧	后裤长	$L-3.5$	96.5
⑨	后臀围	$\frac{H}{4}+1$	25
⑩	大裆宽	$\frac{H}{10}$	9.6
⑪	后腰围	$\frac{W}{4}+1+4$（省）	23
⑫	后脚口	脚口+2	25
⑬	后中裆	后脚口+3	28
⑭	腰头长	$W+3$	75

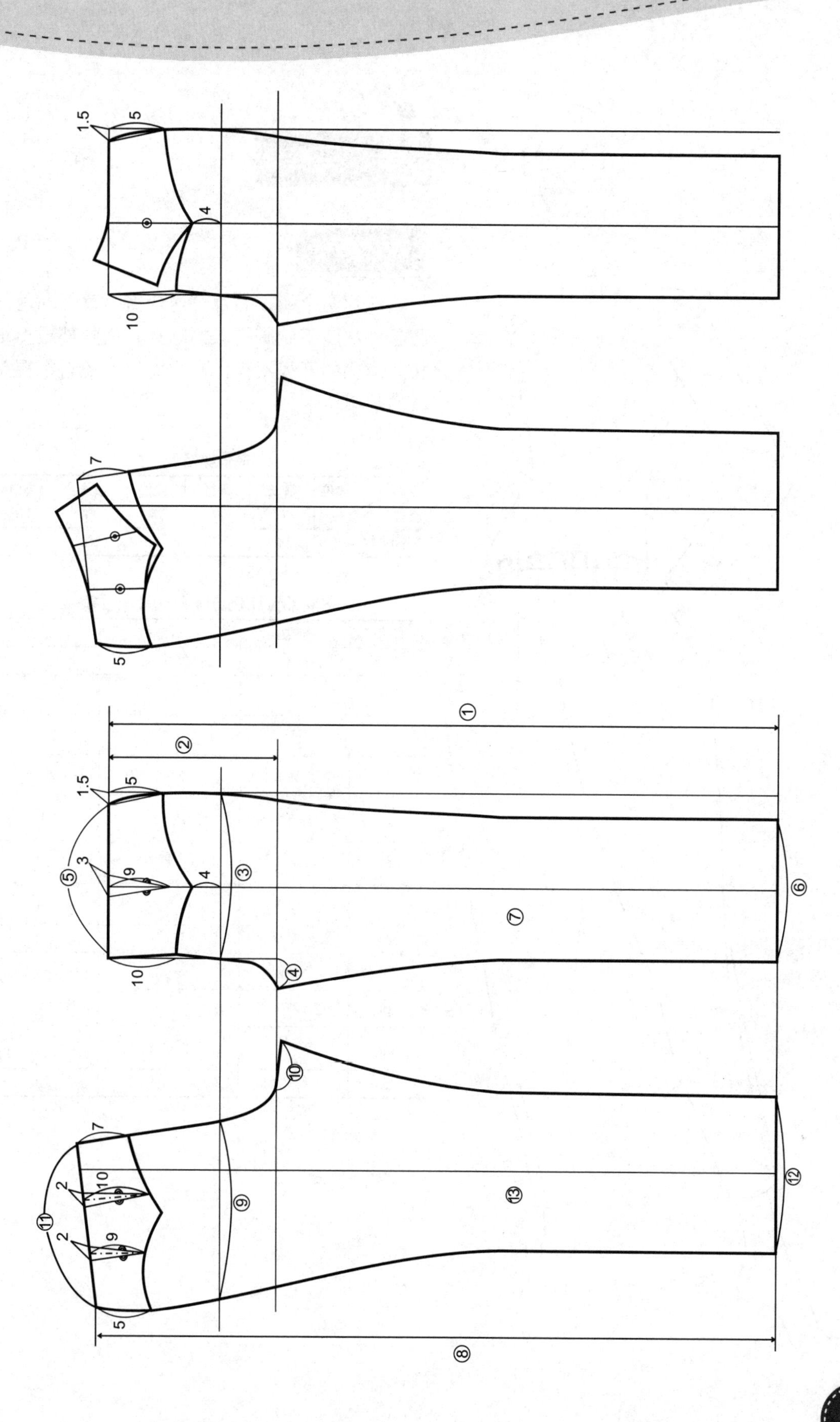
1.5
5
4
10
7
5
①
②
③
④
⑤
⑥
⑦
⑧
⑨
⑩
⑪
⑫
⑬
3
9
2
10
2
9

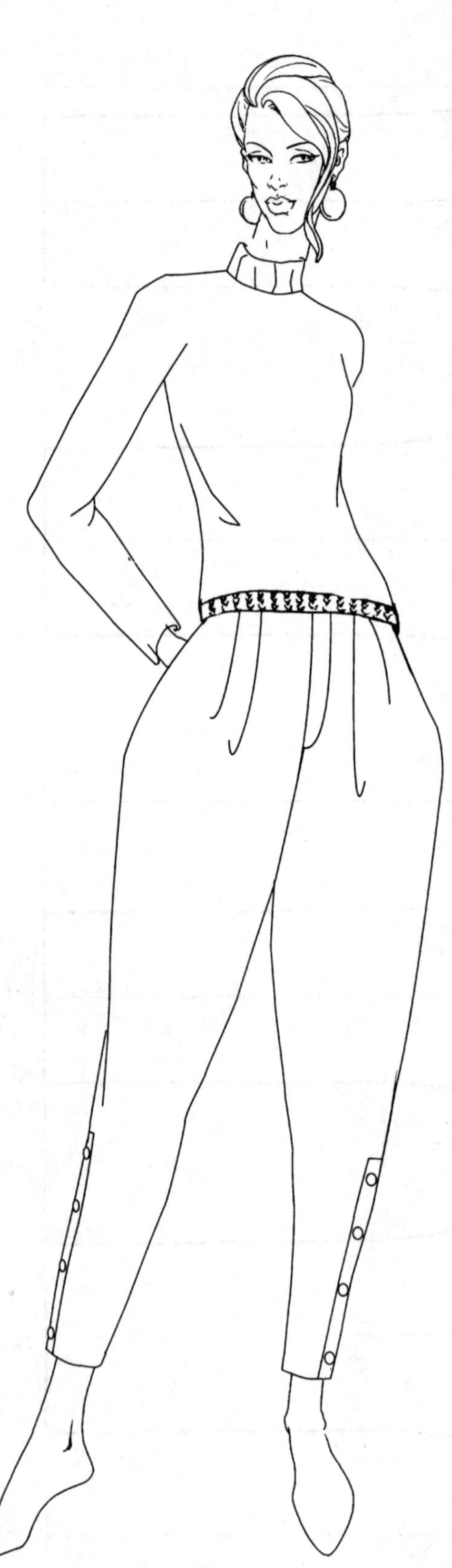

十、马裤

款式分析

前片两个裥，后片开两个省，臀部向两侧凸起，从膝下到脚踝较为贴身，使腿部显得细长。下侧的开衩不仅具有机能性，还有把握整体的效果。

成品规格表

尺寸 \ 部位	裤长 *L*	臀围 *H*	腰围 *W*	上裆 FR	脚口 SB
160/68A（号型）	98	100	70	28	18

主要部位比例分配公式及尺寸表

序号	部位	细部公式	尺寸
①	裤长	*L*−腰宽（3）	95
②	上裆	FR−腰宽（3）	25
③	臀高	上裆的$\frac{2}{3}$	16.7
④	前臀围	$\frac{H}{4}-1$	24
⑤	小裆宽	$\frac{H}{20}-1$	4
⑥	烫迹线	$\frac{3}{20}H-1$	14
⑦	前腰围	$\frac{W}{4}+6.5$（裥）	24
⑧	前脚口	SB−2	16
⑨	后臀围	$\frac{H}{4}+1$	26
⑩	大裆宽	$\frac{H}{10}$	10
⑪	后腰围	$\frac{W}{4}+5.5$	23
⑫	后脚口	SB+2	20

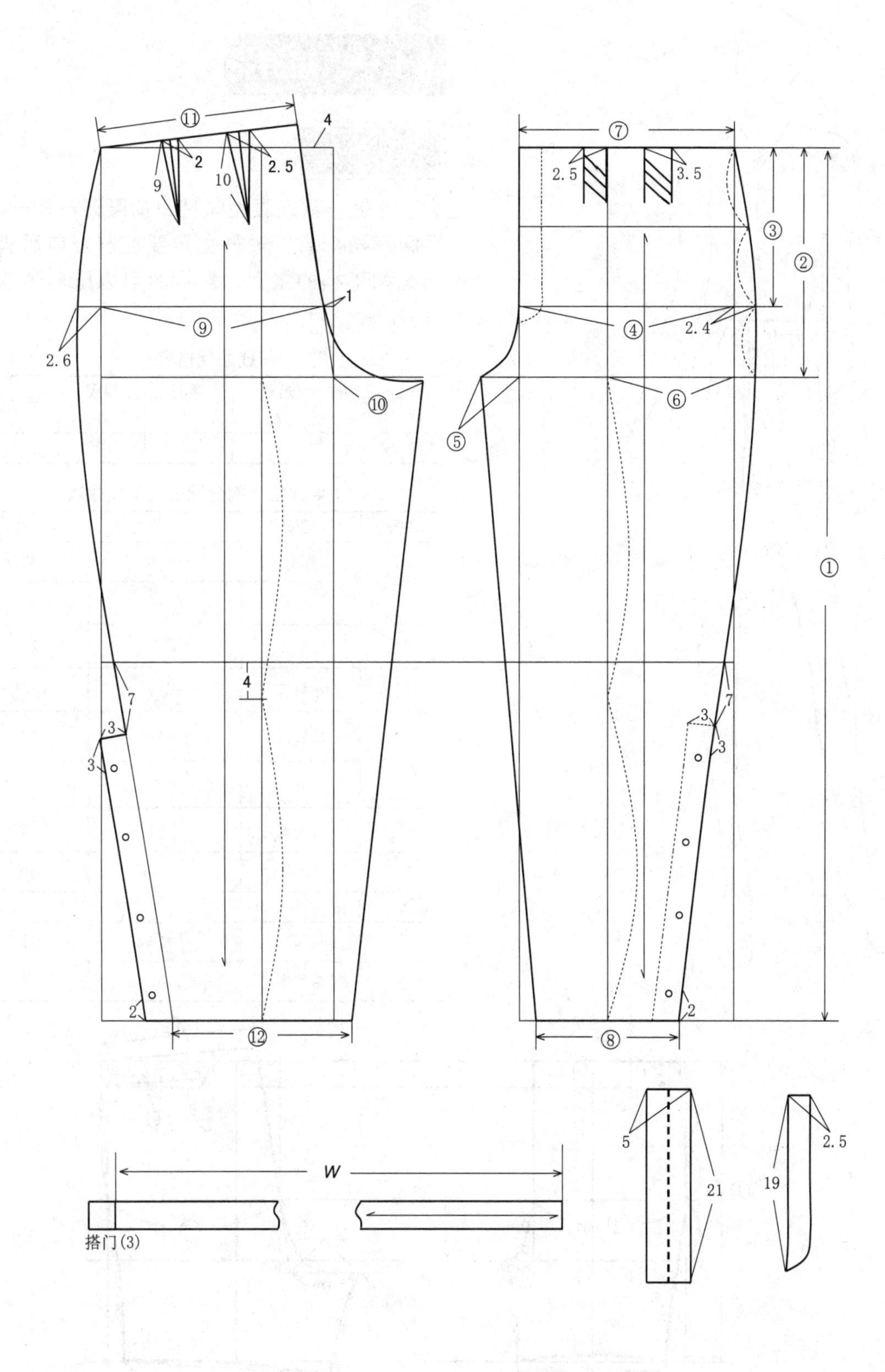
⑪
4
2
9
10
2.5
1
⑨
2.6
⑩
7
3
3
4
2
⑫
⑦
2.5
3.5
③
②
④
2.4
⑥
⑤
①
7
3
3
2
⑧
W
搭门(3)
5
21
19
2.5

十一、短裤

款式分析

这是一款连腰型短裤，前腰开一裥一省，后腰开两个省。短裤主要要控制好前后脚口分配和落裆的量上。后裤片可以配两个双嵌线袋。

成品规格表

部位 尺寸	裤长 L	腰围 W	臀围 H	腰头宽
170/76A(号型)	45	76	100	4

主要部位比例分配公式及尺寸表

序号	部位	细部公式	尺寸
①	裤长	$L=\frac{3}{10}$号-6	45
②	上裆	$\frac{H}{4}+5$	30
③	前臀围	$\frac{H}{4}-1$	24
④	小裆宽	$\frac{4}{100}H$	4
⑤	前腰围	$\frac{W}{4}-1+5$	23
⑥	前脚口	$\frac{H}{4}+2-4$	23
⑦	后臀围	$\frac{H}{4}+1$	26
⑧	大裆	$\frac{10}{100}H$	10
⑨	后落裆	定寸	2.5
⑩	后脚口	$\frac{H}{4}+2+4$	31
⑪	后腰围	$\frac{W}{4}+1+4$（省）	24

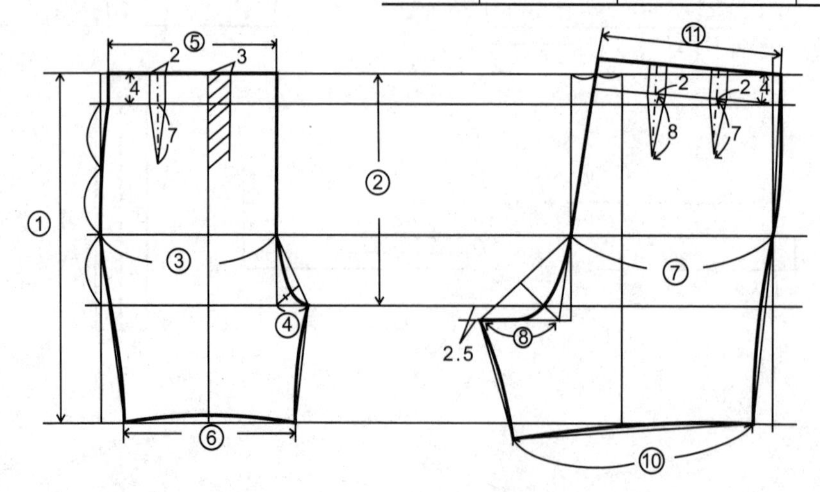

第三章

裙装结构制图 3

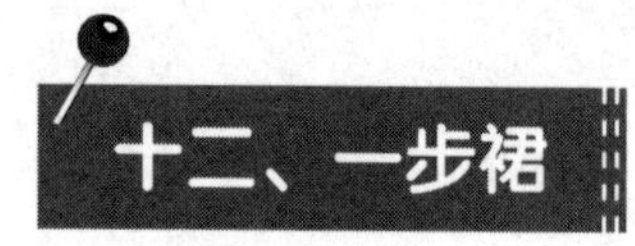

十二、一步裙

款式分析

一步裙片贴身设计，长度可控制在膝盖上下10cm范围内。为便于腿部运动，在后中心下摆处开叉。整体风格端庄、大方。

成品规格表

部位 尺寸	裙长 L	腰围 W	臀围 H
160/68A（号型）	58	70	94

主要部位比例分配公式及尺寸表

序号	部位	细部公式	尺寸
①	前裙长	$L-3.5$	54.5
②	臀高	$\frac{H}{6}$	15.7
③	前臀宽	$\frac{H}{4}+1$	24.5
④	前腰宽	$\frac{W}{4}+1+$省	22.5
⑤	后裙长	$L-3.5$	54.5
⑥	后臀宽	$\frac{H}{4}-1$	22.5
⑦	后腰宽	$\frac{W}{4}-1+$省	20.5
⑧	腰头长	$W+3$	73
⑨	腰头宽	定寸	3.5
⑩	叉长	定寸	12
⑪	省大	定寸	2

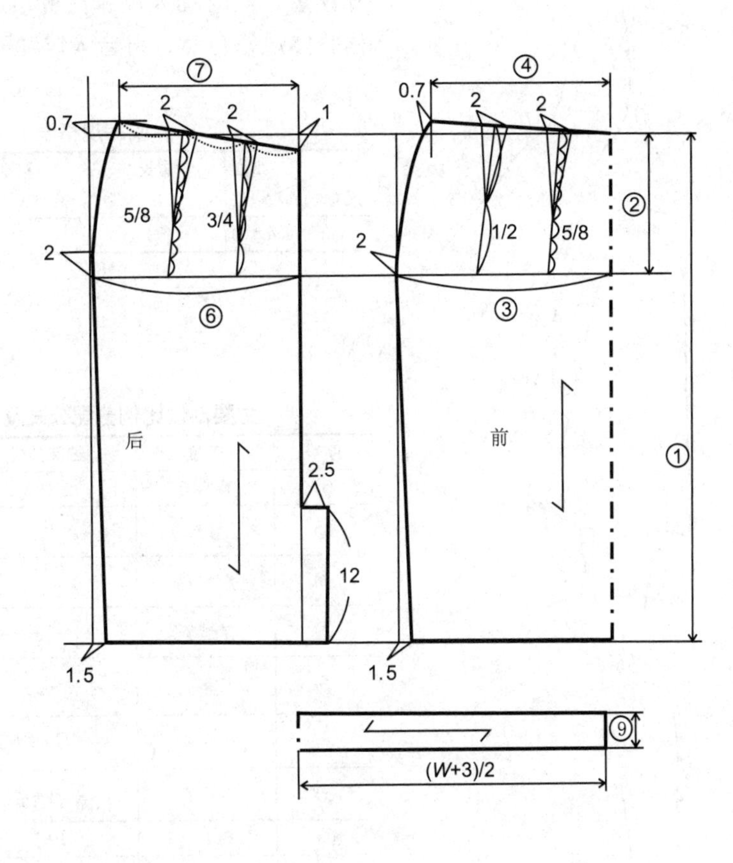

⑦
④
0.7
2
2
1
0.7
2
2
5/8
3/4
1/2
5/8
②
2
2
⑥
③
后
前
①
2.5
12
1.5
1.5
⑨
(W+3)/2

十三、A字裙

款式分析

上紧下松，外形酷似A型的短裙。从结构上看，主要是增加摆量。设计中合并一个省拉开摆量，同时加大侧缝摆量，这样处理使得短裙整体风格自然，符合人体动静要求。

成品规格表

尺寸 \ 部位	裙长 L	腰围 W	臀围 H
160/68A(号型)	68	70	94

主要部位比例分配公式及尺寸表

序号	部位	细部公式	尺寸
①	前裙长	$L-3.5$	64.5
②	臀高	$\frac{H}{6}$	15.7
③	前臀宽	$\frac{H}{4}+1$	24.5
④	前腰宽	$\frac{W}{4}+1+$省	22.5
⑤	后裙长	$L-3.5$	64.5
⑥	后臀宽	$\frac{H}{4}-1$	22.5
⑦	后腰宽	$\frac{W}{4}-1+$省	20.5
⑧	腰头长	$W+3$	73
⑨	腰头宽	定寸	3.5
⑩	省大	定寸	2

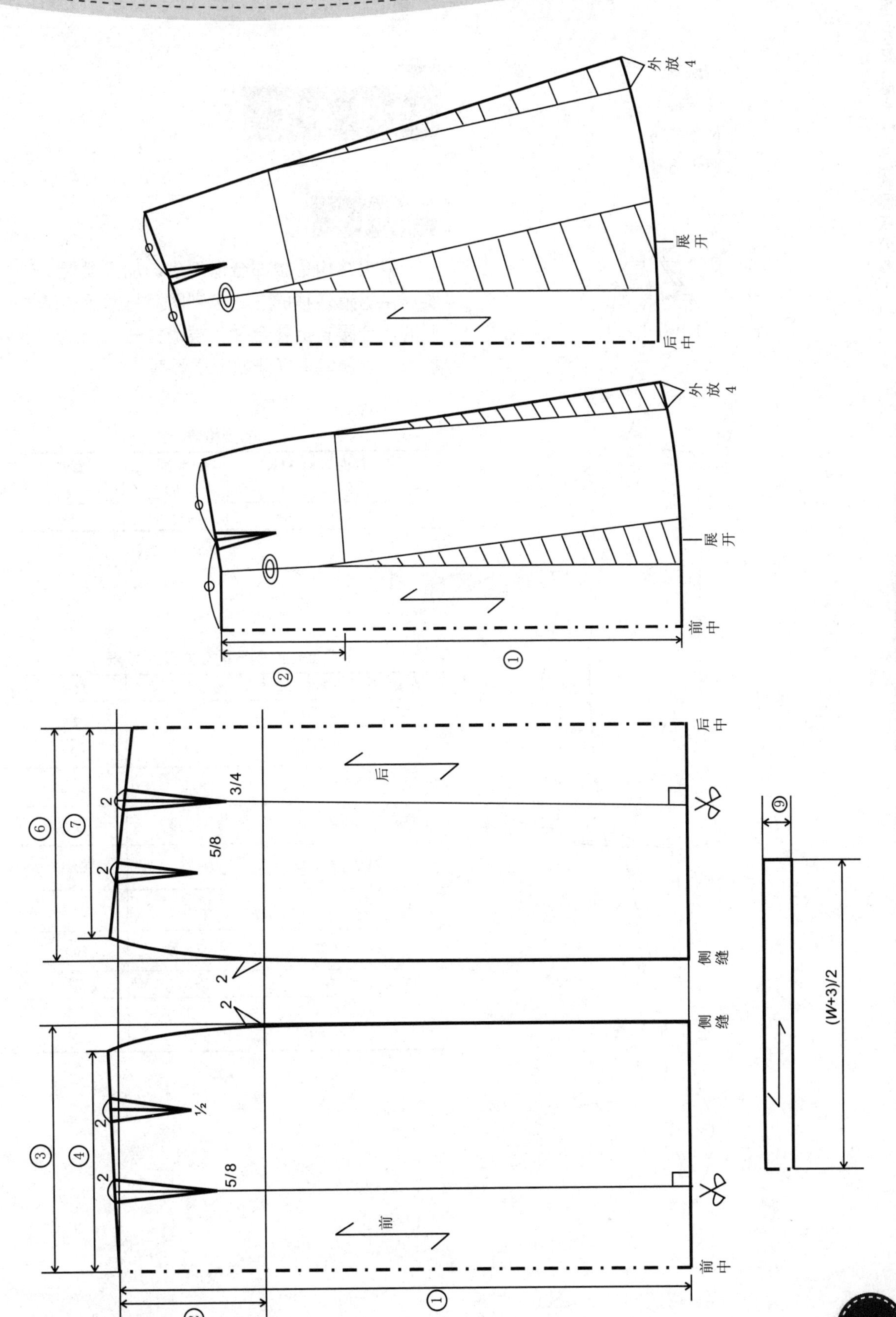
外放 4
展开
后中
前中
①
②
③
④
⑥
⑦
⑨
2
5/8
3/4
½
侧缝
后
前
(W+3)/2

十四、斜裙

款式分析

斜裙结构是腰部合体无省，加大摆量。一般利用省道转移的方法来制图。将裙子的基本型的两个腰省折叠合并，摆缝拉开，侧缝适当扩大，以便能更好修顺下摆弧线。

成品规格表

部位 尺寸	裙长 L	腰围 W	臀围 H
160/68A（号型）	68	70	94

主要部位比例分配公式及尺寸表

序号	部位	细部公式	尺寸
①	前裙长	$L-3.5$	64.5
②	臀高	$\frac{H}{6}$	15.7
③	前臀宽	$\frac{H}{4}+1$	24.5
④	前腰宽	$\frac{W}{4}+1+$省	22.5
⑤	后裙长	$L-3.5$	64.5
⑥	后臀宽	$\frac{H}{4}-1$	22.5
⑦	后腰宽	$\frac{W}{4}-1+$省	20.5
⑧	腰头长	$W+3$	73
⑨	腰头宽	定寸	3.5
⑩	省大	定寸	2

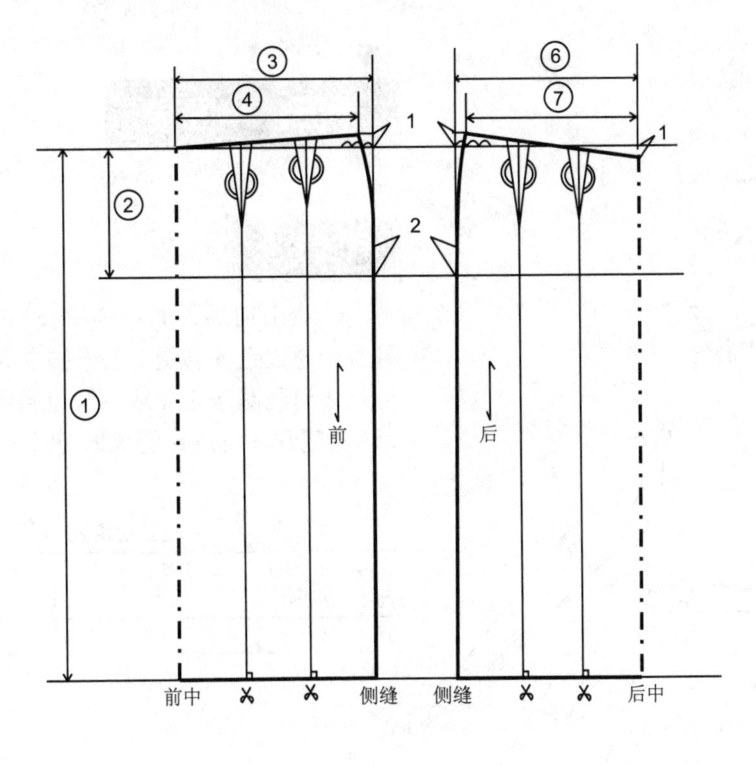

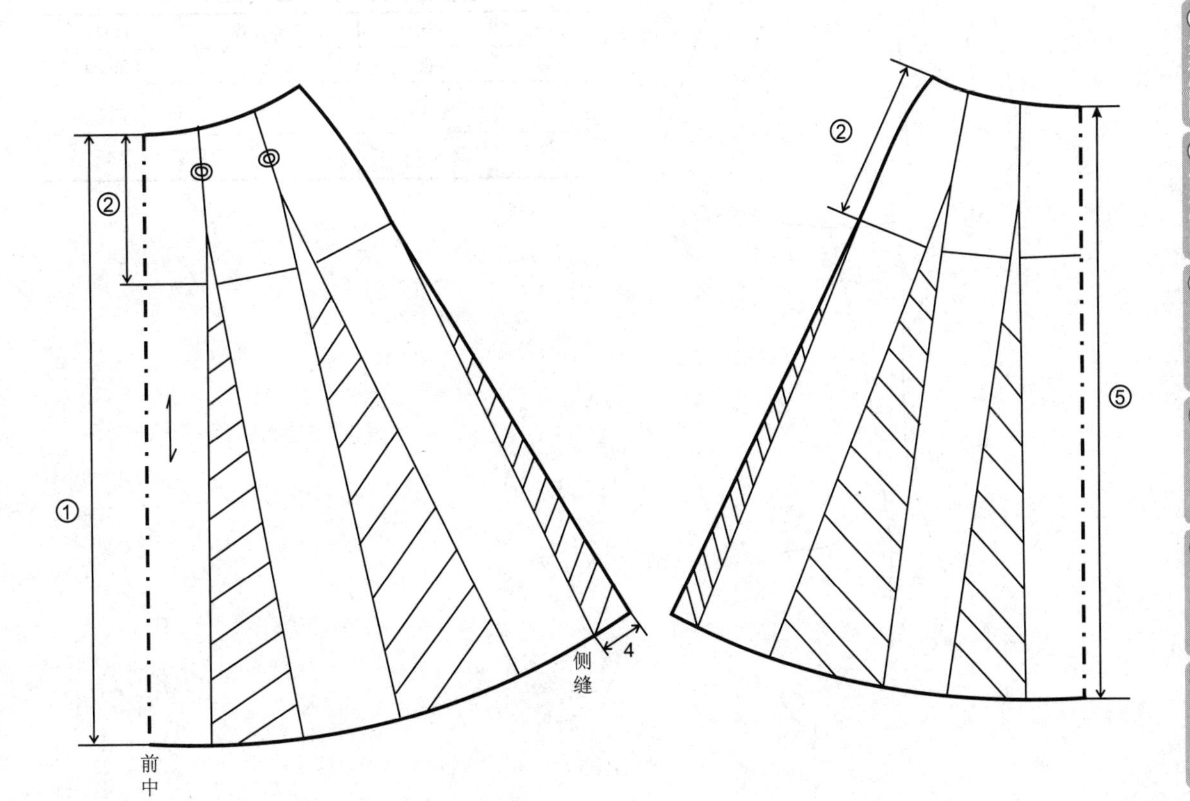

①基础知识 服装制图
②结构制图 裤装
③结构制图 裙装
④结构制图 衬衫
⑤结构制图 茄克衫
⑥结构制图 中式服装
⑦结构制图 西服
⑧结构制图 大衣
⑨结构制图 童装

十五、半圆裙

款式分析

一般由前后两片各90度的衣片组成。制图上可通过合并省道，切开拉展法完成。这里利用几何画图法来完成。假设腰围圆周的半径为R，则$R = W/\pi$作圆弧即可。

成品规格表

部位 尺寸	裙长 L	腰围 W
160/68A（号型）	60	70

主要部位比例分配公式及尺寸表

序号	部位	细部公式	尺寸
①	前裙长	$L-3.5$	56.5
②	后裙长	$L-3.5$	56.5
③	圆弧半径	$R=\frac{W}{\pi}$	22.3

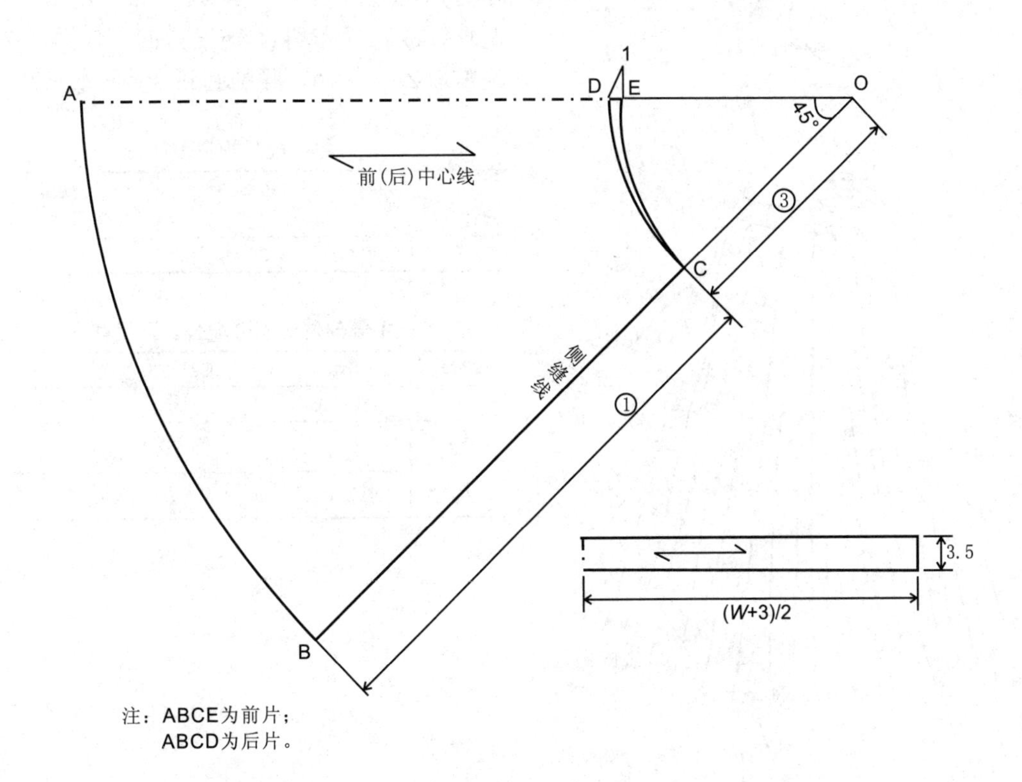

注：ABCE为前片；
ABCD为后片。

十六、整圆裙

款式分析

一般整圆裙由四片组成，四片腰围和裙摆合起来为一个整圆。多数情况下用薄型面料制作，故在坯布斜丝45度方向上作适当减短，通常取2～4cm，腰围圆弧半径R取$W/(2\pi)$。

成品规格表

部位 尺寸	裙长 L	腰围 W
160/68A（号型）	68	70

主要部位比例分配公式及尺寸表

序号	部位	细部公式	尺寸
①	前裙长	$L-3.5$	64.5
②	腰头长	$W+3$	73
③	圆弧半径	$R=\frac{W}{2\pi}$	11.1

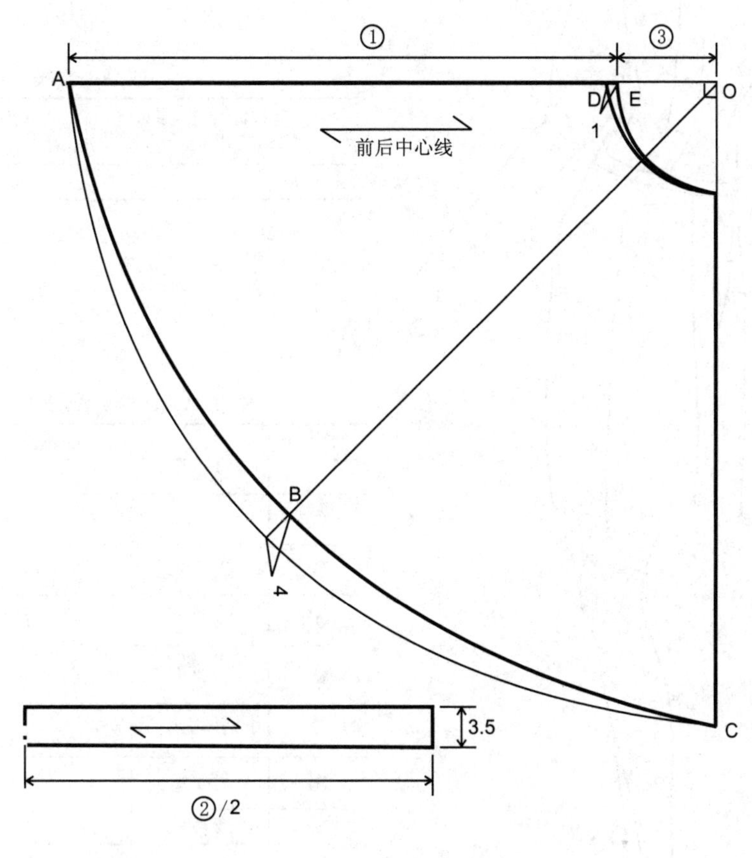

注：ABCE为前片；
ABCD为后片。

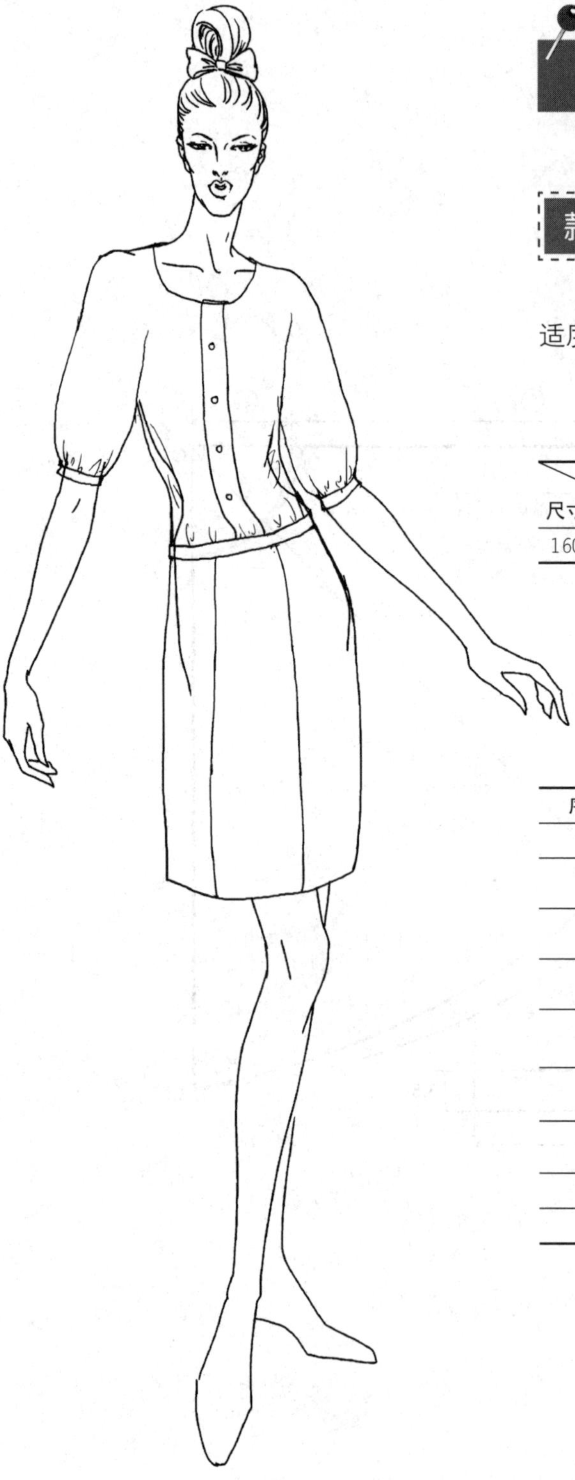

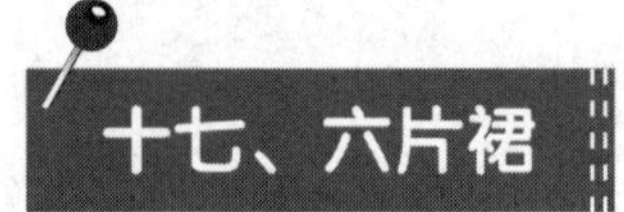

十七、六片裙

款式分析

前后裙片各由三片组成，腰臀贴体，摆围适度放大，分割线接近人体的三分之一处。

成品规格表

部位 尺寸	裙长 L	腰围 W	臀围 H
160/68A(号型)	68	70	94

主要部位比例分配公式及尺寸表

序号	部位	细部公式	尺寸
①	前裙长	$L-3.5$	64.5
②	臀高	$\frac{H}{6}$	15.7
③	前臀宽	$\frac{H}{4}+1$	24.5
④	前腰宽	$\frac{W}{4}+1+$省（4）	22.5
⑤	后裙长	$L-3.5$	64.5
⑥	后臀宽	$\frac{H}{4}-1$	22.5
⑦	后腰宽	$\frac{W}{4}-1+$省（4）	20.5
⑧	腰头长	$W+3$	73
⑨	省大	定寸	2

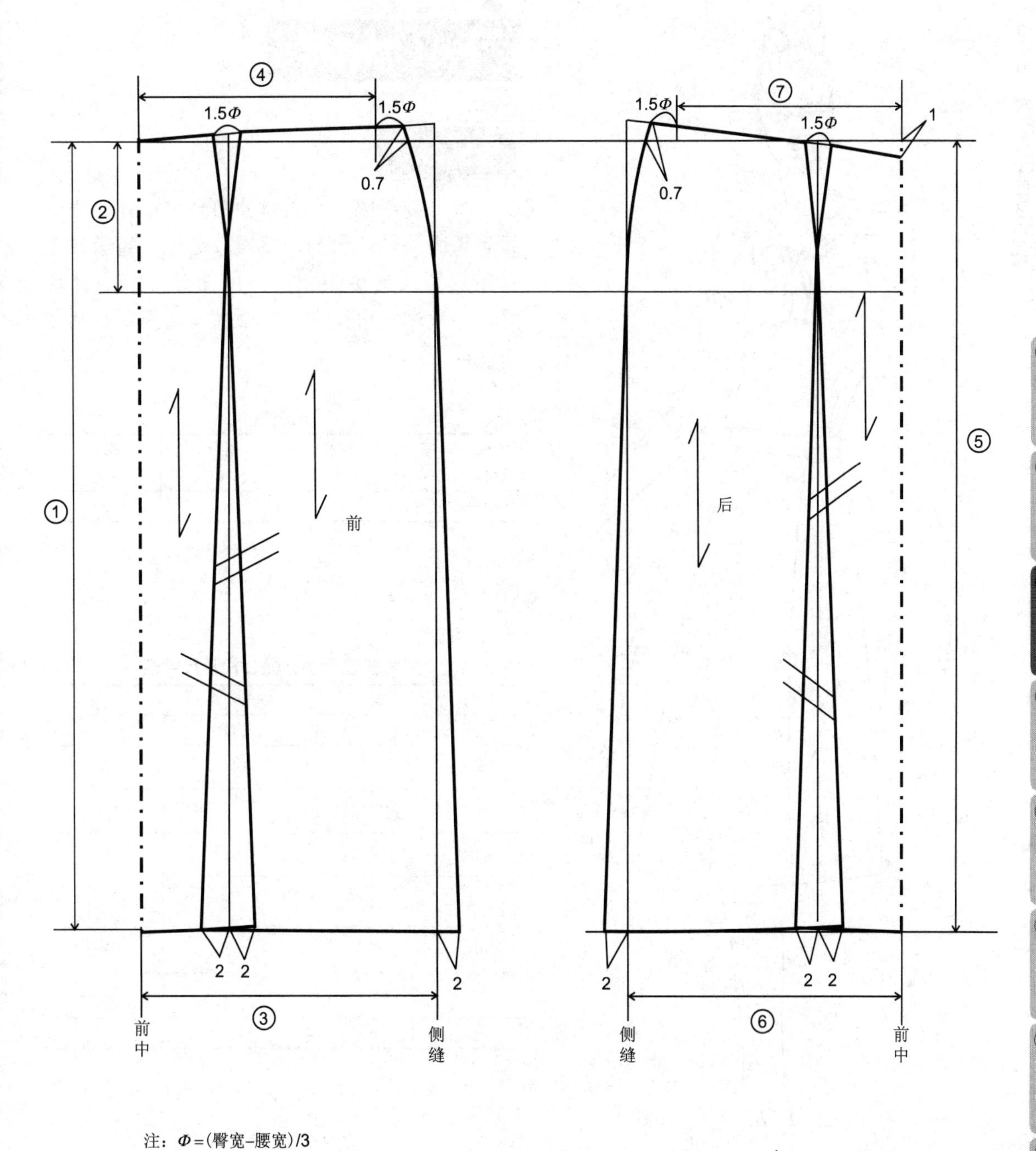

注：Φ=(臀宽-腰宽)/3

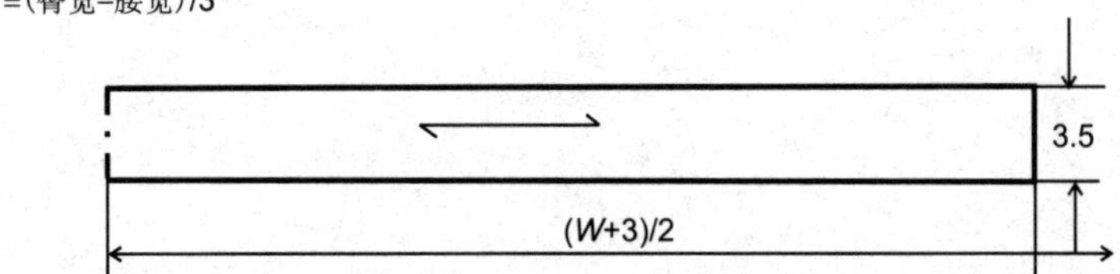

十八、八片裙

款式分析

其分割线约放在人体的四分之一处，腰口线到臀围处贴体合身，下摆较宽松。省道处理采用腰臀差分成三份，一份在分割缝中处理掉，二分之一份在中心线处撇掉，其余在侧缝中撇掉。

成品规格表

部位 尺寸	裙长 L	腰围 W	臀围 H
160/68A(号型)	68	70	94

主要部位比例分配公式及尺寸表

序号	部位	细部公式	尺寸
①	前裙长	$L-3.5$	64.5
②	臀高	$\frac{H}{6}$	15.7
③	前臀宽	$\frac{H}{4}+1$	24.5
④	前腰宽	$\frac{W}{4}+1$	18.5
⑤	后裙长	$L-3.5$	64.5
⑥	后臀宽	$\frac{H}{4}-1$	22.5
⑦	后腰宽	$\frac{W}{4}-1$	16.5
⑧	腰头长	$W+3$	73

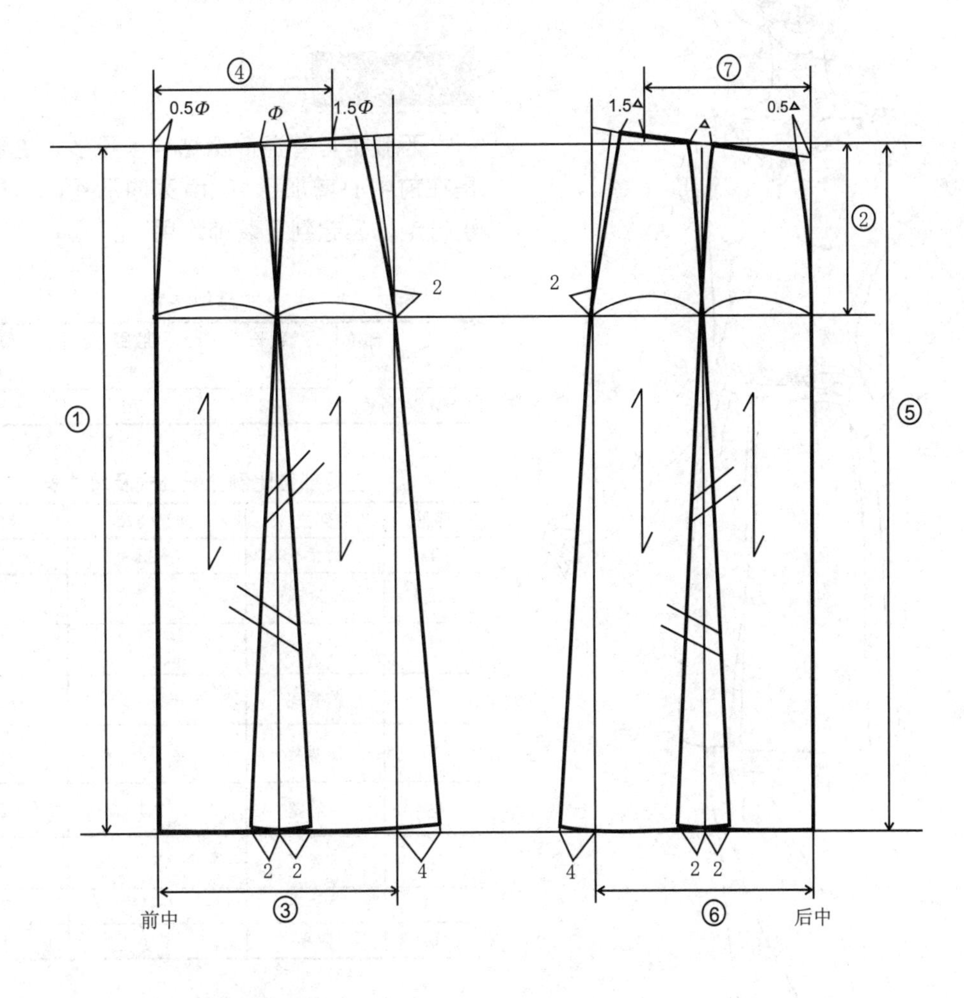

注：Φ =(前臀围−前腰围)/3
△ =(后臀围−后腰围)/3

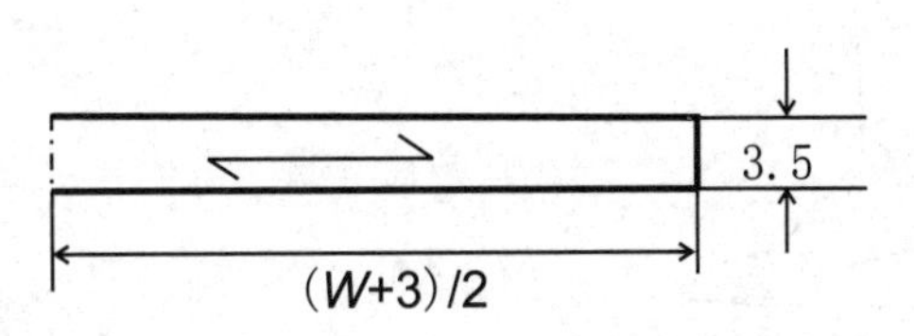

①服装制图基础知识
②裤装结构制图
③裙装结构制图
④衬衫结构制图
⑤茄克衫结构制图
⑥中式服装结构制图
⑦西服结构制图
⑧大衣结构制图
⑨童装结构制图

十九、西服裙

款式分析

西服裙与普通筒裙结构差不多，主要区别是在前中心增加了10cm宽的活褶，这样既便于行走，又起到了装饰作用。

成品规格表

尺寸 \ 部位	裙长 L	腰围 W	臀围 H
160/68A(号型)	68	70	94

主要部位比例分配公式及尺寸表

序号	部位	细部公式	尺寸
①	前裙长	$L-3.5$	64.5
②	臀高	$\frac{H}{6}$	15.7
③	前臀宽	$\frac{H}{4}+1$	24.5
④	前腰宽	$\frac{W}{4}+1+$省（2+2）	22.5
⑤	后裙长	$L-3.5$	64.5
⑥	后臀宽	$\frac{H}{4}-1$	22.5
⑦	后腰宽	$\frac{W}{4}-1+$省（2+2）	20.5
⑧	腰头长	$W+3$	73
⑨	褶量	定寸	10

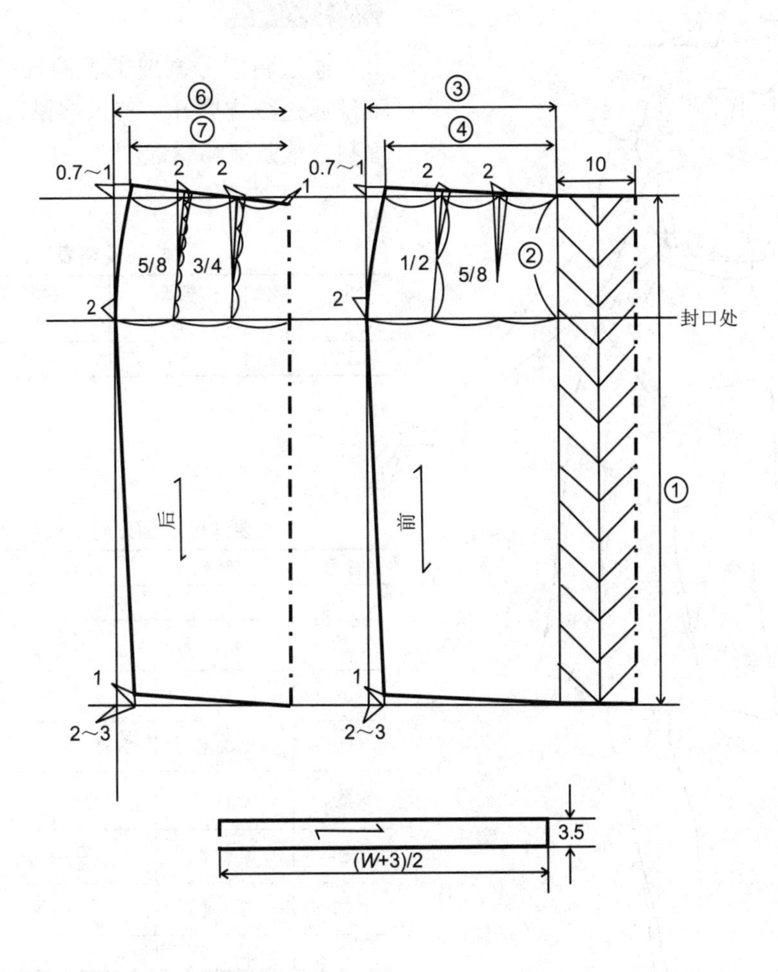

⑥
⑦
③
④
0.7~1
2
2
1
0.7~1
2
2
10
5/8
3/4
1/2
5/8
②
2
2
封口处
后
前
①
1
2~3
1
2~3
3.5
(W+3)/2

二十、波形褶裙

款式分析

通过斜向分割成上下两部分。上部合体，下部通过纸样展开。加大摆量，选用垂感好的面料，线条流畅飘逸。

成品规格表

尺寸＼部位	裙长 L	腰围 W	臀围 H
160/68A(号型)	68	70	94

主要部位比例分配公式及尺寸表

序号	部位	细部公式	尺寸
①	前裙长	$L-3.5$	64.5
②	臀高	$\frac{H}{6}$	15.7
③	前臀宽	$\frac{H}{4}+1$	24.5
④	前腰宽	$\frac{W}{4}+1+$省（2+2）	22.5
⑤	后裙长	$L-3.5$	64.5
⑥	后臀宽	$\frac{H}{4}-1$	22.5
⑦	后腰宽	$\frac{W}{4}-1+$省	20.5
⑧	腰头长	$W+3$	73

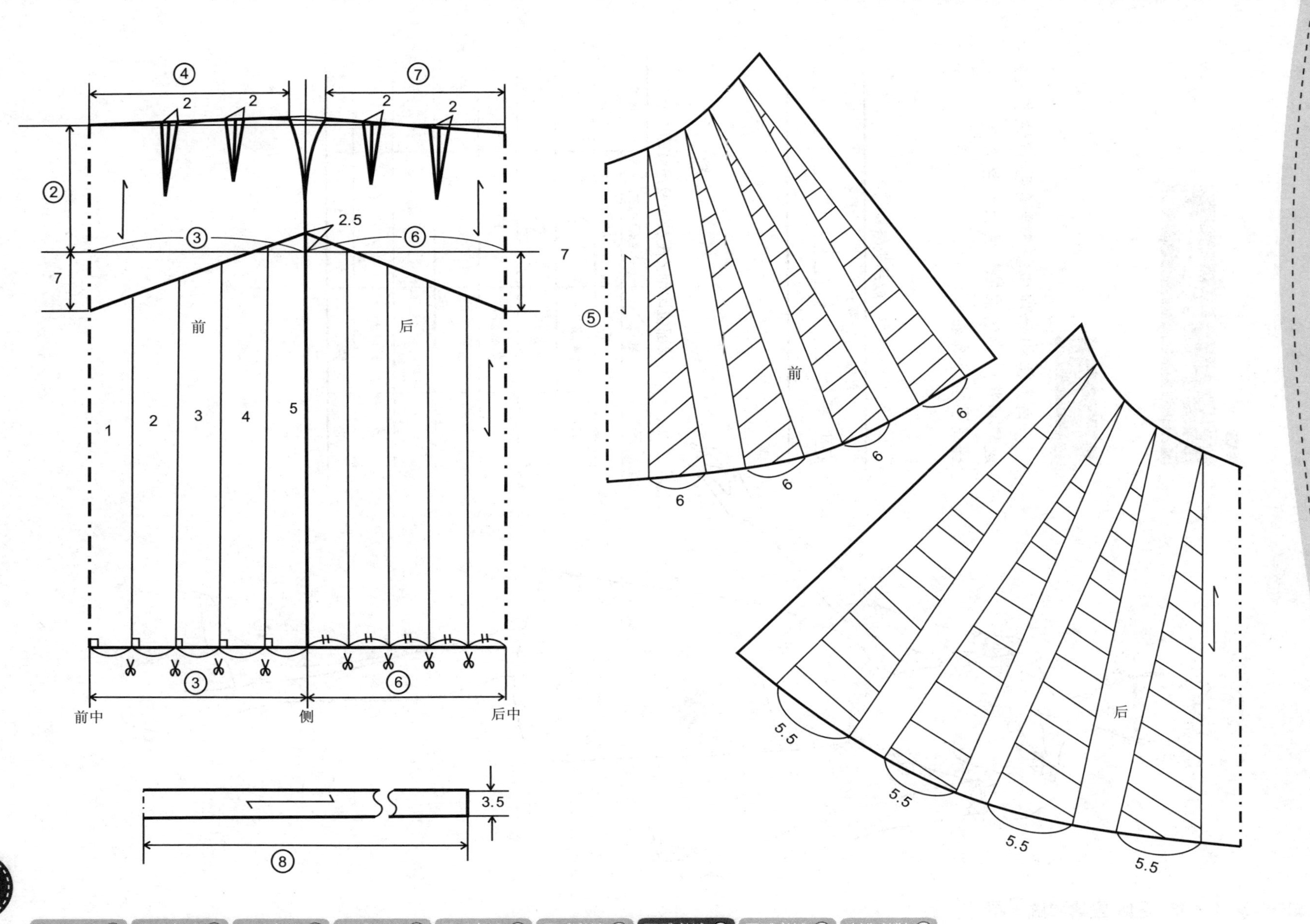

④
⑦
2
2
2
2
②
2.5
③
⑥
7
7
前
后
1
2
3
4
5
③
⑥
前中
侧
后中
3.5
⑧
⑤
前
6
6
6
6
后
5.5
5.5
5.5
5.5

二十一、育克斜裙

款式分析

育克裙的分割线多选择在腰省的省尖处，这样可将腰省转移掉，使时装整体线条流畅，提高了装饰效果。

成品规格表

尺寸 \ 部位	裙长 L	腰围 W	臀围 H
160/68A(号型)	68	70	90

主要部位比例分配公式及尺寸表

序号	部位	细部公式	尺寸
①	前裙长	$L-3.5$	64.5
②	臀高	$\frac{H}{6}$	15.7
③	前臀宽	$\frac{H}{4}+1$	24.5
④	前腰宽	$\frac{W}{4}+1+$省（4）	22.5
⑤	后裙长	$L-3.5$	64.5
⑥	后臀宽	$\frac{H}{4}-1$	22.5
⑦	后腰宽	$\frac{W}{4}-1+$省（4）	20.5
⑧	腰头长	$W+3$	73

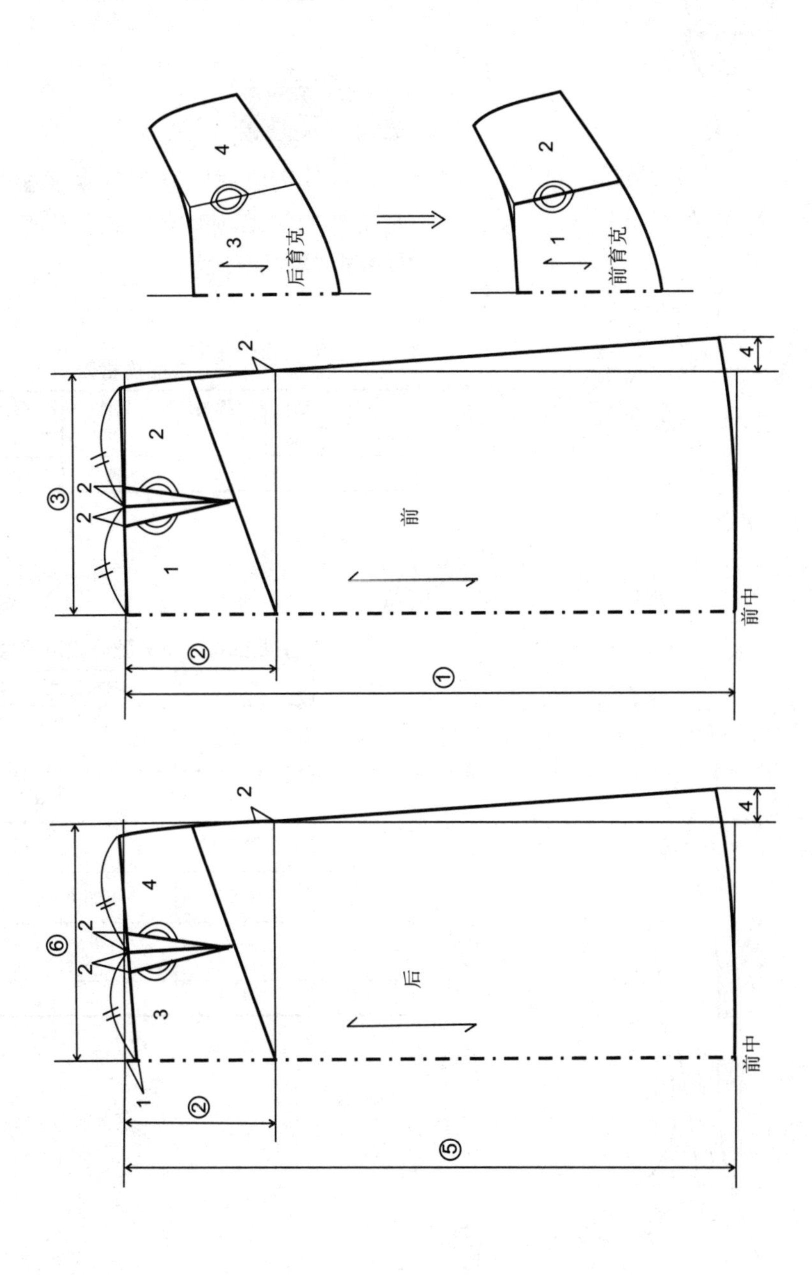
后育克
前育克
前
后
前中
前中

二十二、喇叭裙

款式分析

八片喇叭裙从腰到下摆像盛开的喇叭花，有自然的波浪。有全圆式和半圆式裁剪方法，具有很好的流动美。

成品规格表

部位 尺寸	裙长 L	臀围 H	腰围 W	摆围 BT
165/66A（号型）	80	98	68	340

主要部位比例分配公式及尺寸表

序号	部位	细部公式	尺寸
①	裙长	裙长－腰头（3）－飞边（18）	59
②	臀高	一般为17～19	18
③	臀围	$\frac{H}{4}$	24.5
④	腰围	$\frac{W}{4}$+3.5（省）	20.5
⑤	摆围	$\frac{摆围}{4}$	85
⑥	腰头长	W	68

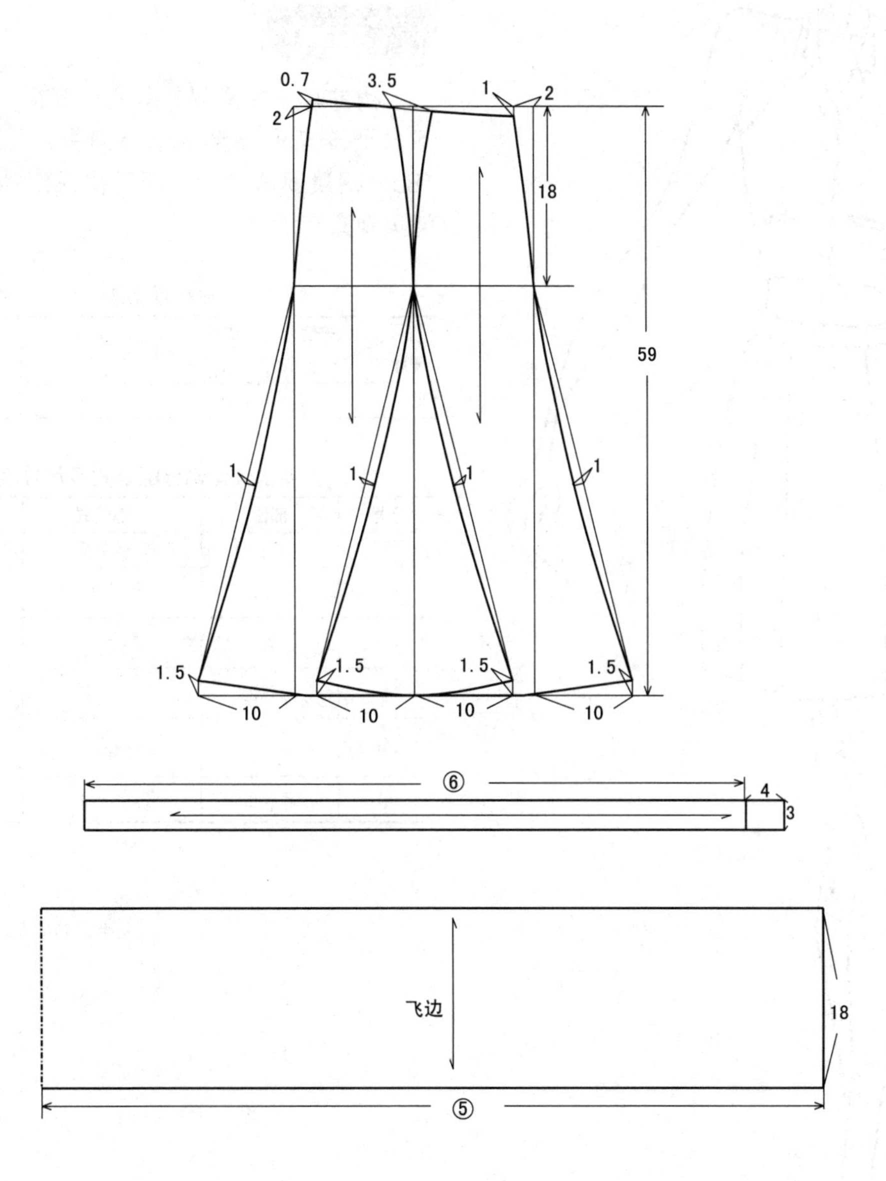

0.7
3.5
1
2
2
18
59
1
1
1
1
1.5
1.5
1.5
1.5
10
10
10
10
⑥
4
3
飞边
18
⑤

二十三、倒褶裙

款式分析

裙前片左右两侧各有两只倒褶。从腰口向下省要渐渐变细至9cm处消失，从腰口向下18cm褶量逐渐加大，便于裙摆活动，此款简洁美观富有活力。

成品规格表

部位 尺寸	裙长 L	腰围 W	臀围 H
165/66A（号型）	70	68	98

主要部位比例分配公式及尺寸表

序号	部位	细部公式	尺寸
①	裙长	裙长−4（腰头）	66
②	臀高	定寸17～19	17
③	前臀围	$\frac{H}{4}$	24.5
④	前腰围	$\frac{W}{4}+4$（省）	21
⑤	后臀围	$\frac{H}{4}$	24.5
⑥	后腰围	$\frac{W}{4}+4$（省）	21

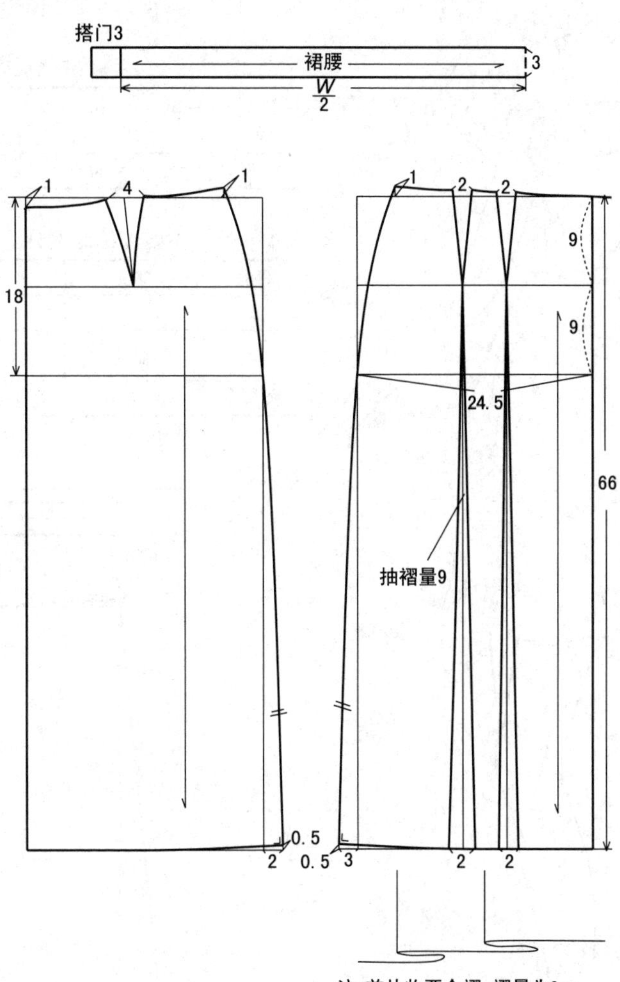

注:前片收两个褶,褶量为9cm。

二十四、抽褶裙

款式分析

抽褶裙是在下摆配有宽花边，具有浪漫感觉的裙子。花边的宽窄和抽褶量可以变化。

成品规格表

部位 尺寸	裙长 L	腰围 W	腰头宽
165/66A（号型）	68	68	3

主要部位比例分配公式及尺寸表

序号	部位	细部公式	尺寸
①	裙长	裙长－腰头（3）	65
②	腰围	$\frac{W}{4}$+褶量（14）	31
③	腰头长	W	68

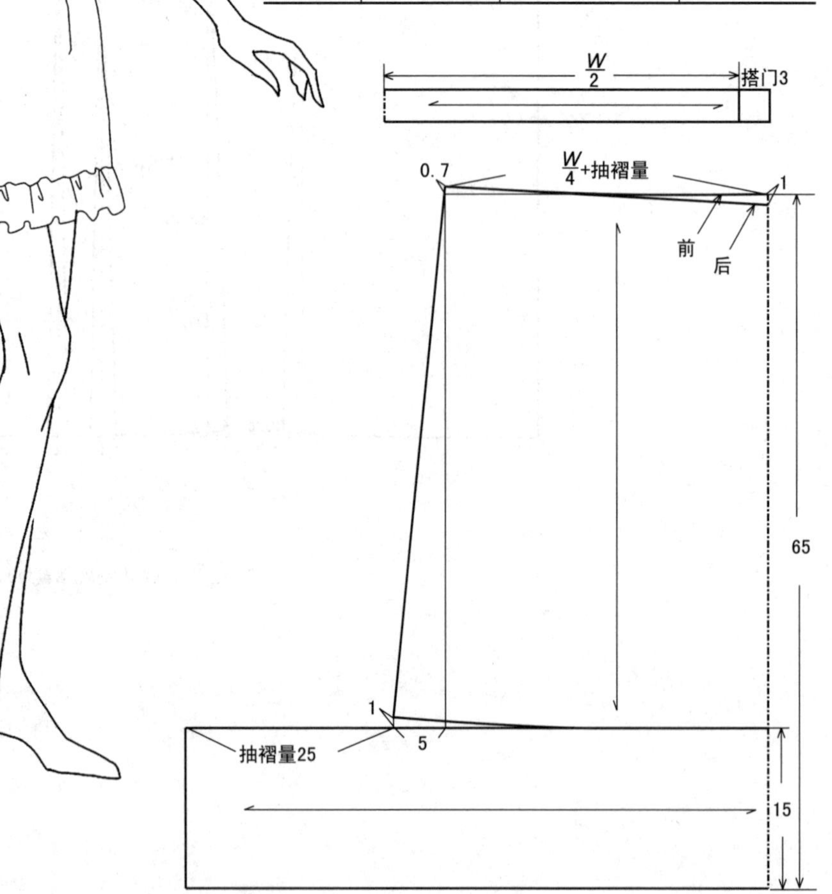

二十五、五片裙

款式分析

五片分割，曲线优美，若配以不同的面料组合，着装时尚动人。腰带长取净值。

成品规格表

尺寸 \ 部位	裙长 L	腰围 W	臀围 H
165/66A（号型）	67	66	90

主要部位比例分配公式及尺寸表

序号	部位	细部公式	尺寸
①	裙长	L	67
②	前臀围	$\frac{H}{2}$	45
③	前腰围	$\frac{W}{2}+4$（省）	37
④	后臀围	$\frac{H}{2}$	45
⑤	后腰围	$\frac{W}{2}+4$（省）	37

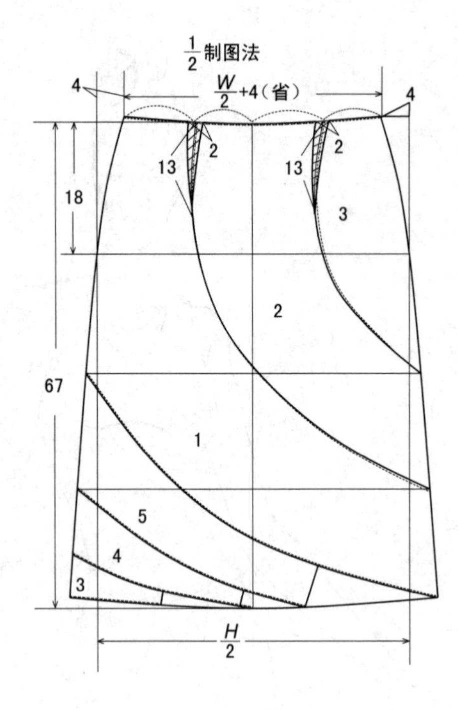

$\frac{1}{2}$制图法
$\frac{W}{2}$+4（省）
4
4
2
2
13
13
18
67
3
2
1
5
4
3
$\frac{H}{2}$

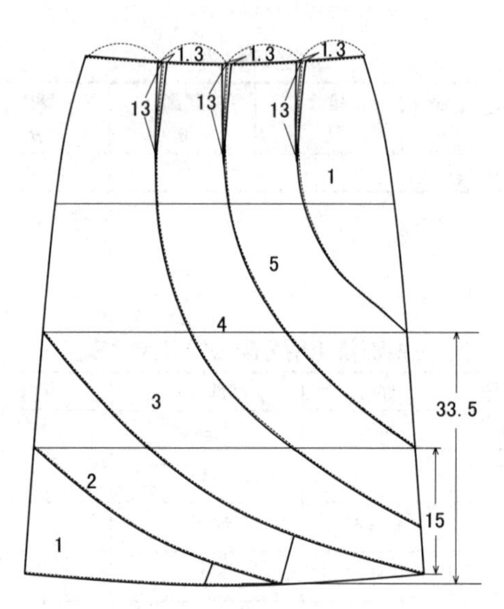

1.3
1.3
1.3
13
13
13
1
5
4
3
2
1
33.5
15

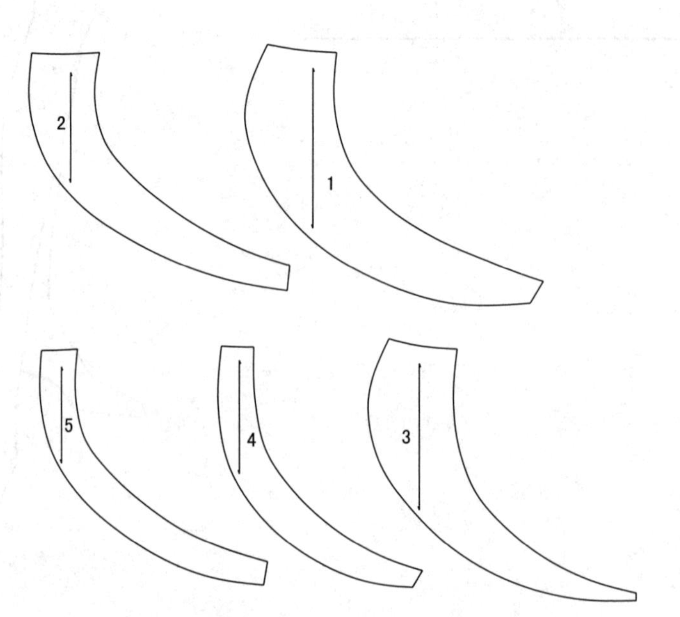

2
1
5
4
3

二十六、多片分割裙

款式分析

几何分割，配以精制的嵌线袋。若用大色块的对比组合，给人以强烈的视觉冲击。

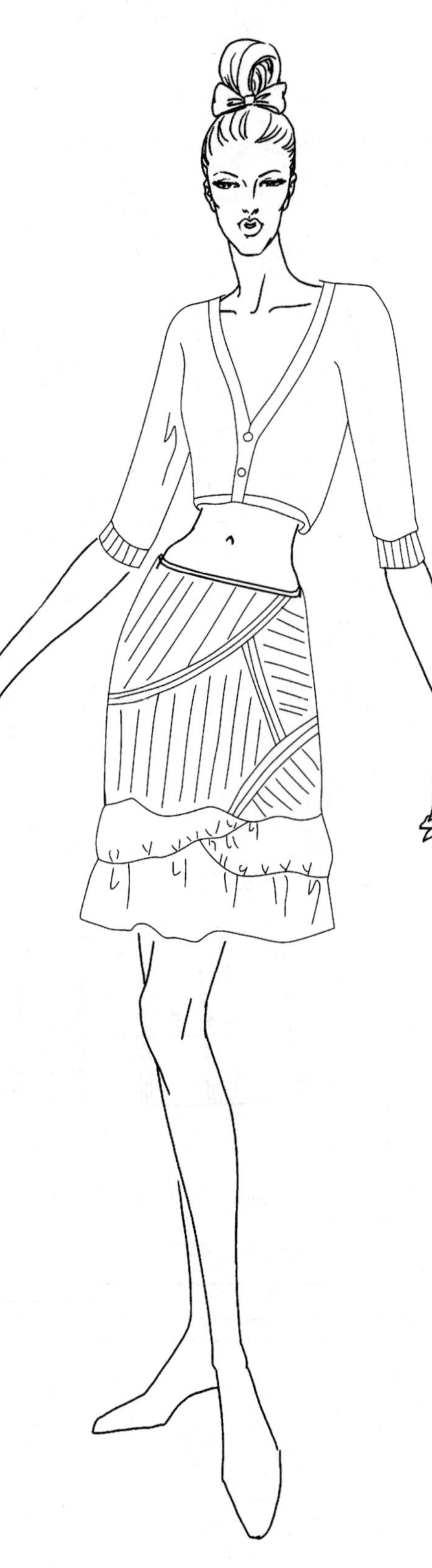

主要成品规格表

序号	部位 尺寸	36#	38#	40#	42#	误差
①	腰围	34.5	36.5	38.5	40.5	+/-1
②	臀围	47	49	51	53	+/-1
③	总长	62.5	63	63.5	64	+/-0.5
④	下摆	67	69	71	73	+/-1
⑤	腰带高	1.5	1.5	1.5	1.5	+/-0.5

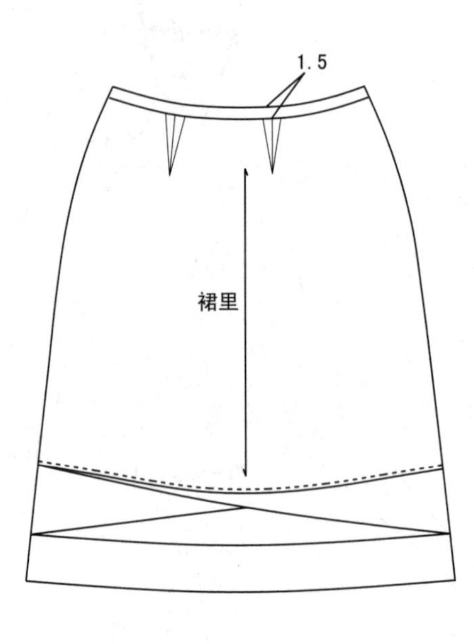

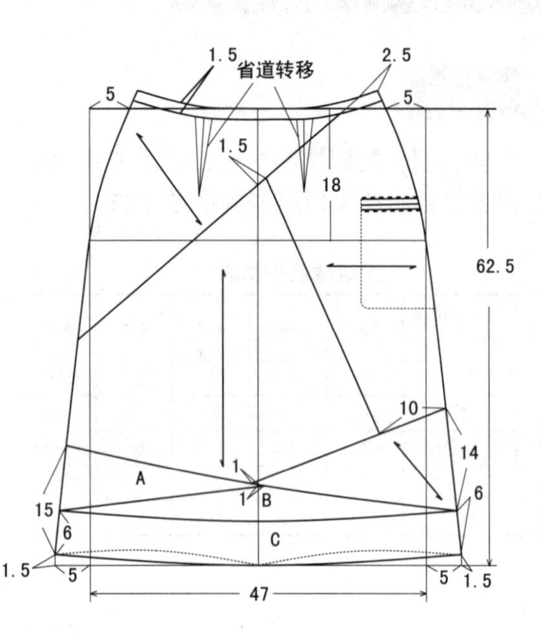

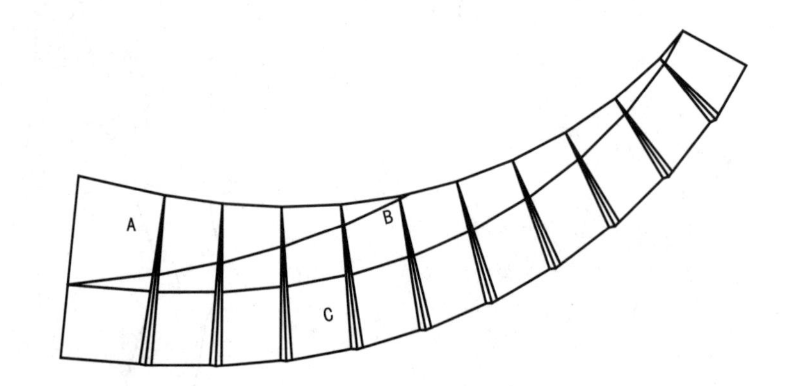

注:下摆拉出10cm,ABC三片一起拉出再分开,如图所示。

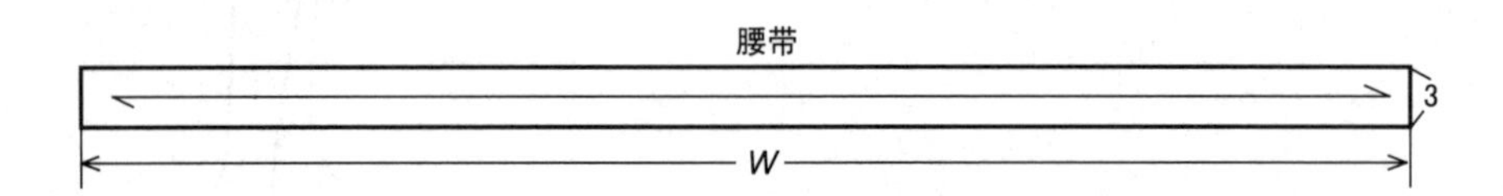

二十七、裤裙

款式分析

裙裤似裙非裙，似裤非裤。裙裤是取裙子的腰身结构和裤子的裆部结构结合而成。但裙裤的裆部结构属宽松型的，一般比裤子裆部宽要大一半以上。同时上裆尺寸适当加大。

成品规格表

部位 尺寸	裙长 L	腰围 W	臀围 H	上裆 FR	腰头宽
165/68A(号型)	64	70	94	29.5	3.5

主要部位比例分配公式及尺寸表

序号	部位	细部公式	尺寸
①	前裙长	$L-3.5$	60.5
②	臀高	$\frac{H}{6}$	15.7
③	前臀宽	$\frac{H}{4}$	23.5
④	前腰宽	$\frac{W}{4}+2.5$	20
⑤	后裙长	$L-3.5$	60.5
⑥	后臀宽	$\frac{H}{4}$	23.5
⑦	后腰宽	$\frac{W}{4}+2.5$	20
⑧	腰头长	$W+3$	73

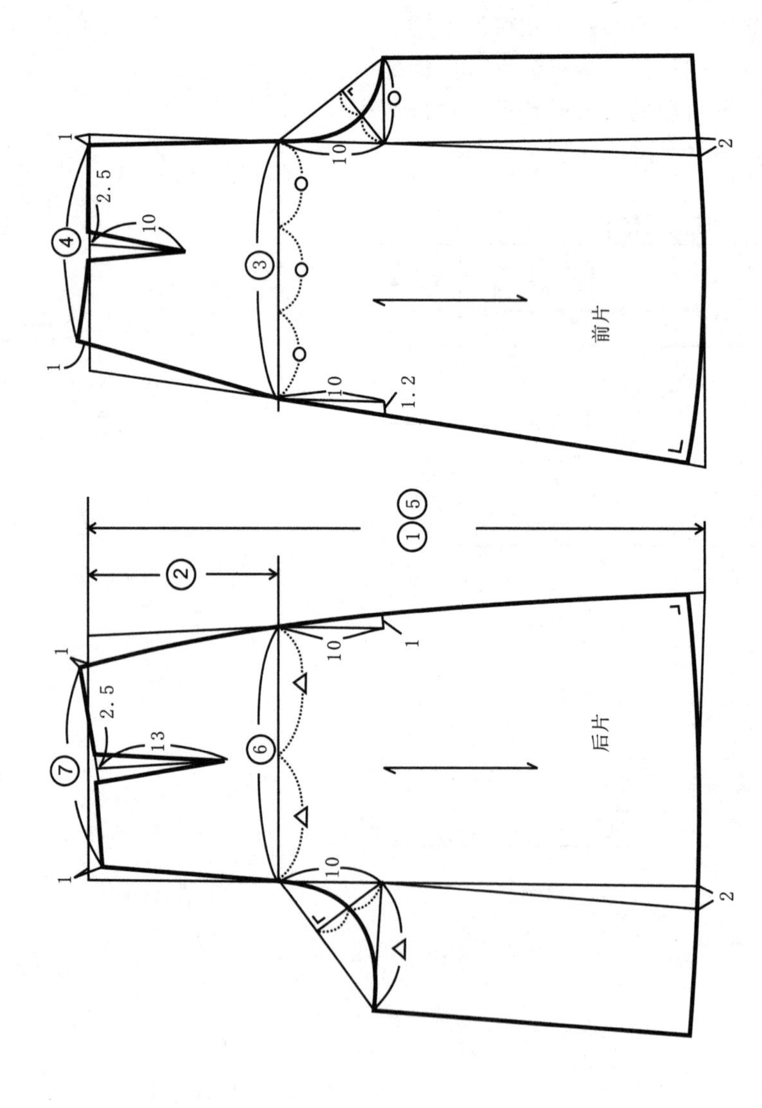
前片
后片
1
2.5
10
1.2
2
13
④
③
⑦
⑥
②
①⑤

二十八、衬衫型连衣裙

款式分析

配有过肩的衬衫型连衣裙，立领，半裁式前开襟，胸部上有贴袋。腰部较宽松。不同年龄层次的人都可穿着。袖山高取$B/10+3$。

成品规格表

部位 尺寸	衣长 L	胸围 B	肩宽 S	袖长 SL	袖口 CW
165/84A（号型）	105	100	40	65	23

主要部位比例分配公式及尺寸表

序号	部位	细部公式	尺寸
①	衣长	衣长尺寸	105
②	前袖窿深	定寸	19.5
③	前胸围	$\frac{B}{4}$	25
④	前肩高	定寸	4
⑤	后肩高	定寸	4
⑥	后袖窿深	定寸	20.5
⑦	后胸围	$\frac{B}{4}$	25
⑧	袖长	袖长－克夫高（5）	60

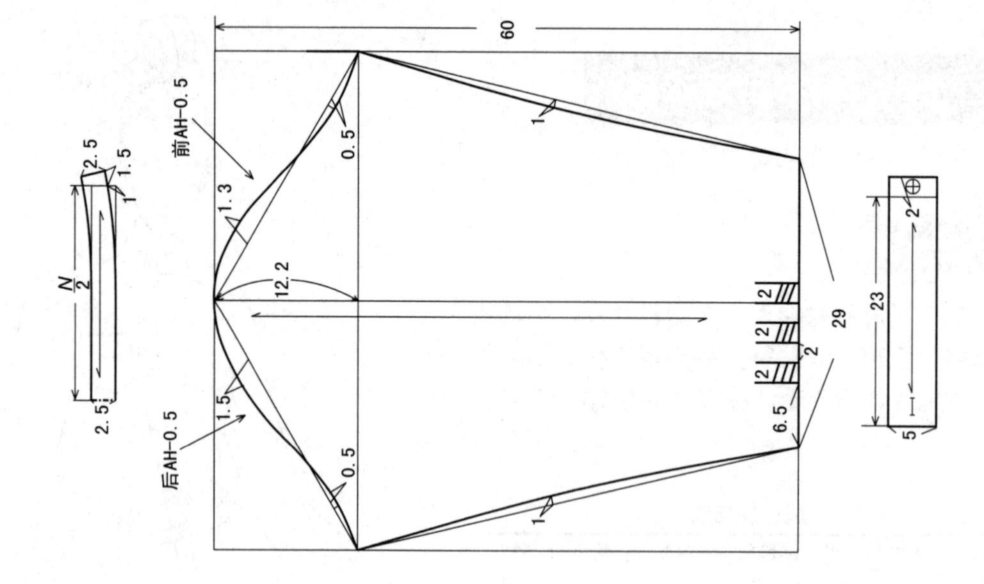
60
前AH-0.5
后AH-0.5
12.2
29
23
N/2

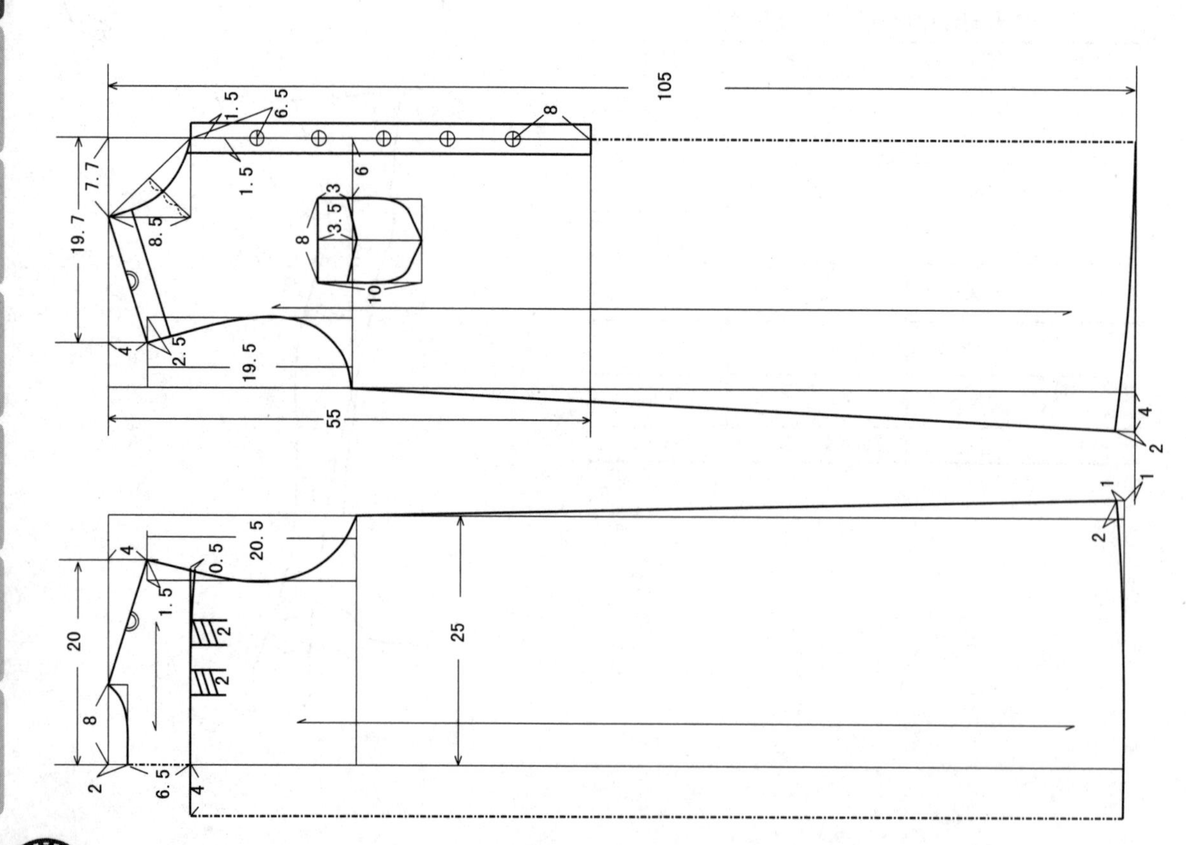
105
55
19.7
7.7
19.5
20.5
25
20

二十九、尖领育克连衣裙

款式分析

衣裙从上至下双排八粒扣，尖角驳领，插肩袖带披肩，肩腰抽褶，款式新颖大方。

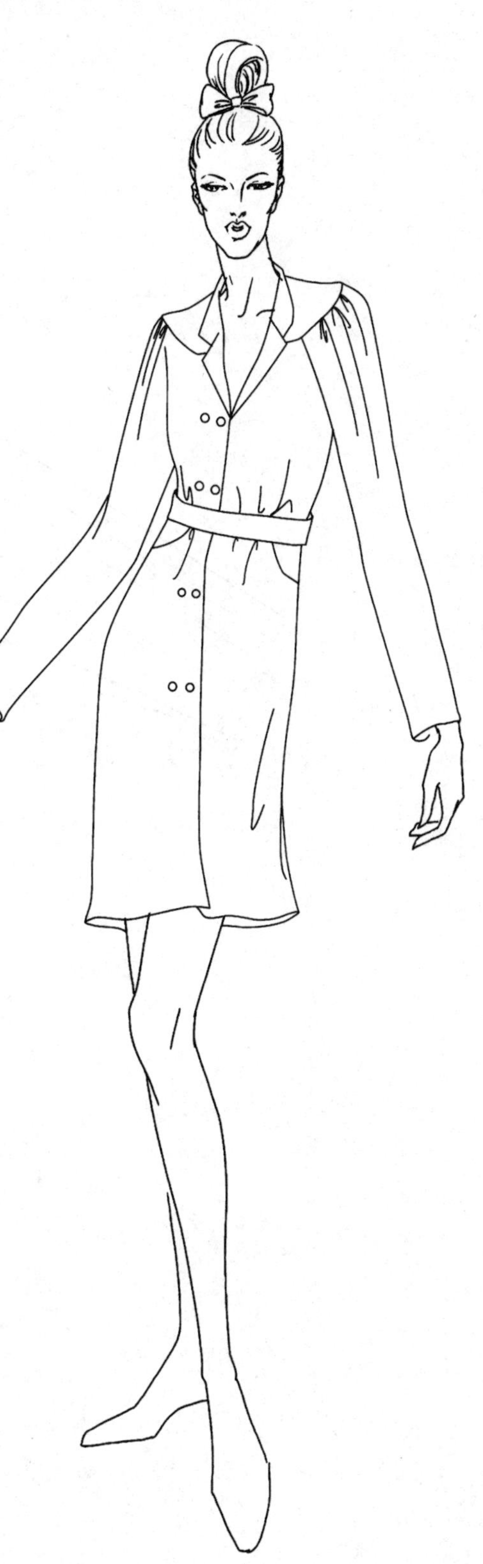

成品规格表

部位 尺寸	衣长 *L*	胸围 *B*	臀围 *H*	肩宽 *S*
165/84A(号型)	106	96	100	40
部位 尺寸	袖长 SL	袖口 CW	腰节 WL	领大 N
165/84A(号型)	54	26	43.5	38.5

主要部位比例分配公式及尺寸表

序号	部位	细部公式	尺寸
①	腰节	$\frac{号}{4}+1.5$	42.75
②	前袖窿深	$\frac{2}{10}B+6$	25.2
③	领口深	定寸	12
④	前领口宽	$\frac{2}{10}N-0.2$	7.5
⑤	前胸围	$\frac{B}{4}$	24
⑥	前肩宽	$\frac{S}{2}-0.5$	19.5
⑦	前臀围	$\frac{H}{4}$	25
⑧	前袖口	$\frac{袖口}{2}$	13
⑨	后袖窿深	$\frac{2}{10}B+7$	26.2
⑩	后肩宽	$\frac{S}{2}+0.5$	20.5
⑪	后胸围	$\frac{B}{4}$	24
⑫	后臀围	$\frac{H}{4}$	25
⑬	后袖口	$\frac{袖口}{4}$	13
⑭	后领口宽	$\frac{2}{10}N+0.3$	8

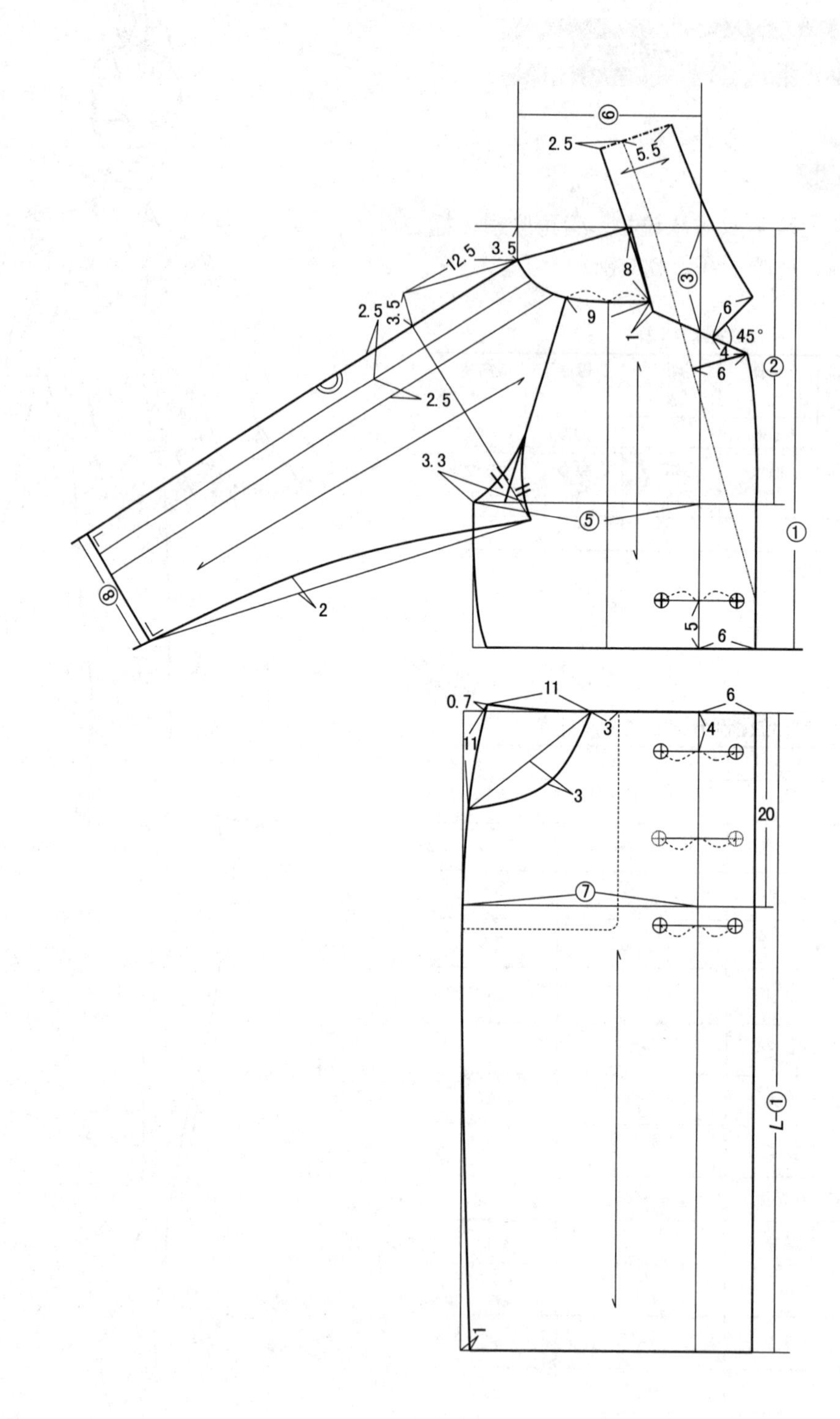
⑥
2.5
5.5
3.5
12.5
8
③
2.5
3.5
9
1
6
45°
4
②
6
2.5
3.3
⑤
①
⑧
2
5
6
0.7
11
6
3
4
11
3
20
⑦
L-①
1

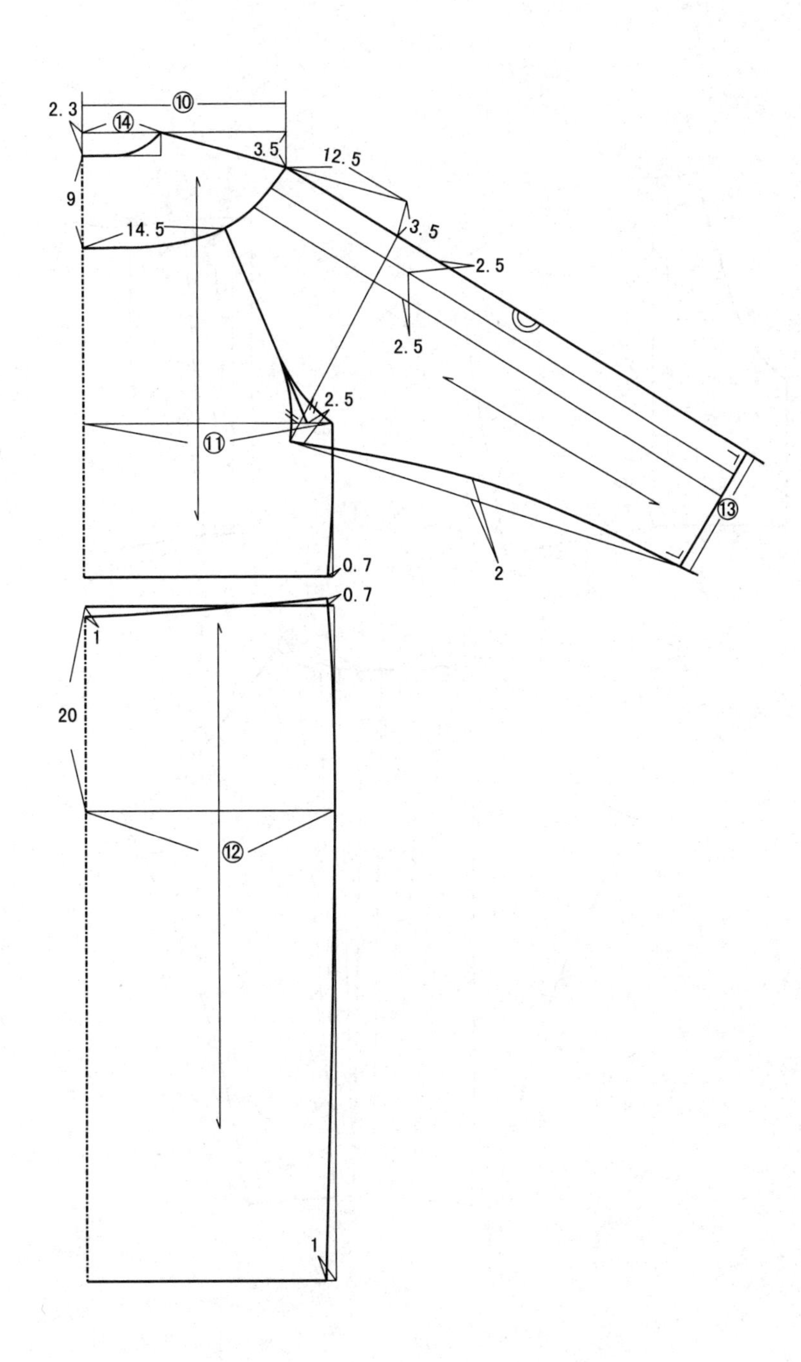
⑩
2.3
⑭
3.5
12.5
9
3.5
14.5
2.5
2.5
2.5
⑪
⑬
2
0.7
0.7
1
20
⑫
1

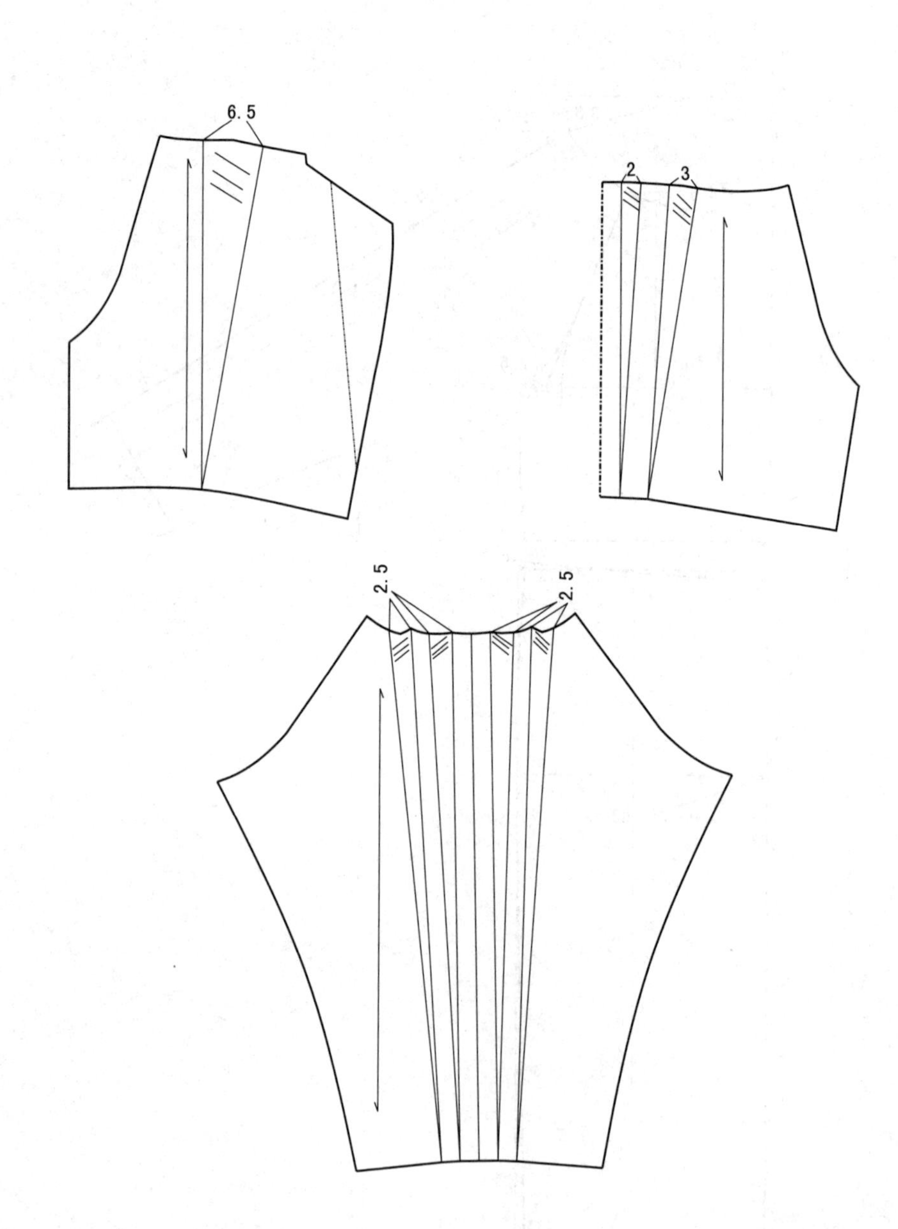

6.5
2
3
2.5
2.5

三十、西装领女式连衣裙

款式分析

西装领，前开口，三粒扣，前身开摆缝省和腰省，后省有肩省。短袖口，四片裙，系一腰带，活泼大方。

成品规格表

尺寸 \ 部位	衣长 L	胸围 B	腰节 WL	肩宽 S	袖长 SL
160/84A（号型）	105	96	40	39	22
尺寸 \ 部位	**袖口 SO**	**裙长**	**腰围 W**	**领大 N**	
160/84A（号型）	29	65	76	36	

主要部位比例分配公式及尺寸表

序号	部位	细部公式	尺寸	序号	部位	细部公式	尺寸
①	腰节	$\frac{号}{4}$	40	⑭	后胸围	$\frac{B}{4}$	24
②	前肩高	$\frac{B}{20}$	4.8	⑮	后肩宽	$\frac{S}{2}+1.5$	21
③	前袖窿深	$\frac{B}{10}+6.5$	16.1	⑯	后袖窿深	$\frac{B}{10}+9$	18.6
④	前领口深	$\frac{2}{10}N$	7.2	⑰	后背宽	$\frac{1.5}{10}B+4$	18.4
⑤	前领口宽	$\frac{2}{10}N-0.5$	6.7	⑱	后腰围	$\frac{W}{4}+3$	22
⑥	前肩宽	$\frac{S}{2}-0.5$	19	⑲	裙长	裙长－腰头（4）	61
⑦	前胸宽	$\frac{1.5}{10}B+2.8$	17.2	⑳	裙片翘	$\frac{W}{10}-0.7$	6.9
⑧	前胸围	$\frac{B}{4}$	24	㉑	裙腰	$\frac{W}{4}-0.5$	18.5
⑨	摆缝省大	定寸	3	㉒	袖山高	$\frac{B}{10}+2.3$	11.9
⑩	前腰围	$\frac{W}{4}+3$	22	㉓	袖长	SL	22
⑪	后领口深	定寸	2.5	㉔	袖口	定寸	29
⑫	后领口宽	$\frac{2}{10}N-0.3$	6.9	㉕	领大	$\frac{N}{2}$	18
⑬	后肩高	$\frac{B}{20}+0.8$	5.6				

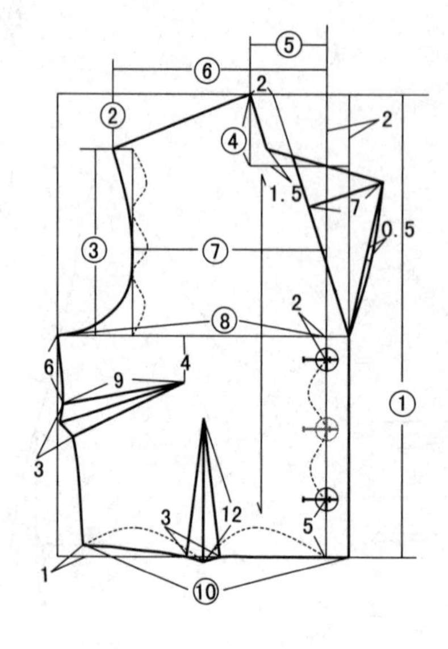
⑤
⑥
2
②
④
1.5
2
7
0.5
③
⑦
⑧
2
6
9
4
3
①
3
12
5
1
⑩

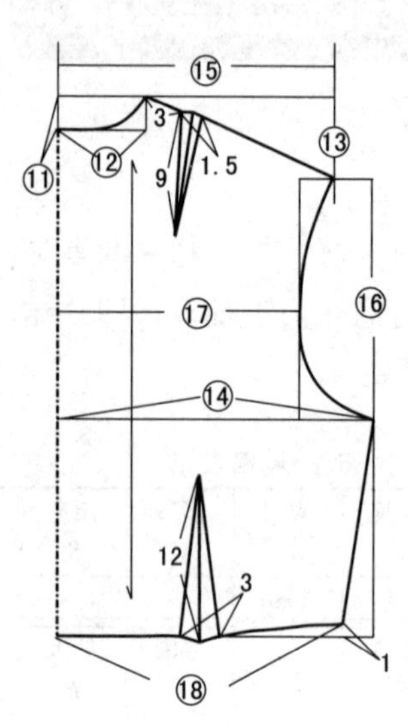
⑮
3
1.5
⑬
⑪
⑫
9
⑯
⑰
⑭
12
3
1
⑱

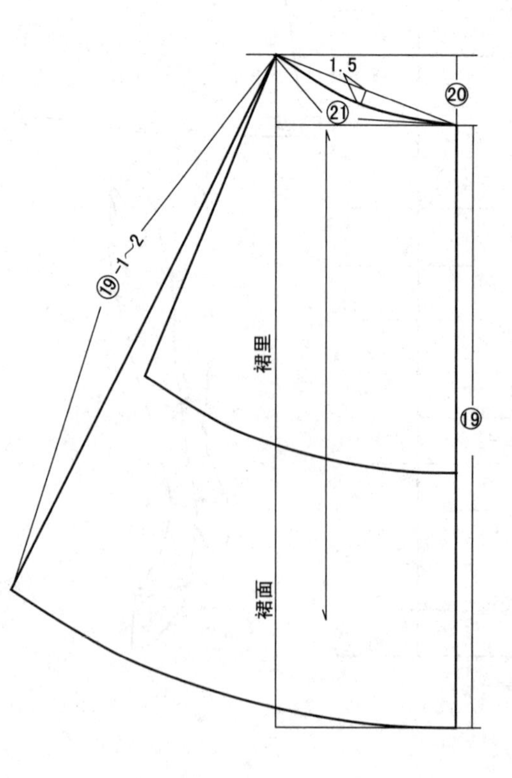
1.5
⑳
㉑
⑲-1~2
裙里
⑲
裙面

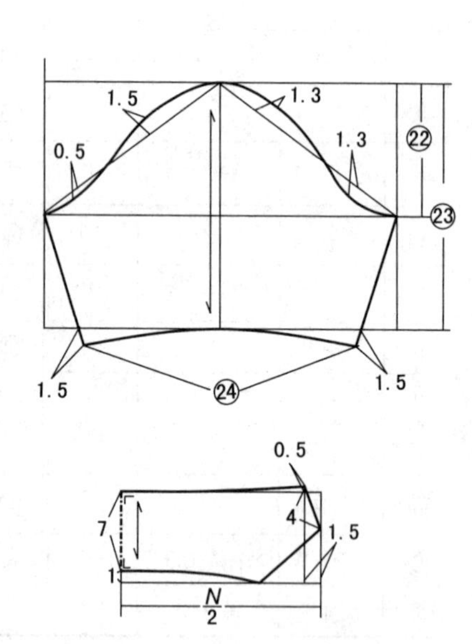
1.5
1.3
0.5
1.3
㉒
㉓
1.5
㉔
1.5
0.5
4
7
1.5
1
N/2

三十一、前片收搭克连衣裙

款式分析

大挖领，短袖，前片收塔克，宽腰配两片裙，着装舒适大方。

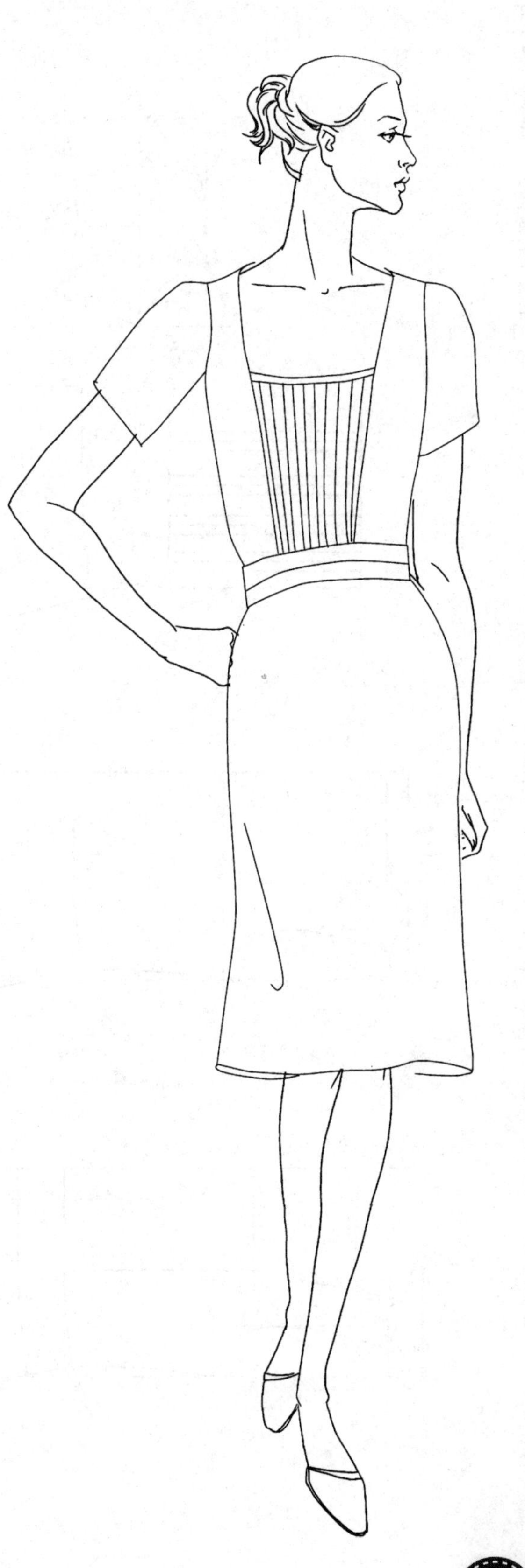

成品规格表

部位 尺寸	裙长 L	胸围 B	肩宽 S	下摆 BT
160/84A(号型)	100	90	39	33.5
部位 尺寸	袖长 SL	袖口 CW	袖肥 SW	
160/84A(号型)	20	25	30	

主要部位比例分配公式及尺寸表

序号	部位	细部公式	尺寸
①	裙长	L	100
②	肩宽	$\frac{S}{2}$	19.5
③	胸围	$\frac{B}{4}$	22.5
④	下摆	BT	33.5
⑤	前领口深	定寸	19
⑥	后领口深	定寸	2.5
⑦	袖窿深	$\frac{2}{10}B+1$	19
⑧	袖长	SL	20
⑨	袖肥	定寸	30

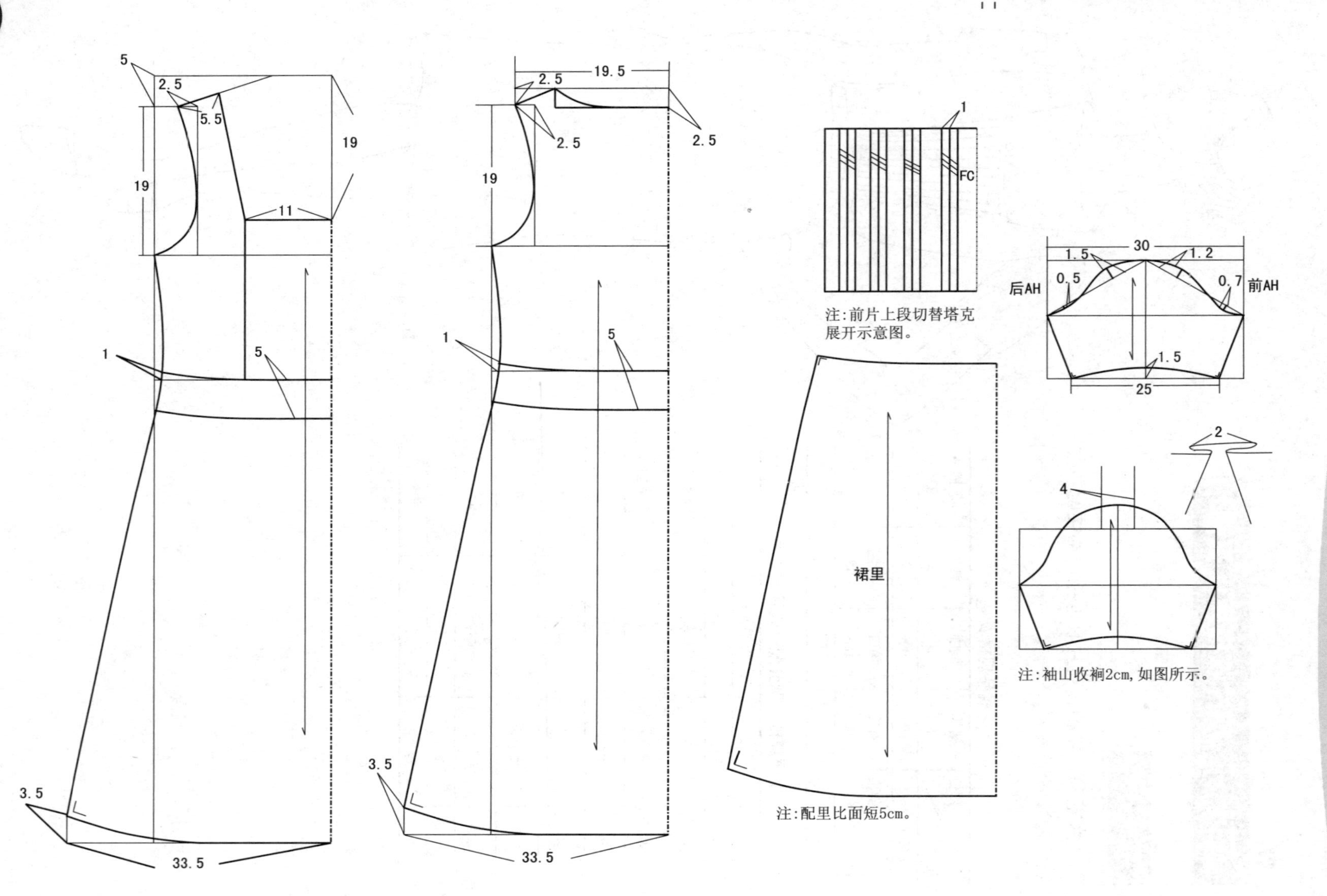
5
2.5
5.5
19
19
11
1
5
3.5
33.5
2.5
19.5
2.5
2.5
19
1
5
3.5
33.5
1
FC
注:前片上段切替塔克展开示意图。
裙里
注:配里比面短5cm。
30
1.5
1.2
0.5
0.7
后AH
前AH
1.5
25
2
4
注:袖山收裥2cm,如图所示。

三十二、花边裙

款式分析

圆领配以花边，上衣下裙，前中开门。纵向的碎褶和横向的分割，显得动静相宜。

成品规格表

尺寸 \ 部位	衣长 L	胸围 B	腰围 W	腰节 WL
160/84A(号型)	110	95	90	37

主要部位比例分配公式及尺寸表

序号	部位	细部公式	尺寸
①	衣长	L	110
②	胸围	$\frac{B}{4}$	23.75
③	袖窿深	$\frac{2}{10}B$	19
④	肩高	定寸	4
⑤	袖长	国家标准	55

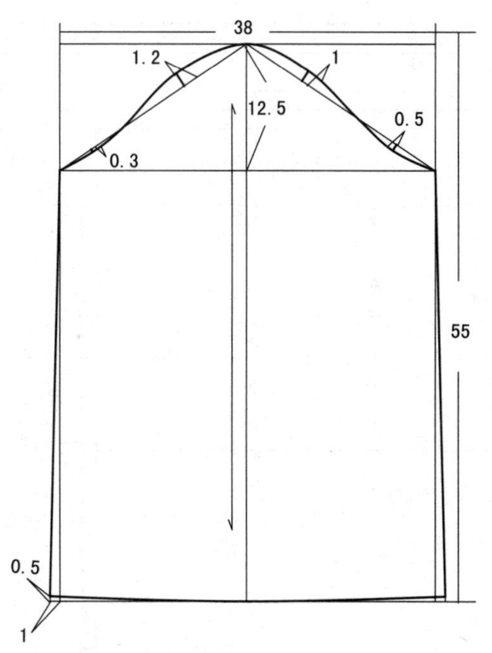

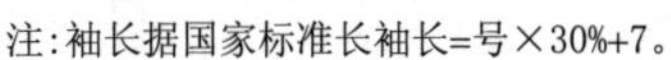
注:袖长据国家标准长袖长=号×30%+7。

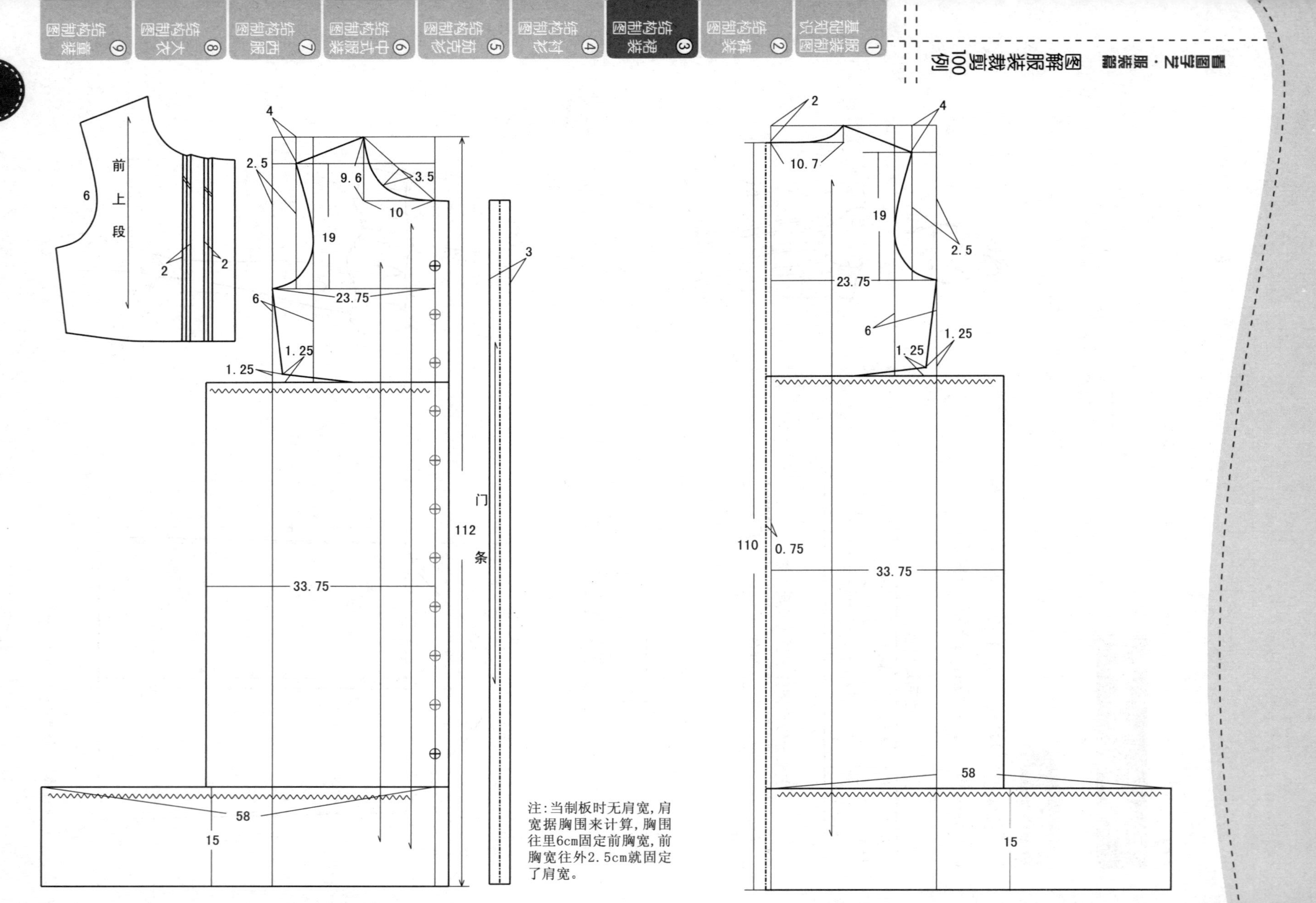

注:当制板时无肩宽,肩宽据胸围来计算,胸围往里6cm固定前胸宽,前胸宽往外2.5cm就固定了肩宽。

三十三、接腰型连衣裙

款式分析

接腰型连衣裙是裙装的基础样，着装简洁大方。实用制图时。可利用此板型的展开，变化很多的设计。

成品规格表

部位 尺寸	裙长 L	胸围 B	袖长 SL	腰围 W	臀围 H
165/84A（号型）	100	94	22	66	94

主要部位比例分配公式及尺寸表

序号	部位	细部公式	尺寸
①	裙长	衣长尺寸L	100
②	前袖窿深	定寸	24
③	前胸围	$\frac{B}{4}$	23.5
④	前肩高	定寸	5
⑤	后肩高	定寸	5
⑥	后袖窿深	定寸	24
⑦	后胸围	$\frac{B}{4}$	23.5

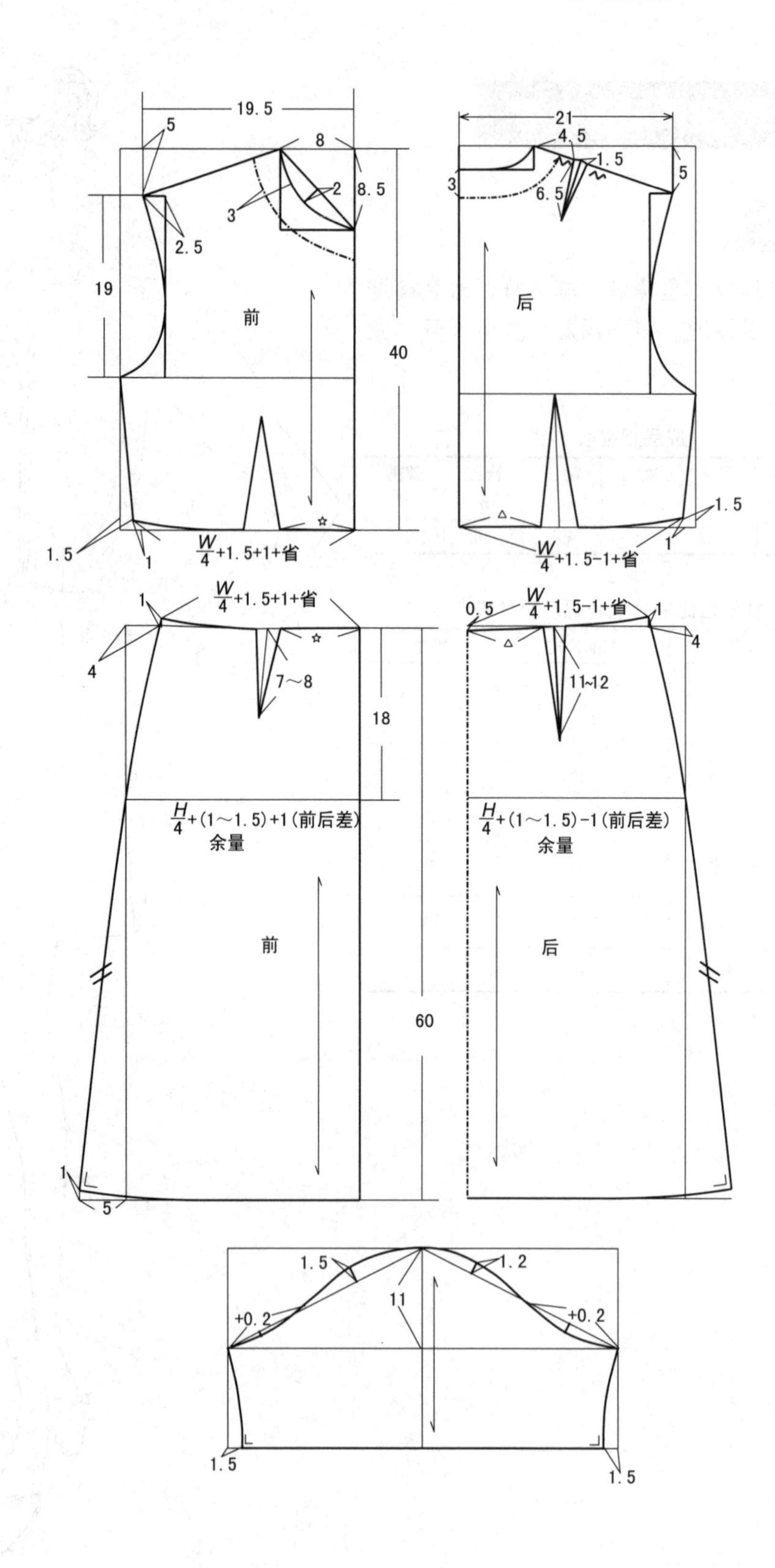
19.5
5
8
2
8.5
3
2.5
19
前
40
$\frac{W}{4}$+1.5+1+省
1.5
1
21
4.5
1.5
3
6.5
5
后
1.5
1
$\frac{W}{4}$+1.5-1+省
1
$\frac{W}{4}$+1.5+1+省
4
7～8
18
$\frac{H}{4}$+(1～1.5)+1(前后差)
余量
前
60
1
5
0.5
$\frac{W}{4}$+1.5-1+省
1
4
11~12
$\frac{H}{4}$+(1～1.5)-1(前后差)
余量
后
1.5
1.2
11
+0.2
+0.2
1.5
1.5

三十四、青果领公主线女套裙

款式分析

青果领，三粒扣，卡腰短身长裙。裁裙片时注意斜裁如两边长短不一致，即需调整，保持下摆的平衡。侧片公主线处收碎褶，款式合体时尚。

成品规格表

尺寸＼部位	衣长 L	袖长 SL	胸围 B	肩宽 S	袖口 CW
155/80A（号型）	55	53.5	94	38.8	23
160/84A（号型）	57	55	98	40	24
165/88A（号型）	59	56.5	102	41.2	25
参数5/4	2	1.5	4	1.2	1

尺寸＼部位	领大 N	裙长 L	腰围 W	下摆 BT
155/80A（号型）	37	73	56	72
160/84A（号型）	38	76	60	76
165/88A（号型）	39	79	64	80
参数5/4	1	3	4	4

主要部位比例分配公式及尺寸表

序号	部位	细部公式	尺寸	序号	部位	细部公式	尺寸
①	前衣长	腰节下17～20	57	⑭	后肩宽	$\frac{S}{2}+0.5$	20.5
②	前肩高	$\frac{B}{20}-1.2$	3.7	⑮	袖长	按要求	55
③	前袖窿深	$\frac{2}{10}B+4.4$	24	⑯	袖深	$\frac{B}{10}+5.2$	15
④	前腰节	$\frac{\text{号}}{4}-1$	39	⑰	前袖山弧线	前AH=前袖窿弧长	前AH
⑤	前领口深	定寸	7	⑱	后袖山弧线	后AH=后袖窿弧长	后AH
⑥	前领口宽	$\frac{2}{10}N+0.5$	8.1	⑲	前袖口	袖口尺寸$\frac{1}{2}$	12
⑦	前胸围	$\frac{B}{4}$	24.5	⑳	后袖口	袖口尺寸$\frac{1}{2}+2$	14
⑧	前肩宽	$\frac{S}{2}-0.5$	19.5	㉑	裙长	裙长－腰头宽	73
⑨	后袖窿深	$\frac{2}{10}B+6.9$	26.5	㉒	半径	$\frac{73\times\frac{W}{4}}{76-\frac{W}{4}}$	18
⑩	后肩高	$\frac{2}{10}B-1.2$	3.7	㉓	腰围	$\frac{W}{4}$	15
⑪	后胸围	$\frac{B}{4}$	24.5	㉔	下摆	定寸	76
⑫	后领口深	定寸	3	㉕	腰头	$\frac{W}{2}$	30
⑬	后领口宽	$\frac{2}{10}N+0.5$	8.1				

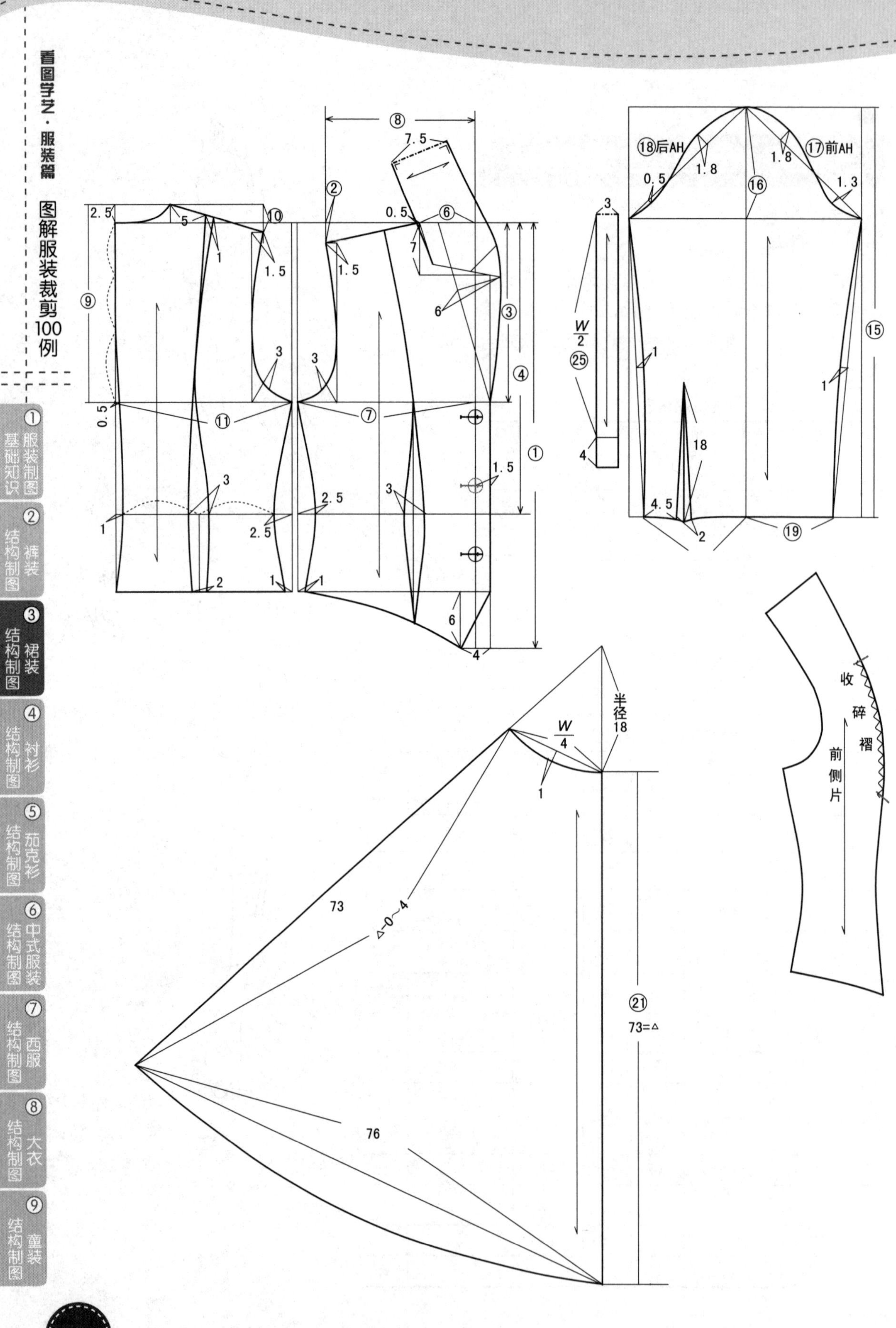
⑧
7.5
2.5
5
⑩
1
1.5
②
1.5
0.5
⑥
7
6
③
④
①
⑨
3
3
0.5
⑪
⑦
1.5
3
2.5
2.5
3
1
2
1
1
6
4
⑱后AH
1.8
⑰前AH
1.8
0.5
⑯
1.3
3
W/2
㉕
4
⑮
1
1
18
4.5
2
⑲
半径
18
W/4
1
73
△-0-4
76
㉑
73=△
收
碎
褶
前
侧
片

三十五、无袖刀背缝连衣裙

款式分析

长及小腿中部的连衣裙，八片开身，腰部合体，摆围加大，配驳领结构，也可配无领结构。

成品规格表

尺寸 \ 部位	衣长 L	胸围 B	肩宽 S	领围 N	腰围 W
160/84A（号型）	116	98	35	36	81

主要部位比例分配公式及尺寸表

序号	部位	细部公式	尺寸	序号	部位	细部公式	尺寸
①	前衣长	L	116	⑬	后领口深	定寸	2.5
②	前领口深	$\frac{N}{5}+1$	8.2	⑭	后落肩	$\frac{S}{10}$	3.5
③	前落肩	$\frac{S}{10}+0.3$	3.8	⑮	后袖窿深	前袖窿深+1	23.6
④	前袖窿深	$\frac{B}{5}+3$（无袖取值）	22.6	⑯	后领口宽	$\frac{N}{5}+0.5$	7.7
⑤	腰节线	$\frac{号}{4}$	40	⑰	后肩宽	$\frac{S}{2}$	17.5
⑥	底边上翘	外放18，上翘4	3	⑱	后冲肩	定寸	1.5
⑦	叠门	定寸	1.6	⑲	后胸围	$\frac{B}{4}$	24.5
⑧	前领口宽	$\frac{N}{5}+0.5$	7.7	⑳	底领高	定寸	3
⑨	前肩宽	$\frac{S}{2}-0.5$	17	㉑	翻领高	定寸	4
⑩	前冲肩	定寸	1.5	㉒	腰带长	定寸	140
⑪	前胸围	$\frac{B}{4}$	24.5	㉓	腰带宽	定寸	0.7
⑫	后衣长	L	116	㉔	摆围	定寸	235

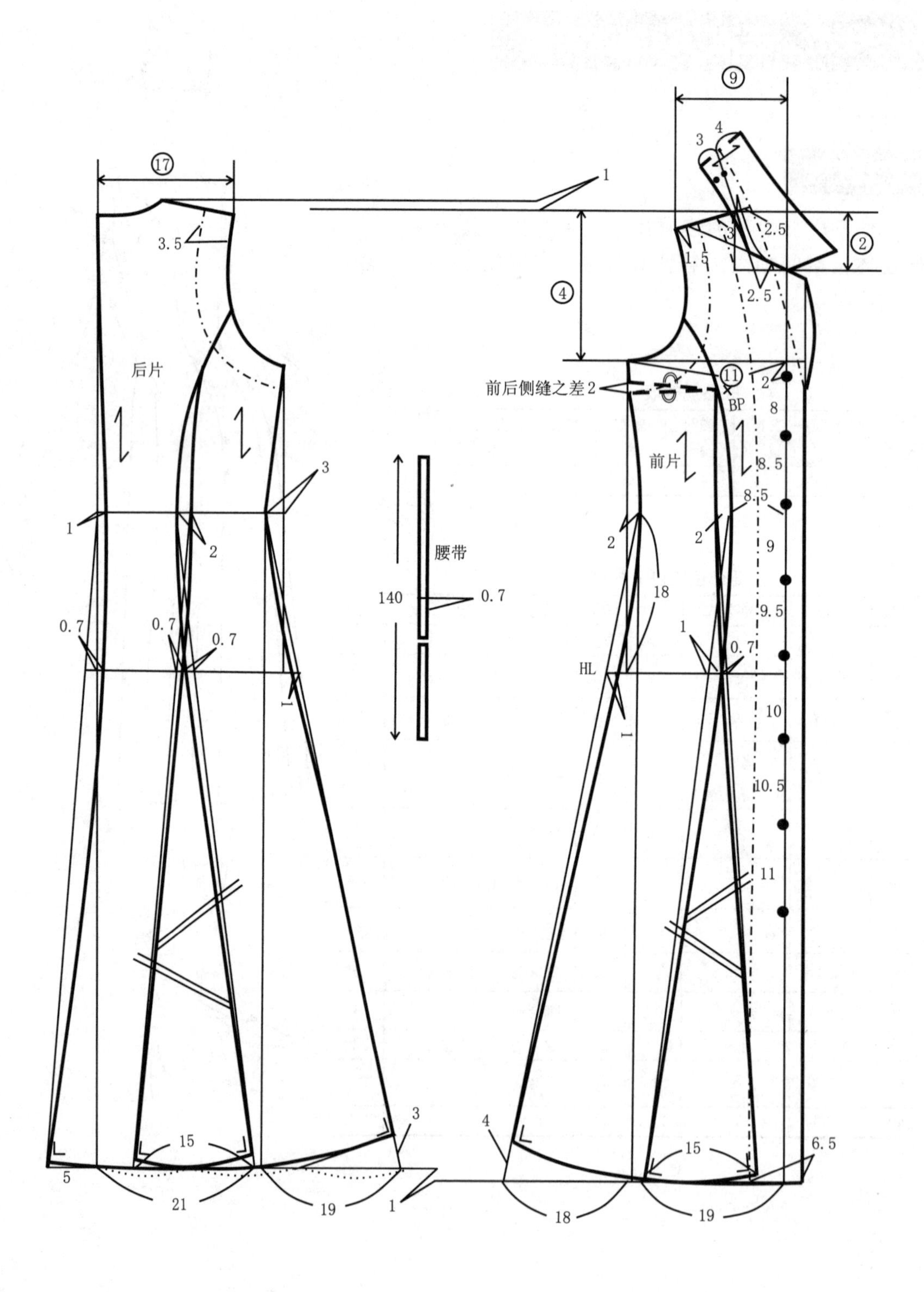

⑰
3.5
后片
1
3
2
0.7
0.7
0.7
1
15
5
21
19
3
1
腰带
140
0.7
⑨
3
4
2.5
②
1.5
2.5
④
⑪
前后侧缝之差2
2
BP
8
前片
8.5
8.5
2
2
9
18
9.5
1
0.7
HL
1
10
10.5
11
4
15
6.5
18
19

第四章

衬衫结构制图

4

三十六、男式长袖衬衫

款式分析

普通型男式衬衫，较为宽松，带领脚立翻领，在前左片有一胸袋，前后过肩，穿着宽松大方。

成品规格表

尺寸＼部位	衣长 L	胸围 B	肩宽 S	袖长 SL	领大 N	袖口 CW
170/88A（号型）	72	110	46	58	40	24

主要部位比例分配公式及尺寸表

序号	部位	细部公式	尺寸
①	前衣长	L	72
②	前肩高	$\frac{B}{20}-1$	4.5
③	前领口深	$\frac{2}{10}N+0.5$	8.5
④	前袖窿深	$\frac{B}{10}+10$	21
⑤	叠门宽	定寸	1.8
⑥	前领口宽	$\frac{2}{10}N-0.3$	7.7
⑦	前肩宽	$\frac{S}{2}-0.5$	22.5
⑧	前冲肩	定寸	2
⑨	前胸围	$\frac{B}{4}-1$	26.5
⑩	后衣长	$L+1.5$	73.5
⑪	后肩高	$\frac{B}{20}-1$	4.5
⑫	后领口深	一般取1.5～2.5	1.5
⑬	后袖窿深	$\frac{B}{10}+12.5$	23.5
⑭	后领口宽	$\frac{2}{10}N$	8
⑮	后肩宽	$\frac{S}{2}$	23
⑯	后冲肩	定寸	1.5
⑰	后胸围	$\frac{B}{4}+1+3$（裥）	31.5
⑱	后过肩宽	定寸	7.5
⑲	袖长	SL－克夫宽（6）	52
⑳	袖深	$\frac{B}{10}-1.5$	9.5
㉑	袖克夫	袖口+1.5	25.5
㉒	领大	$\frac{N}{2}$	20
㉓	袋口宽	定寸	10.5
㉔	袋口长	定寸	12.5

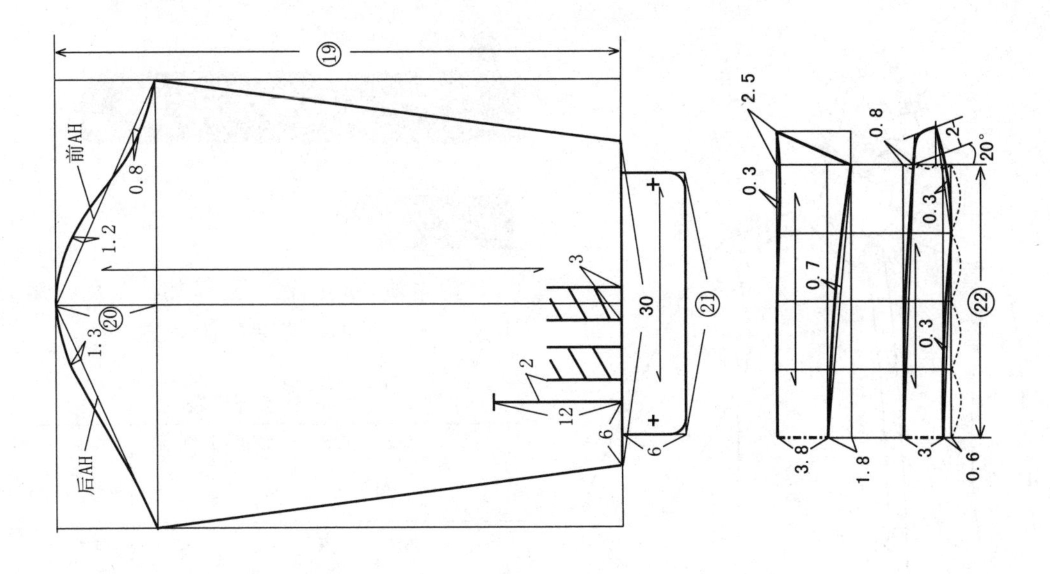

前AH
后AH
1.2
0.8
1.3
30
12
6
2.5
0.3
0.7
3.8
1.8
0.6
20°

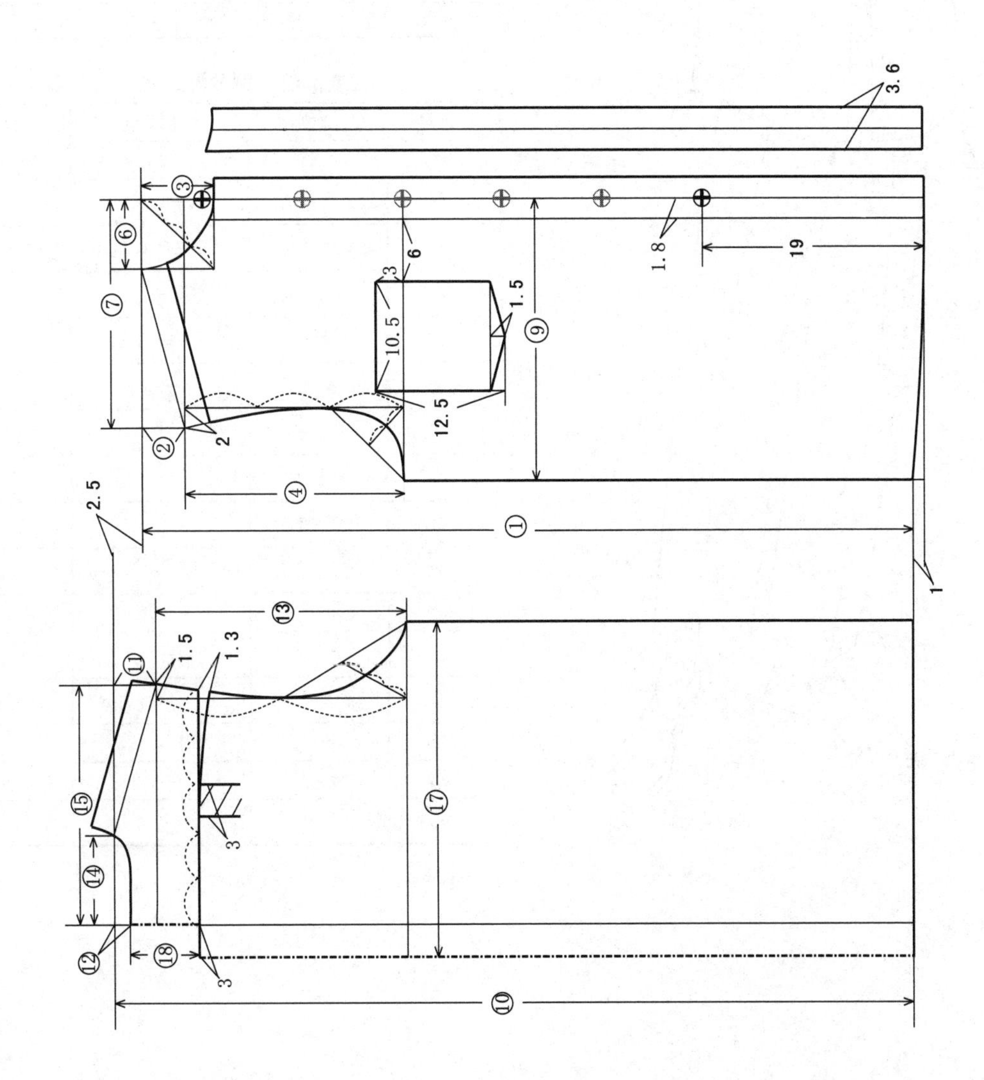

3.6
10.5
12.5
1.5
1.8
19
2.5
1.3

三十七、男式休闲衬衫

款式分析

翻立领，明门襟，五粒扣，前后过肩，圆下摆，一片长袖，着装休闲大方。

成品规格表

部位/尺寸	衣长 L	领围 N	肩宽 S	胸围 B	腰围 W
175/88（号型）	80	39	50	121	113

部位/尺寸	下摆 BT	袖长 SL	袖口 CW	领大 N	
175/88（号型）	111	52	25	39	

主要部位比例分配公式及尺寸表

序号	部位	细部公式	尺寸
①	衣长	L	80
②	前领口宽	$\frac{2}{10}N+0.2$	8
③	前领口深	$\frac{2}{10}N+0.7$	8.5
④	前肩宽	$\frac{S}{2}$	25
⑤	落肩	$\frac{B}{20}-1$	5.05
⑥	前袖窿深	$\frac{B}{10}+10$	22.1
⑦	腰节长	$\frac{号}{4}$	43.75
⑧	前胸围	$\frac{B}{4}$	30.25
⑨	腰围宽	$\frac{W}{4}$	28.25
⑩	下摆宽	$\frac{BT}{4}$	27.75
⑪	袖长	SL	52
⑫	袖山深	$\frac{B}{10}-1.5$	10.6
⑬	袖山斜线	$\frac{AH}{2}$	实测
⑭	袖口	CW+9（裥）	34
⑮	袖克夫	CW+1.5	26.5
⑯	领大	$\frac{N}{2}$	19.5

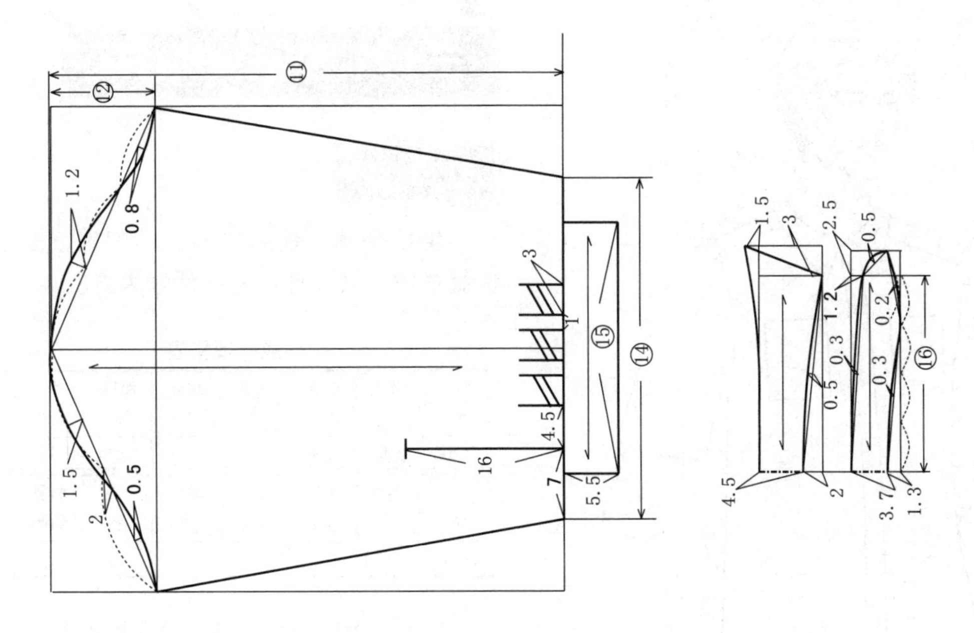

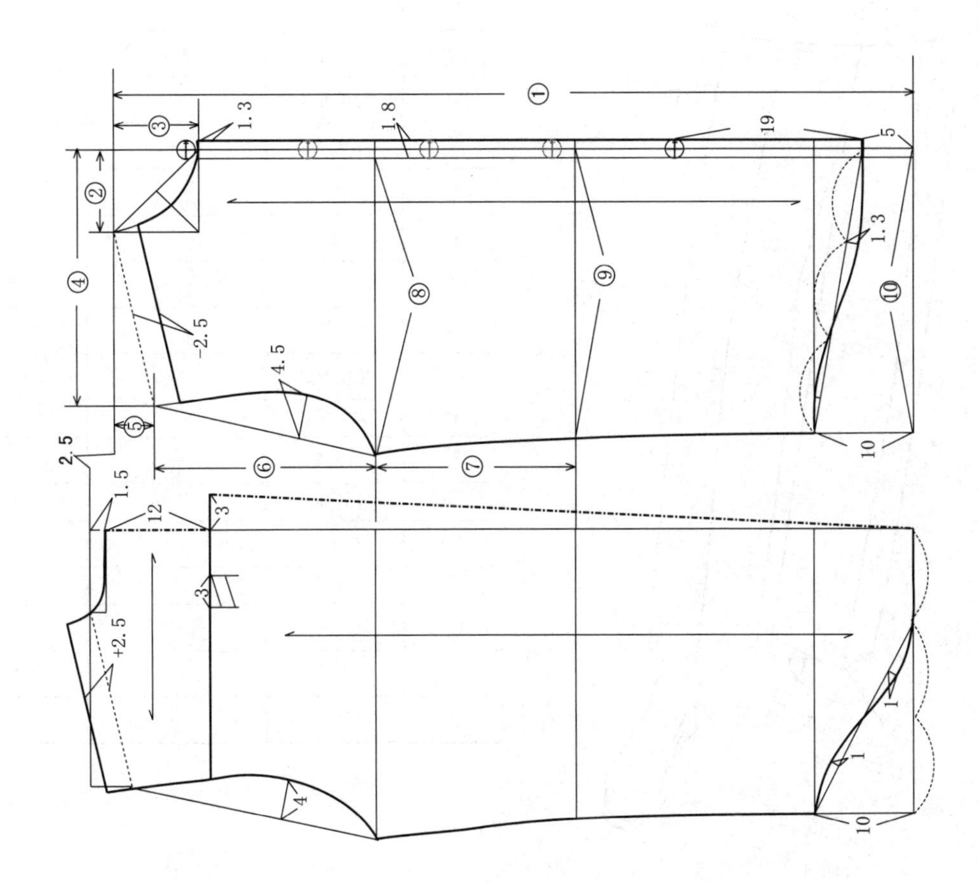

三十八、男式尖领衬衫

款式分析

尖角翻领，前后过肩，明门襟，七粒扣，侧缝摆角开叉处理。着装活泼大方。

成品规格表

部位 尺寸	衣长 L	肩宽 S	袖长 SL	胸围 B	领 N	下摆 BT
175/88（号型）	73	46	23	108	42	108
部位 尺寸	袖口 CW	上领高	领尖长	底领高	后复势高	
175/88（号型）	20	5.5	8	3.5	10	

主要部位比例分配公式及尺寸表

序号	部位	细部公式	尺寸
①	衣长	L	73
②	前直开领	$\frac{2}{10}N$	8.4
③	前横开领	$\frac{2}{10}N$	8.4
④	肩宽	$\frac{S}{2}-0.5$	22.5
⑤	落肩	$\frac{B}{20}-1$	4.4
⑥	袖窿深	$\frac{B}{10}+10$	20.8
⑦	前胸围	$\frac{B}{4}-1$	26
⑧	下摆	$\frac{BT}{4}-1$	26
⑨	后横开领	$\frac{2}{10}N+0.3$	8.7
⑩	后直开领	定寸	1.5
⑪	后肩宽	$\frac{S}{2}$	23
⑫	后复势高	定寸	10
⑬	后胸围	$\frac{B}{4}+1+3$（裥）	31
⑭	袖长	SL	23
⑮	袖山深	$\frac{B}{10}-0.5$	10.3
⑯	袖山斜线	$\frac{AH}{2}$	实测
⑰	领大	$\frac{N}{2}$	21

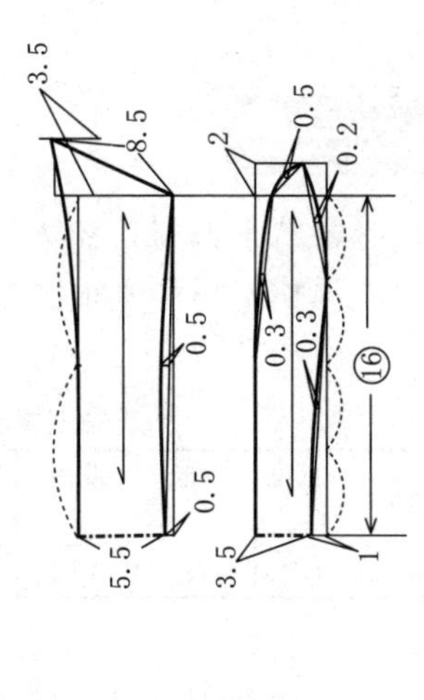

3.5
8.5
0.5
0.5
5.5
2
0.5
0.2
0.3
0.3
⑯
3.5
1

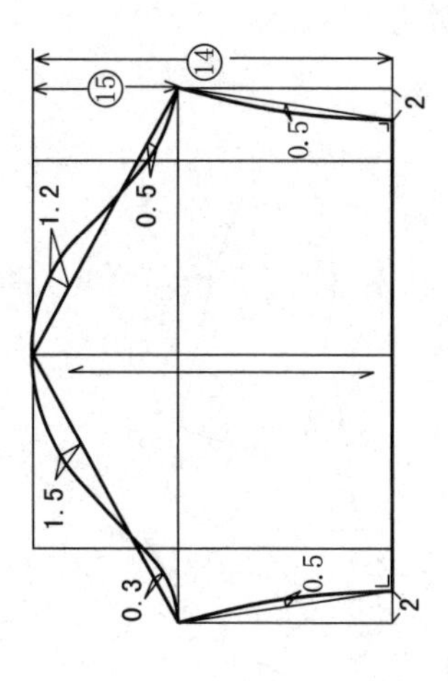

⑭
⑮
2
0.5
1.2
0.5
1.5
0.3
0.5
2

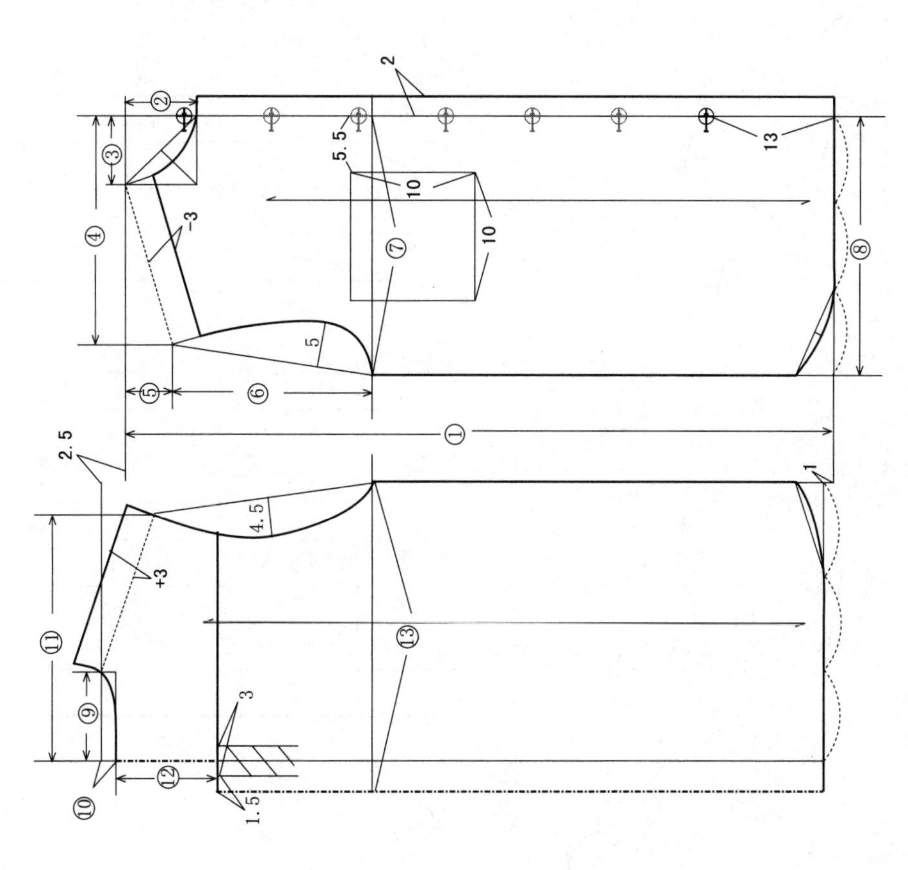

②
③
④
-3
⑤
⑥
⑦
⑧
①
5
5.5
10
10
10
2
13
2.5
4.5
+3
⑪
⑨
⑩
⑫
⑬
3
1.5
1

三十九、T恤衫

款式分析

半截式前开襟，给人以朝气感，并具有马球衬衣风格。机能性很强，人们穿脱方便。

成品规格表

部位 尺寸	衣长 L	胸围 B	肩宽 S	袖长 SL	领大 N
170/90A（号型）	72	110	46	24	40

主要部位比例分配公式及尺寸表

序号	部位	细部公式	尺寸
①	衣长	定寸	72
②	前领口深	$\frac{2}{10}N-1$	7
③	前领口宽	$\frac{2}{10}N$	8
④	前肩宽	$\frac{S}{2}-0.5$	22.5
⑤	前落肩	$\frac{B}{20}-0.5$	5
⑥	前胸围	$\frac{B}{4}-1$	26.5
⑦	前袖窿深	$\frac{B}{10}+10$	21
⑧	后领口深	定寸	1.5
⑨	后领口宽	$\frac{2}{10}N+0.5$	8.5
⑩	后肩宽	$\frac{S}{2}$	23
⑪	后过肩宽	定寸	9
⑫	后胸围	$\frac{B}{4}+1$	28.5
⑬	袖长	定寸	24
⑭	袖山高	$\frac{B}{10}-1.5$	9.5
⑮	领大	$\frac{N}{2}$	20

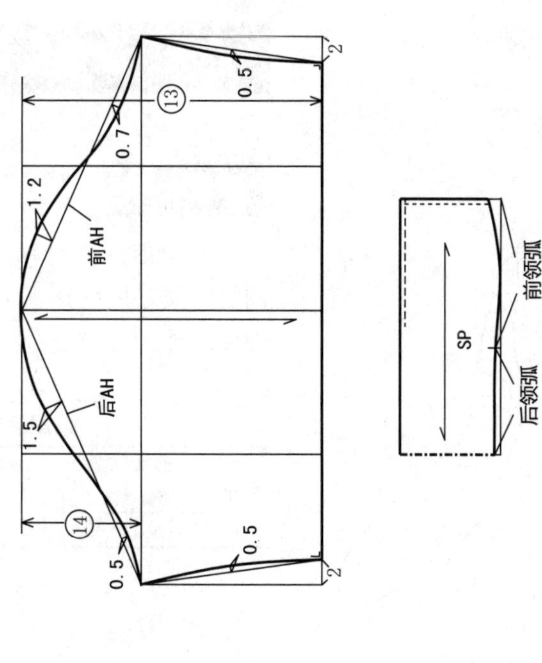
前AH
后AH
1.2
0.7
0.5
1.5
2
⑬
⑭
SP
前领弧
后领弧

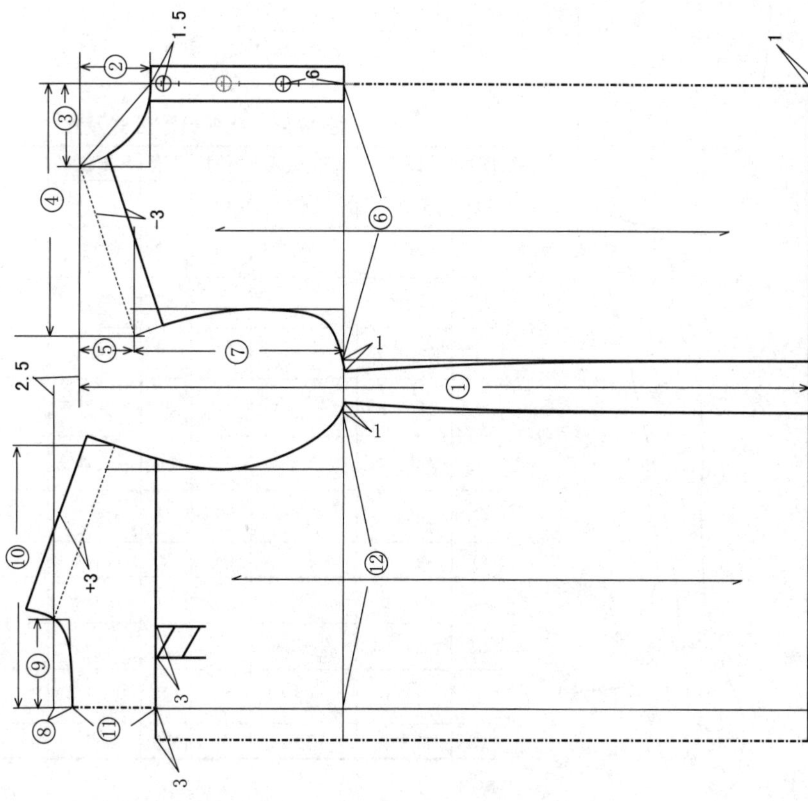
①
②
③
④
⑤
⑥
⑦
⑧
⑨
⑩
⑪
⑫
1.5
6
-3
+3
2.5
1
3

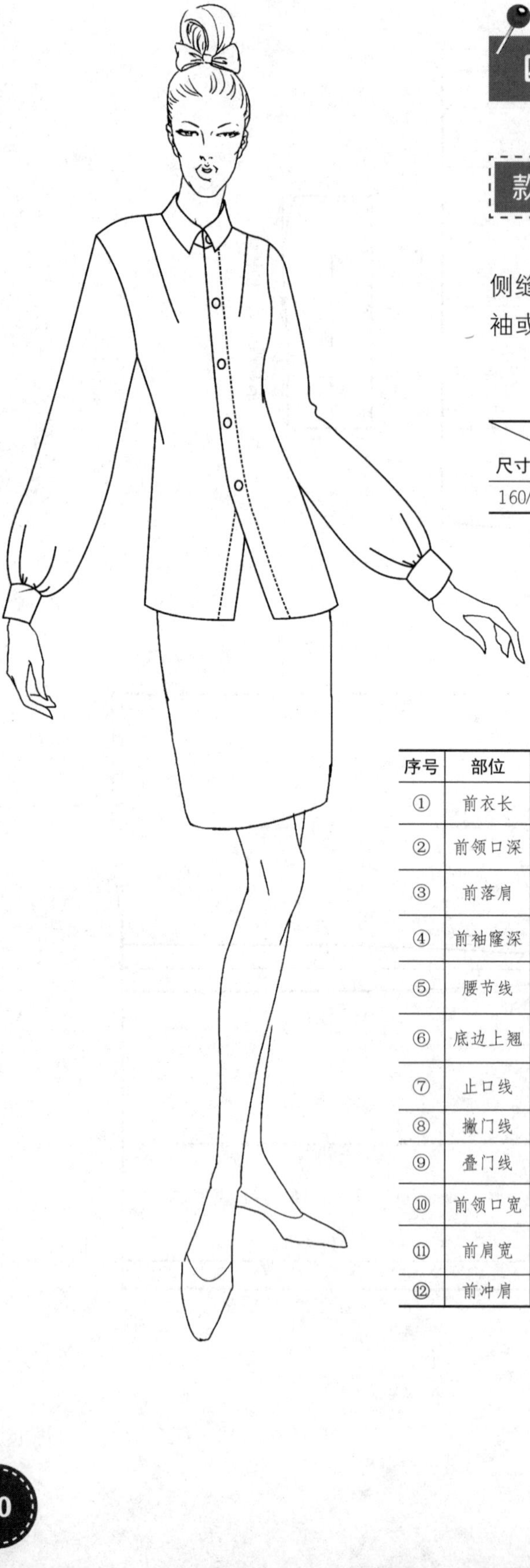

四十、普通女式长袖衬衫

款式分析

连翻领，前门开五粒扣，肩省省大4cm，侧缝收腰，后肩开省2cm。袖子可配长袖、中袖或短袖。

成品规格表

部位 尺寸	衣长 L	胸围 B	肩宽 S	领围 N	袖长 SL
160/88（号型）	66	100	41	38	57

主要部位比例分配公式及尺寸表

序号	部位	细部公式	尺寸	序号	部位	细部公式	尺寸
①	前衣长	L	66	⑬	前胸围	$\frac{B}{4}$	25
②	前领口深	$\frac{N}{5}$	7.6	⑭	后衣长	$L-1$	65
③	前落肩	$\frac{B}{20}$	5	⑮	后领口深	定寸	2.2
④	前袖窿深	$\frac{B}{5}+5$	25	⑯	后落肩	$\frac{B}{20}-0.5$	4.5
⑤	腰节线	$\frac{号}{4}$	40	⑰	后袖窿深	$\frac{B}{5}+5$	25
⑥	底边上翘	定寸	1.5	⑱	后领口宽	$\frac{N}{5}$	7.6
⑦	止口线	定寸	6	⑲	后肩宽	$\frac{S}{2}+2$（省）	22.5
⑧	撇门线	定寸	0.7	⑳	后冲肩	定寸	2.8
⑨	叠门线	定寸	1.6	㉑	后胸围	$\frac{B}{4}$	25
⑩	前领口宽	$\frac{N}{5}-0.3$	7.3	㉒	袖长	SL−4	53
⑪	前肩宽	$\frac{S}{2}-0.5+4$	24	㉓	袖山高	$\frac{B}{10}+2$	12
⑫	前冲肩	定寸	4	㉔	袖口	定寸	22.5

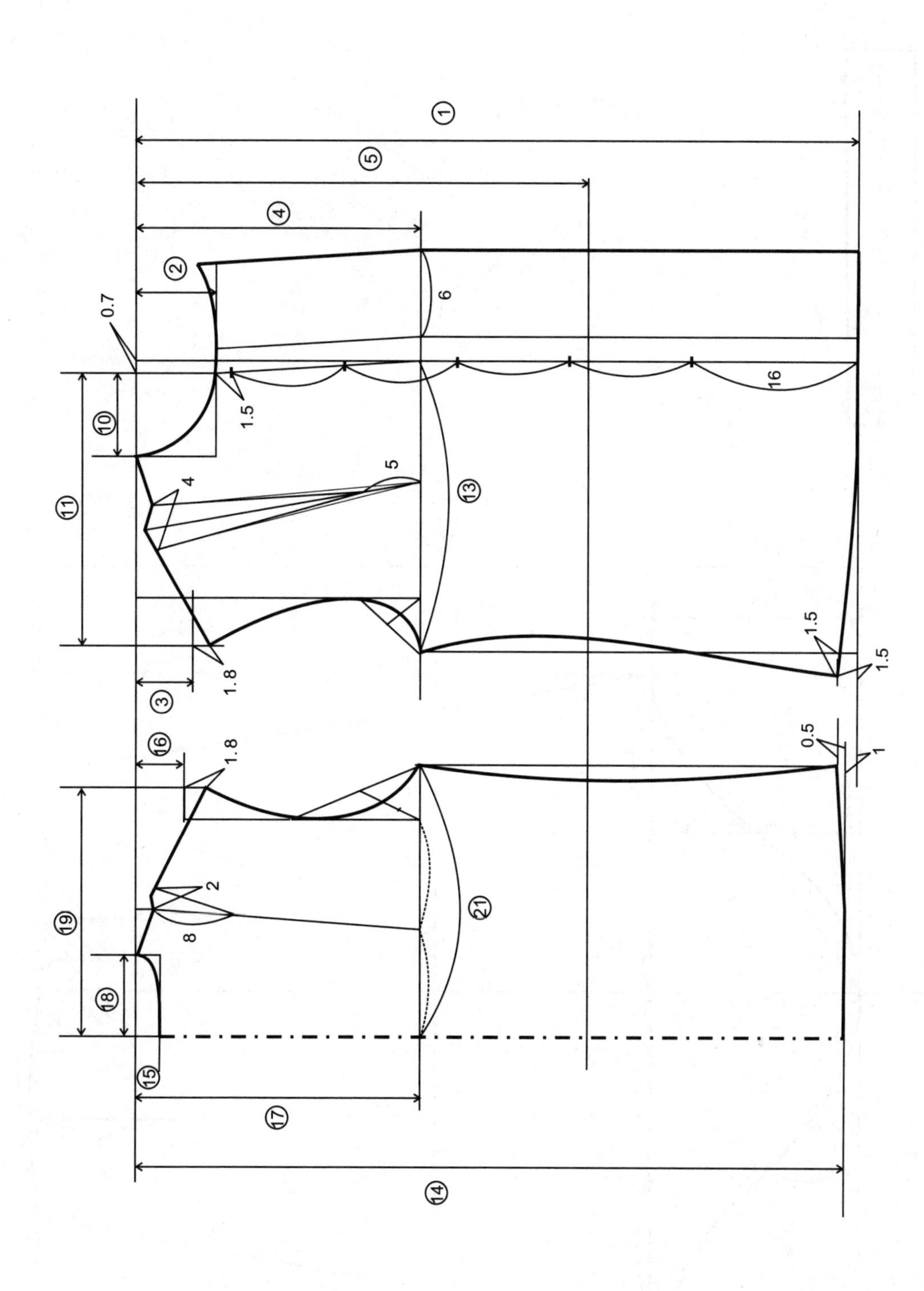

①
⑤
④
②
0.7
6
1.5
16
⑩
⑪
5
4
⑬
1.5
1.8
1.5
③
⑯
1.8
0.5
1
⑲
2
8
㉑
⑱
⑮
⑰
⑭

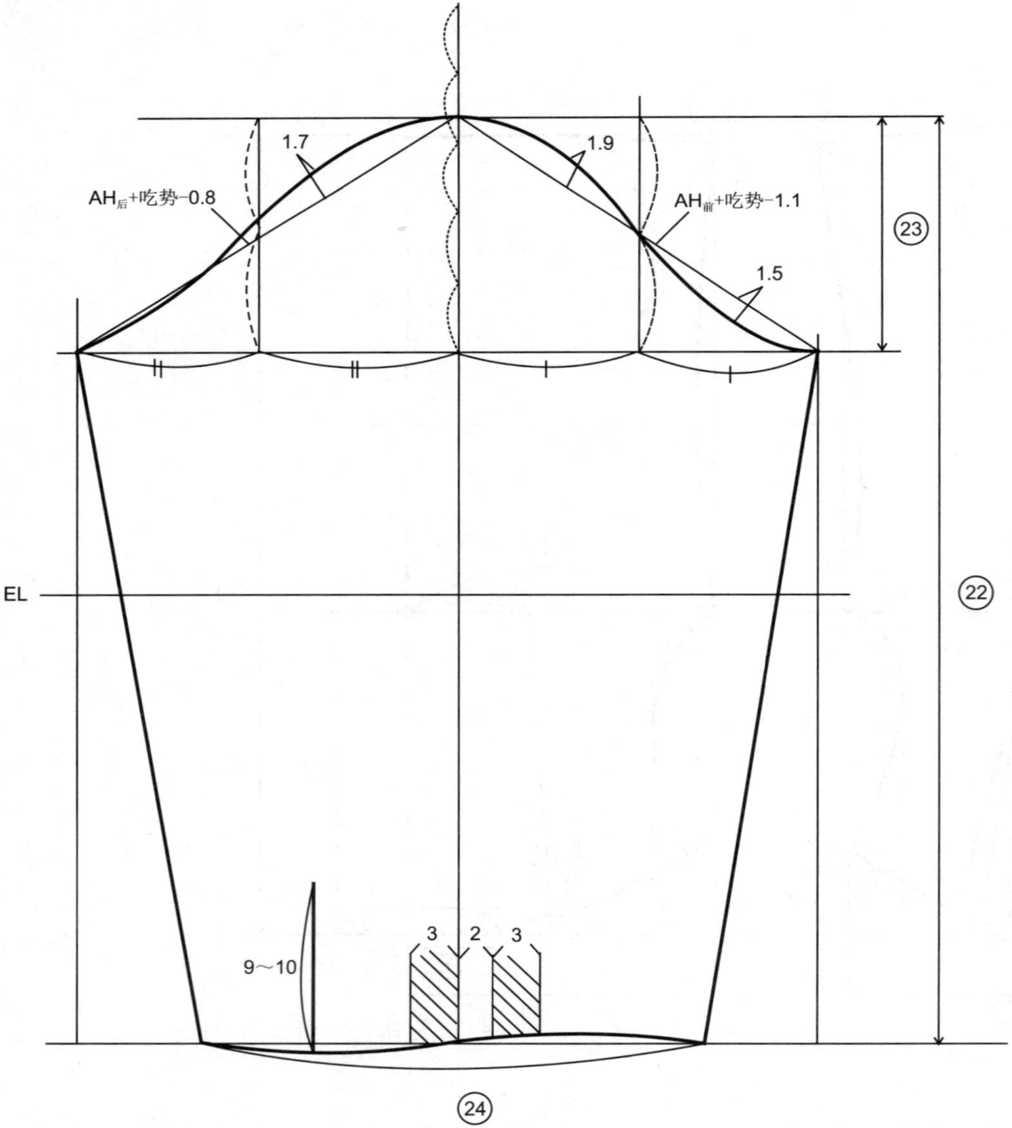

1.7
1.9
AH后+吃势-0.8
AH前+吃势-1.1
1.5
㉓
㉒
EL
9～10
3
2
3
㉔
4 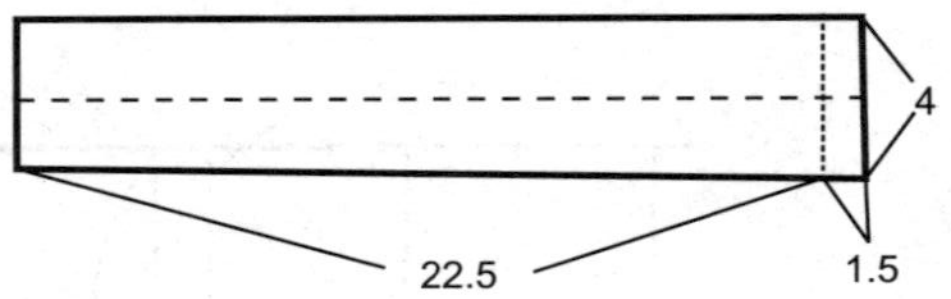
22.5
1.5
F 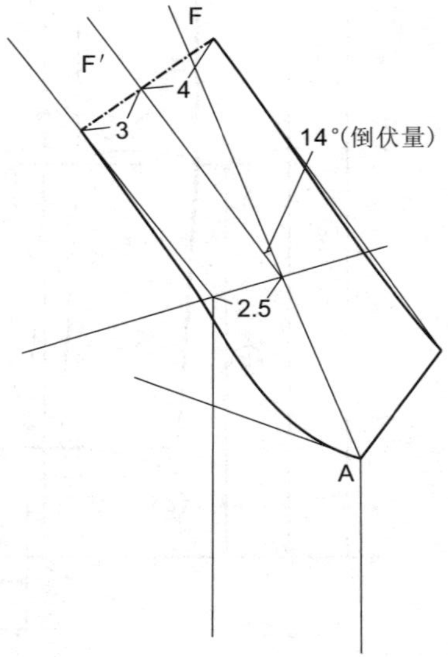
F′
4
3
14°(倒伏量)
2.5
A

四十一、抽褶女长袖衬衫

款式分析

女式长袖衬衫为圆下摆，腰节开断，拉开加裥，自然合体。

成品规格表

部位 尺寸	衣长 *L*	胸围 *B*	肩宽 *S*	袖长 SL
160/84A(号型)	60	102	41	55.5
部位 尺寸	袖口 SL	领大 *N*	腰节 WL	
160/84A(号型)	27	37	38.5	

主要部位比例分配公式及尺寸表

序号	部位	细部公式	尺寸
①	衣长	衣长尺寸	60
②	前肩高	$\frac{B}{20}$	5.1
③	前胸围	$\frac{B}{4}$	25.5
④	前袖窿深	定寸	19
⑤	腰节	腰节尺寸	38.5
⑥	后袖窿深	前袖窿深+1	20
⑦	后肩高	$\frac{B}{20}$	5.1
⑧	后胸围	$\frac{B}{4}$	25.5
⑨	袖长	袖长尺寸	55.5
⑩	袖口	$\frac{袖口}{2}$	13.5

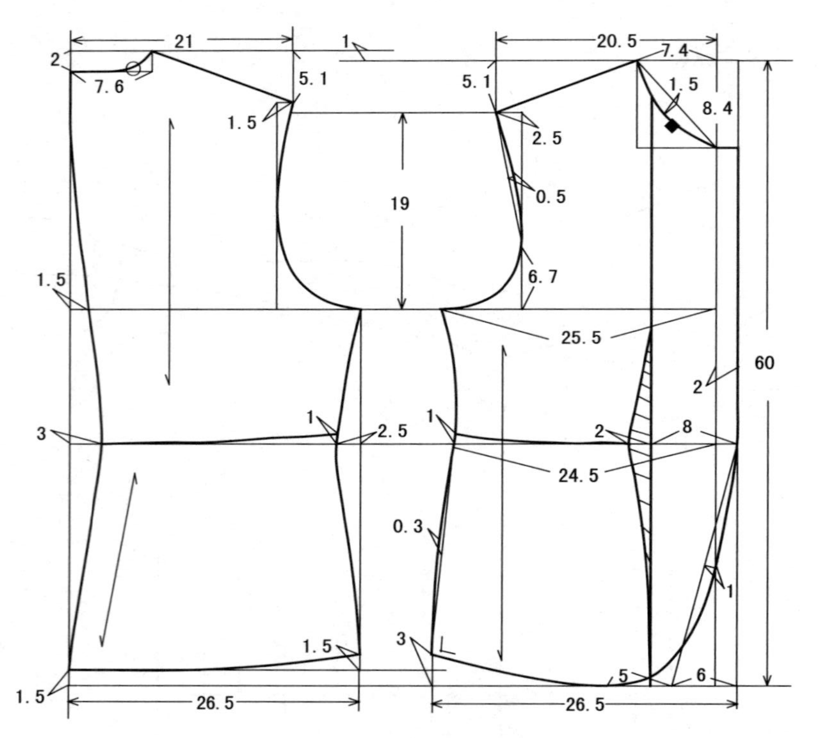
21
1
20.5
7.4
2
7.6
5.1
5.1
1.5
8.4
1.5
2.5
19
0.5
1.5
6.7
25.5
60
2
3
1
2.5
1
2
8
24.5
0.3
1
1.5
3
5
6
1.5
26.5
26.5

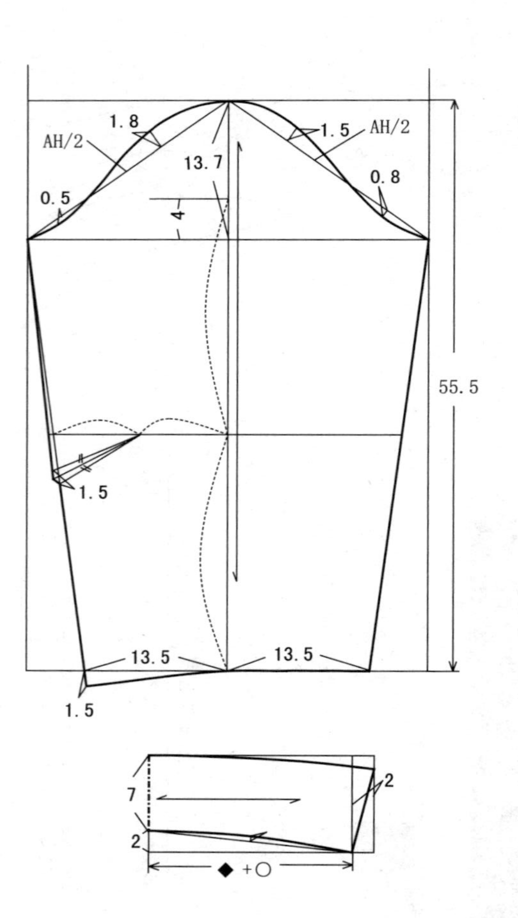
1.8
1.5
AH/2
AH/2
13.7
0.8
0.5
4
55.5
1.5
13.5
13.5
1.5

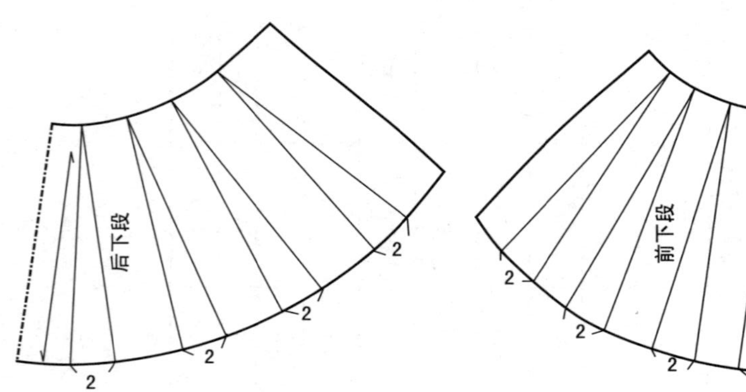
后下段
前下段
2
7
2
◆+○

四十二、连肩袖衬衫

款式分析

驳领，连肩袖，配一方口胸袋，结构制图时，侧缝省转移到腰节省中。

成品规格表

部位 尺寸	衣长 *L*	胸围 *B*	腰节 WL	腰围 *W*	摆围 BT
165/84A(号型)	54	92	38.5	76	92

主要部位比例分配公式及尺寸表

序号	部位	细部公式	尺寸
①	衣长	衣长尺寸	54
②	袖窿深	定寸	20
③	腰节	定寸	38.5
④	前胸宽	$\frac{B}{6}+1.5$	16.8
⑤	肩高	定寸	5
⑥	后胸宽	前胸宽+1	17.8
⑦	前胸围	$\frac{B}{4}$	23
⑧	后胸围	$\frac{B}{4}$	23

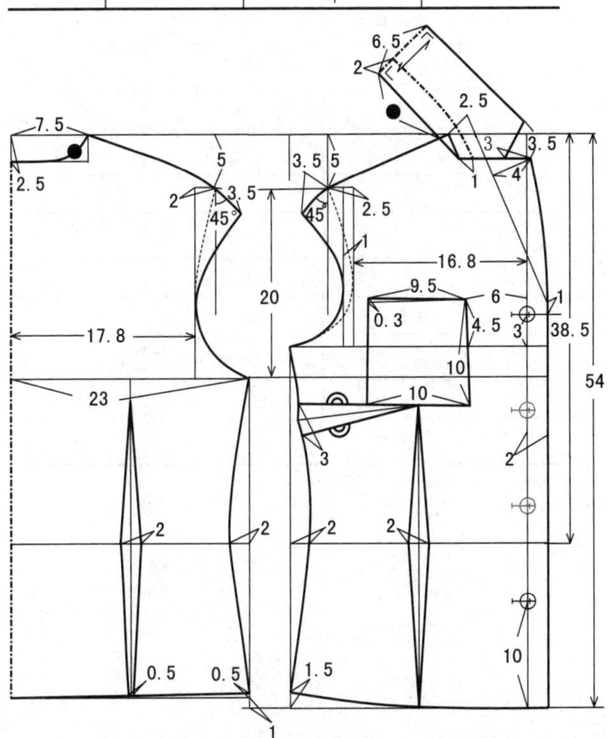

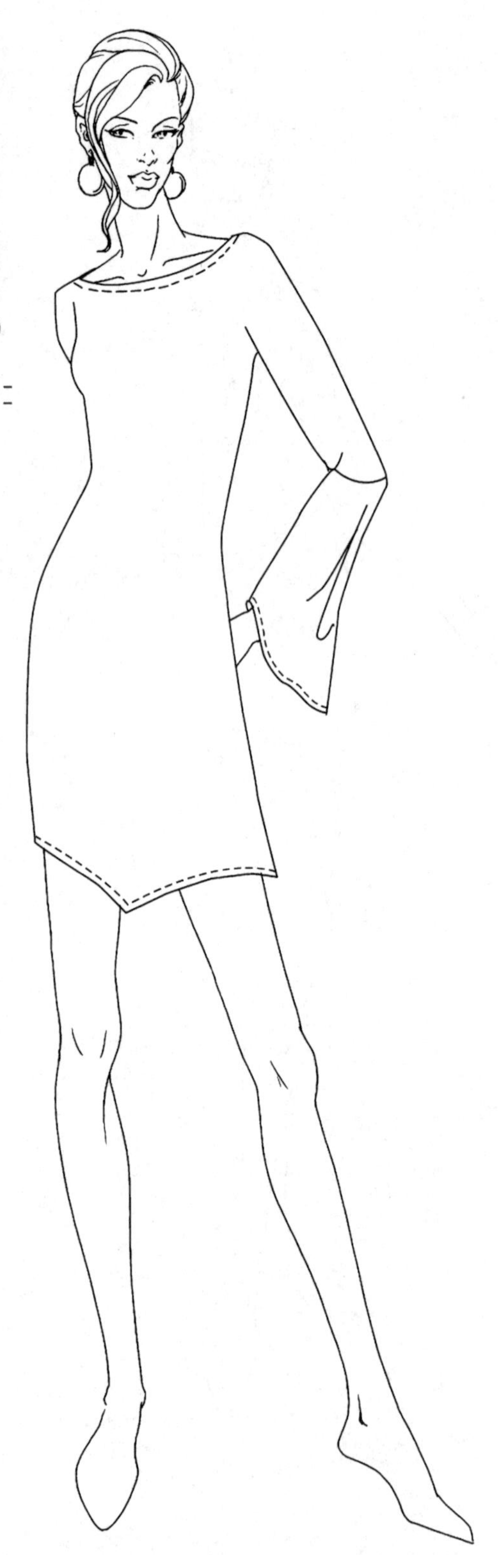

四十三、水平领衬衫

款式分析

流畅型设计，开水平领时，前中心适当上抬，底摆角度可依据衣服长度做适当修正，袖肘以下部位形成喇叭口，长度可适当加长。

成品规格表

部位 / 尺寸	衣长 L	胸围 B	腰围 W	臀围 H
160/84A（号型）	88	92	84	96

部位 / 尺寸	领大 N	袖长 SL	袖口 CW	袖肥 SW
160/84A（号型）	38	67	33	$\frac{B}{5}-2$

主要部位比例分配公式及尺寸表

序号	部位	细部公式	尺寸
①	衣长	衣长尺寸	88
②	前胸围	$\frac{B}{4}$	23
③	前肩高	定寸	5
④	前领口深	$\frac{N}{5}+0.5$	8.1
⑤	前领口宽	$\frac{N}{5}-0.5$	7.1
⑥	腰节	定寸	38.5
⑦	前胸宽	$\frac{B}{6}+0.5$	15.8
⑧	后肩高	定寸	4
⑨	后胸围	$\frac{B}{4}$	23
⑩	后胸宽	前胸宽+1	16.8
⑪	后领口深	定寸	2.5
⑫	后领口宽	$\frac{N}{5}-0.3$	7.3
⑬	袖长	袖长尺寸	67
⑭	袖口	$\frac{1}{2}$袖口	16.5

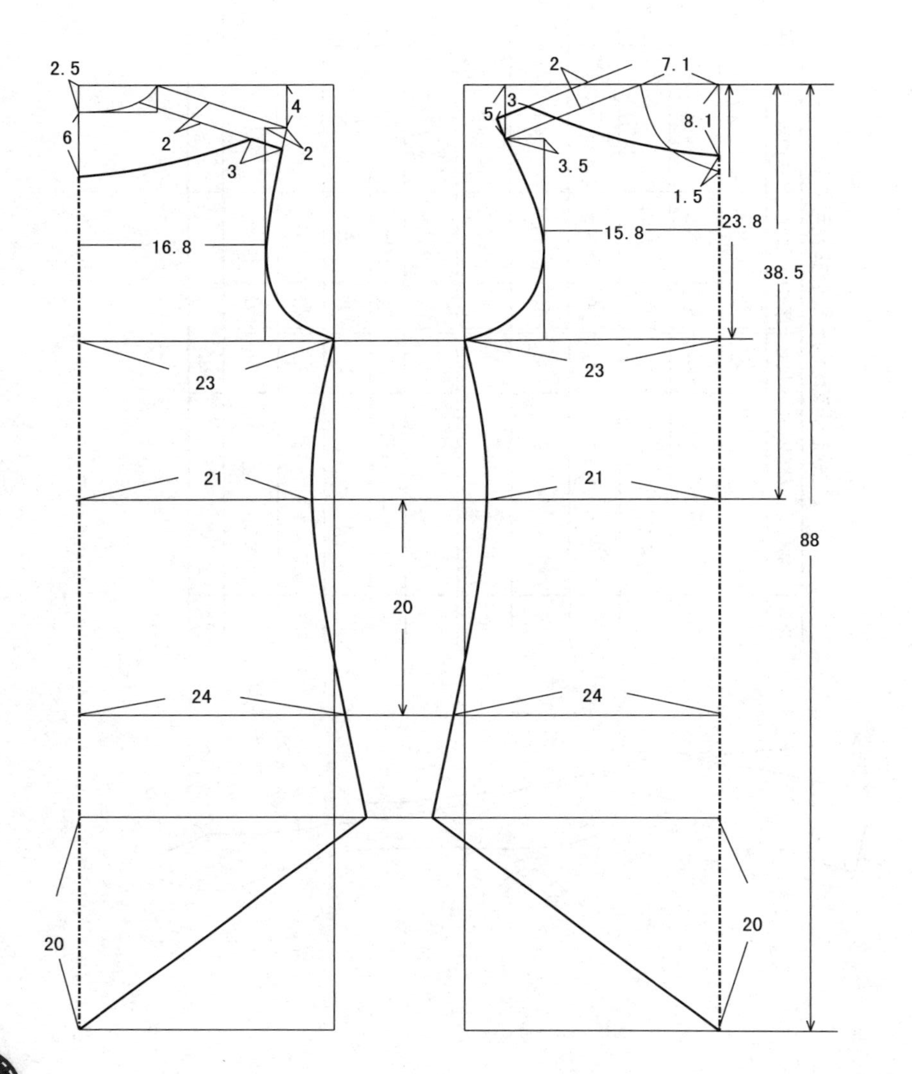

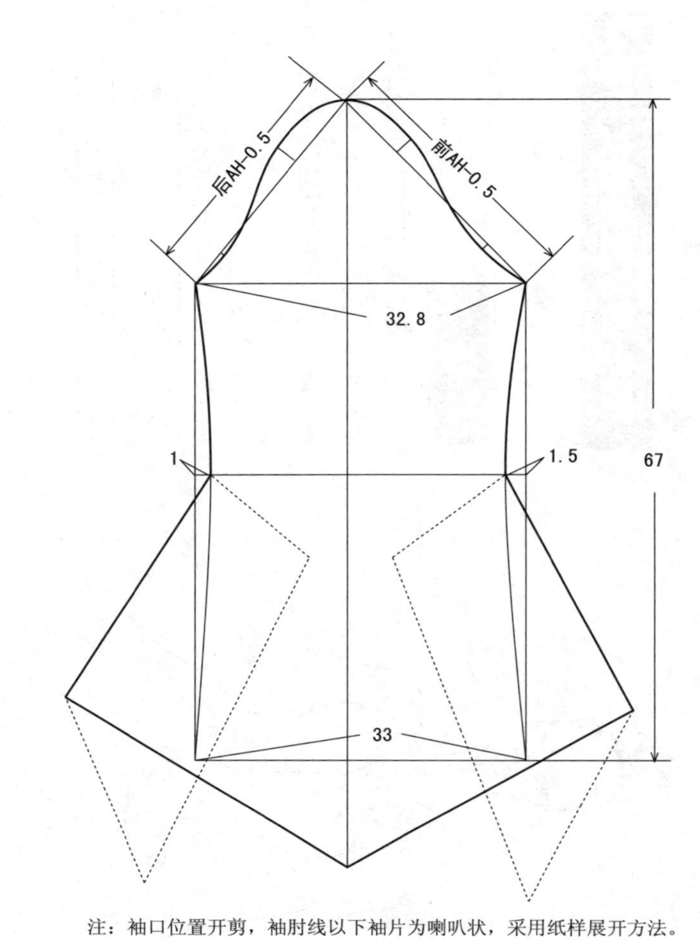

注：袖口位置开剪，袖肘线以下袖片为喇叭状，采用纸样展开方法。

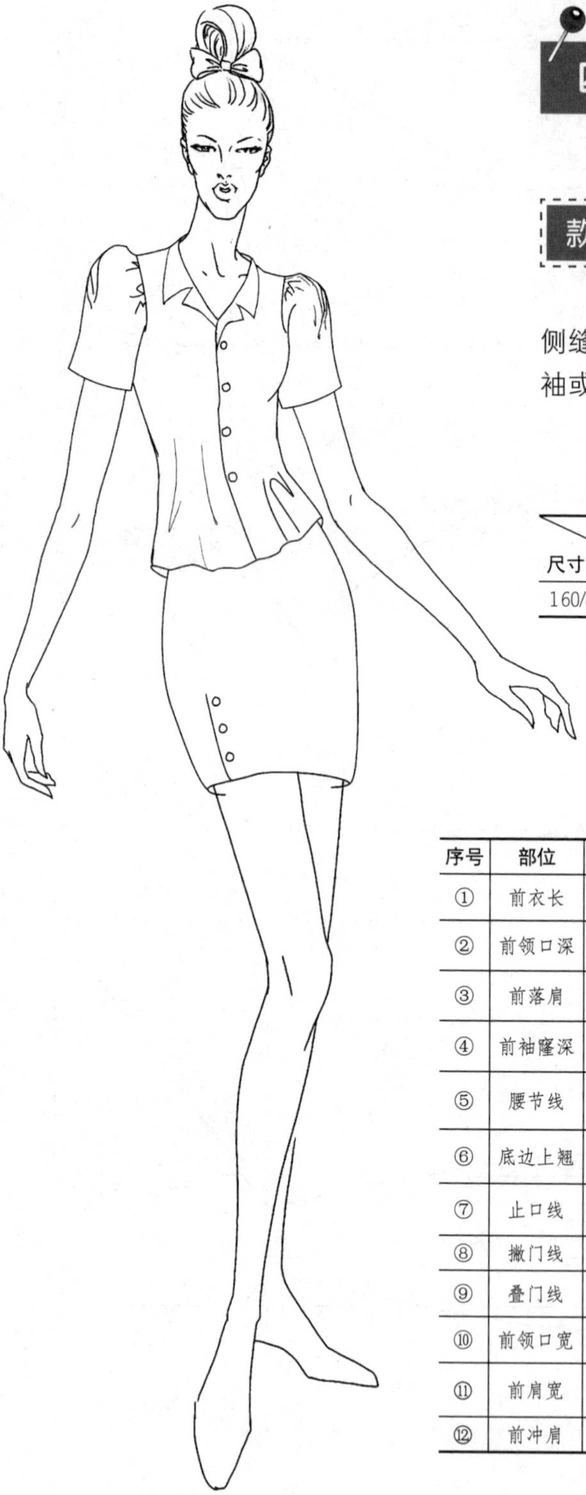

四十四、泡泡袖女衬衫

款式分析

连翻领，前门开五粒扣，侧缝省省大3cm，侧缝收腰，后肩开省2cm。袖子可配长袖、中袖或短袖，泡泡袖褶量控制在10cm左右。

成品规格表

部位 尺寸	衣长 L	胸围 B	肩宽 S	领围 N	袖长 SL
160/88（号型）	66	100	41	38	23

主要部位比例分配公式及尺寸表

序号	部位	细部公式	尺寸	序号	部位	细部公式	尺寸
①	前衣长	L	66	⑬	前胸围	$\frac{B}{4}$	25
②	前领口深	$\frac{N}{5}$	7.6	⑭	后衣长	$L-1.2$	64.8
③	前落肩	$\frac{B}{20}$	5	⑮	后领口深	定寸	2.2
④	前袖窿深	$\frac{B}{5}+5$	25	⑯	后落肩	$\frac{B}{20}-0.5$	4.5
⑤	腰节线	$\frac{号}{4}$	40	⑰	后袖窿深	$\frac{B}{5}+5$	25
⑥	底边上翘	定寸	1.5	⑱	后领口宽	$\frac{N}{5}$	7.6
⑦	止口线	定寸	6	⑲	后肩宽	$\frac{S}{2}+2$（省）	22.5
⑧	撇门线	定寸	0.7	⑳	后冲肩	定寸	2.8
⑨	叠门线	定寸	1.6	㉑	后胸围	$\frac{B}{4}$	25
⑩	前领口宽	$\frac{N}{5}-0.3$	7.3	㉒	袖长	SL	23
⑪	前肩宽	$\frac{S}{2}-0.5$	20	㉓	袖深比	定寸	0.7
⑫	前冲肩	定寸	1.7				

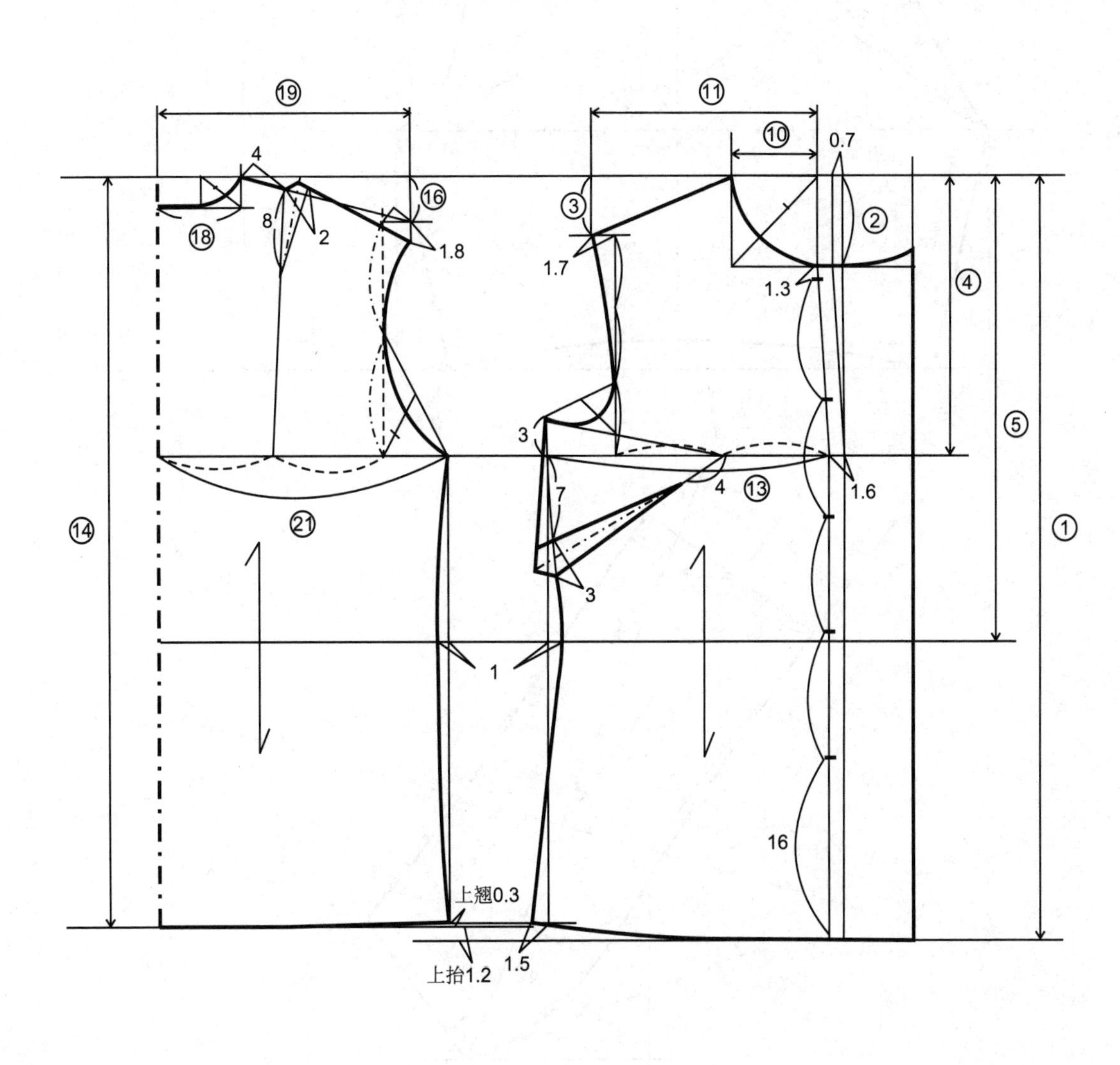

⑲
⑪
⑩
0.7
4
⑯
③
②
⑱
8
2
1.8
1.7
1.3
④
⑤
3
1.6
4
⑬
⑭
7
㉑
①
3
1
16
上翘0.3
1.5
上抬1.2

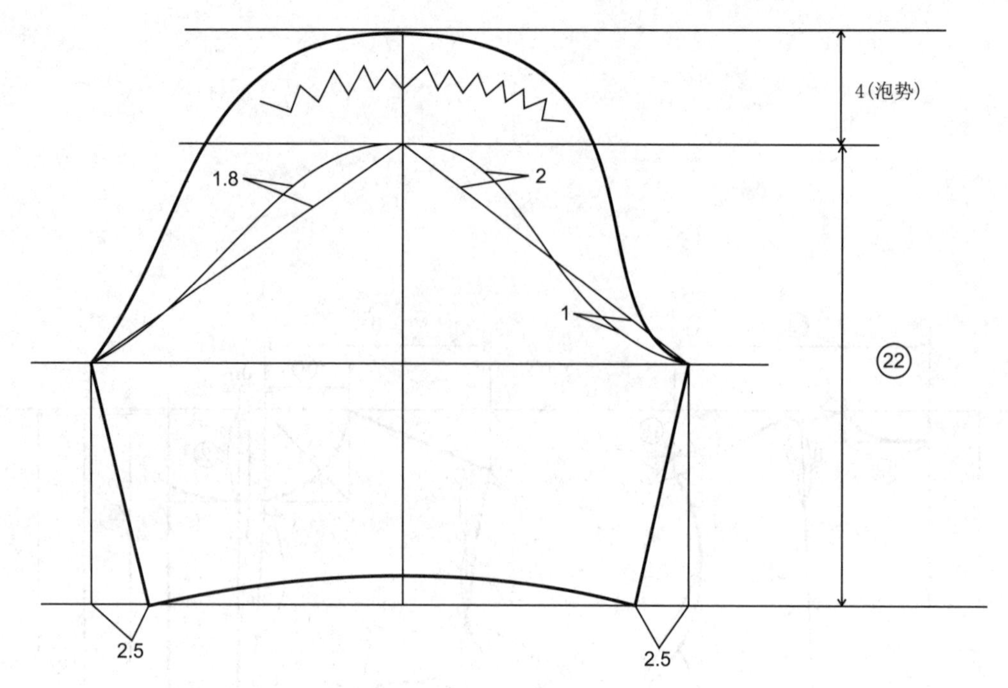
4(泡势)
1.8
2
1
22
2.5
2.5

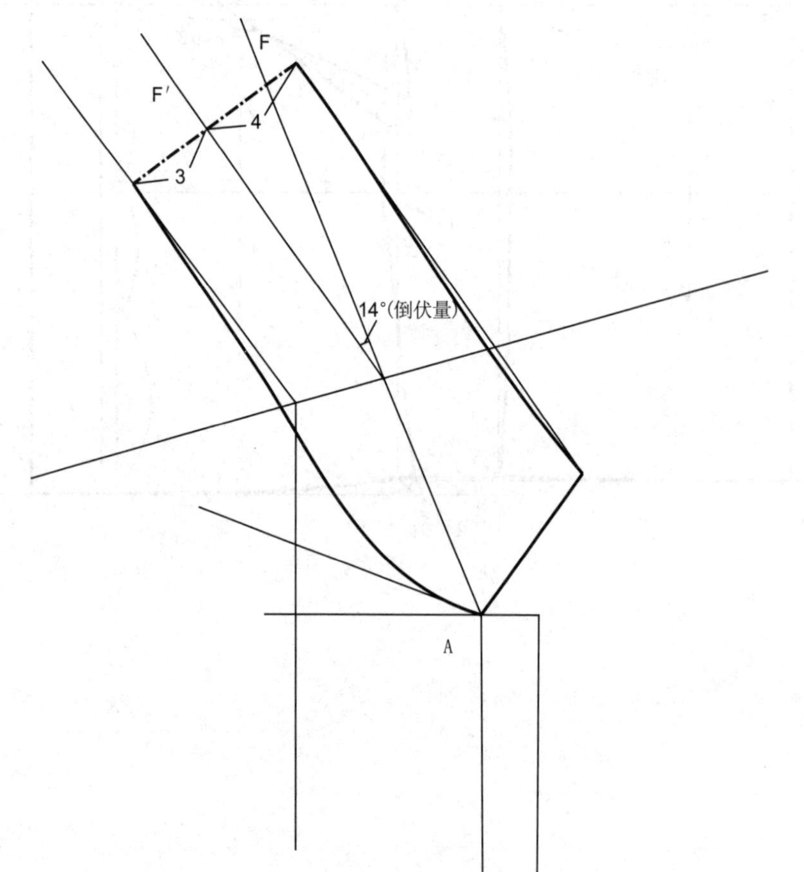
F
F′
4
3
14°(倒伏量)
A

四十五、披肩领女衬衫

款式分析

双排八粒扣，披肩领，袖口配三个裥，由于是较宽松衣身，多余省量归为袖窿放松量，可配薄垫肩，以增强肩部造型。

成品规格表

尺寸 \ 部位	衣长 L	胸围 B	肩宽 S	领围 N	袖长 SL	领高
160/84A(号型)	66	100	42	40	55	23

主要部位比例分配公式及尺寸表

序号	部位	细部公式	尺寸
①	前衣长	L	66
②	前领口深	定寸	10
③	前落肩	$\frac{S}{10}+0.5$	4.7
④	前袖窿深线	$\frac{B}{5}+5$	25
⑤	腰节线	$\frac{号}{4}$	40
⑥	底边上翘	定寸	1
⑦	叠门线	定寸	5
⑧	前领口宽	$\frac{N}{5}+1$	9
⑨	前冲肩	定寸	2
⑩	前肩宽	$\frac{S}{2}-0.5$	20.5
⑪	前胸围	$\frac{B}{4}-0.5$	24.5
⑫	后衣长	L	66
⑬	后领口深	定寸	3
⑭	后落肩	$\frac{S}{10}$	4.2
⑮	后袖窿深	$\frac{B}{5}+6$	26
⑯	后领口宽	$\frac{N}{5}+1.3$	9.3
⑰	后冲肩	定寸	1.5
⑱	后肩宽	$\frac{S}{2}$	21
⑲	后胸围	$\frac{B}{4}+0.5$	25.5
⑳	袖长	SL−5	49
㉑	袖山高	定寸	16
㉒	袖口	CF	23

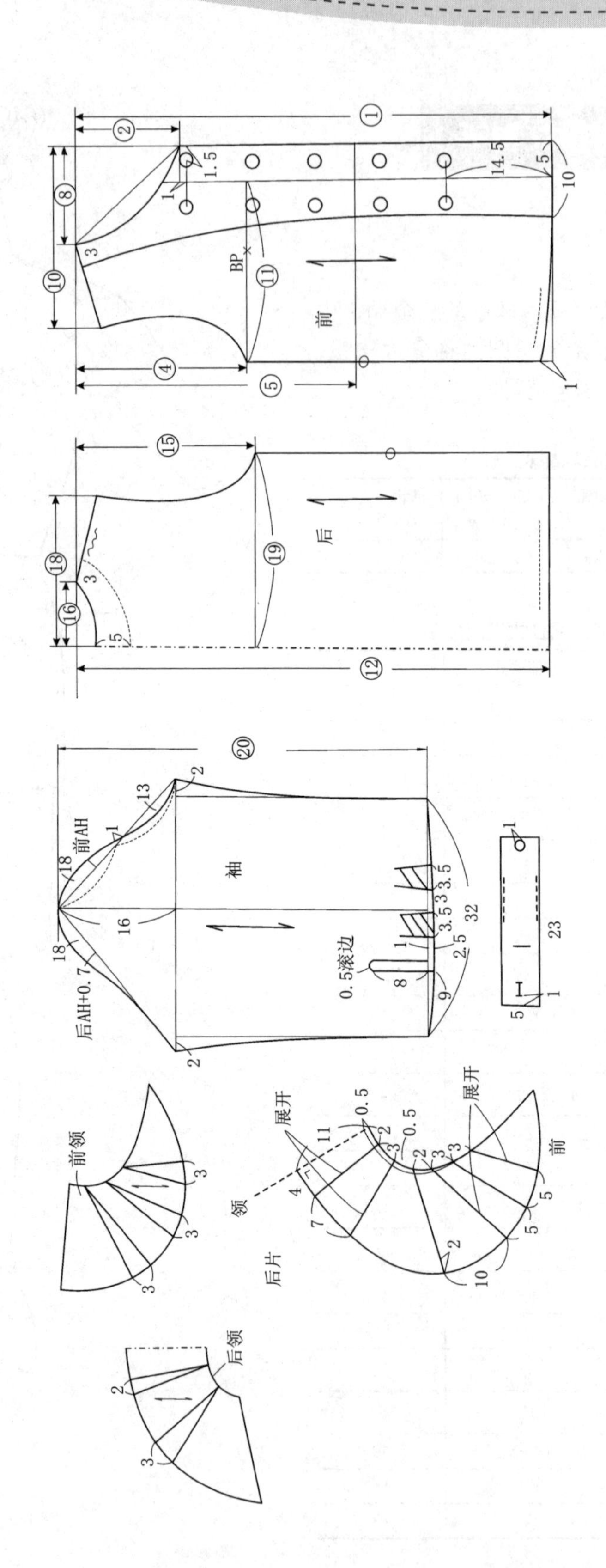
前
BP
后
袖
前AH
后AH+0.7
0.5滚边
前领
后领
后片
领
展开

四十六、偏襟女衬衫

款式分析

大翻领，半开襟偏向左胸，前片腰部收裥，后片下摆配腰带，下摆围度控制在80cm左右，袖口合体，收袖口省。

成品规格表

部位 尺寸	衣长 *L*	胸围 *B*	肩宽 *S*	领围 *N*	袖长 SL	袖口 CW	摆围 BT
160/84A（号型）	57	100	42	40	54	22	80

主要部位比例分配公式及尺寸表

序号	部位	细部公式	尺寸	序号	部位	细部公式	尺寸
①	前衣长	定寸	57	⑬	后落肩	$\frac{S}{10}$	4.2
②	前领口深	$\frac{N}{5}+1$	9	⑭	后袖窿深	$\frac{B}{5}+6$	26
③	前落肩	$\frac{S}{10}+0.5$	4.7	⑮	后领口宽	$\frac{N}{5}+1.3$	9.3
④	前袖窿深线	$\frac{B}{5}+5$	25	⑯	后冲肩	定寸	2
⑤	底边上翘	定寸	2	⑰	后肩宽	$\frac{S}{2}$	21
⑥	前领宽线	$\frac{N}{5}+1$	9	⑱	后胸围	$\frac{B}{4}$	25
⑦	前冲肩	定寸	2.5	⑲	后摆围	$\frac{摆围}{4}-1+6$	25
⑧	前肩宽	$\frac{S}{2}-0.5$	20.5	⑳	袖长	SL	54
⑨	前胸围	$\frac{B}{4}$	25	㉑	袖山高	定寸	16
⑩	前摆围	$\frac{摆围}{4}+1+$裥（6）	27	㉒	袖口	CF+省（3.5）	25.5
⑪	后衣长	$L-4$	53	㉓	后登闩长	$\frac{摆围}{4}-1+2$	21
⑫	后领口深	定寸	2.5				

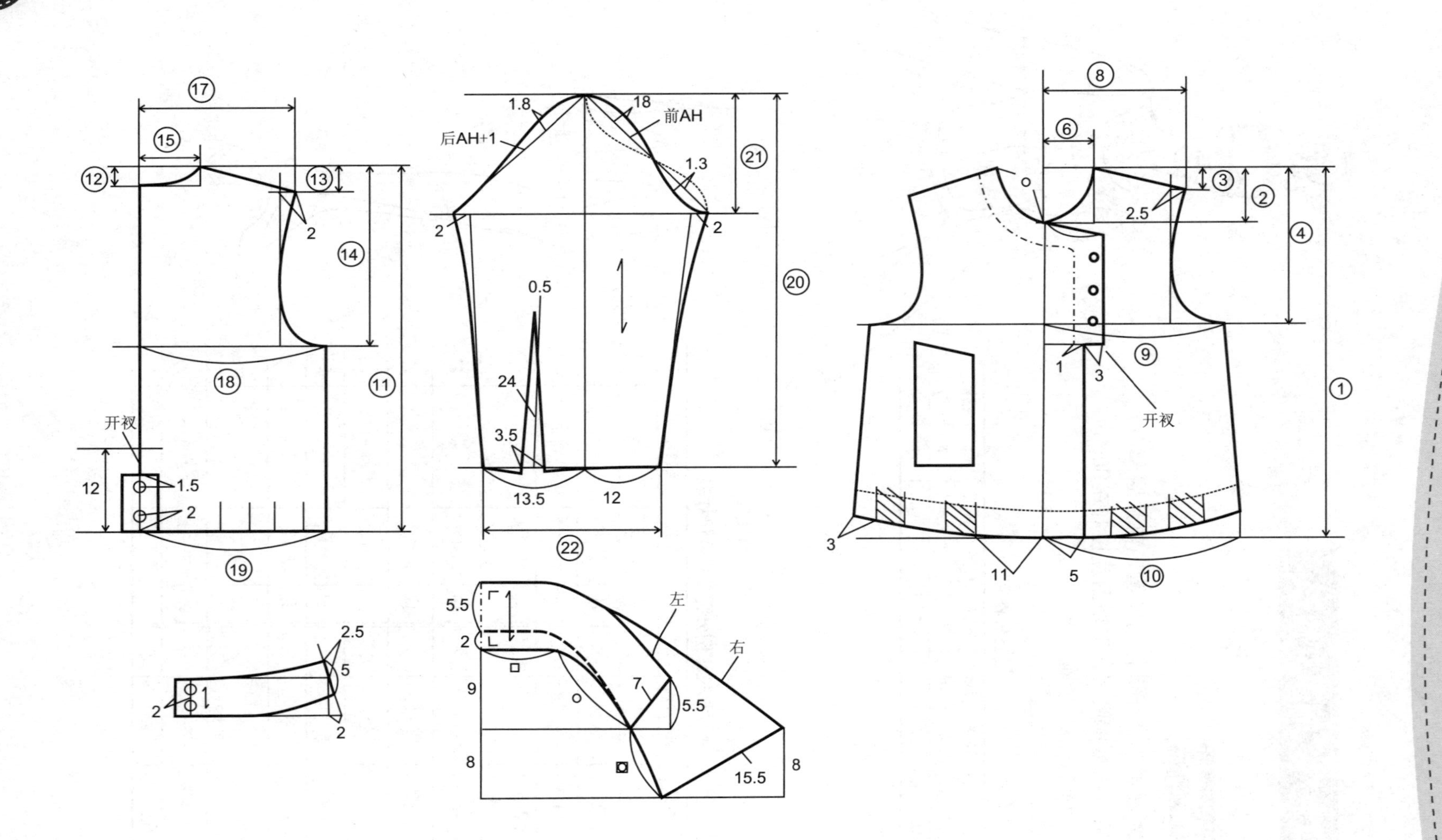

⑰
⑮
⑫
⑬
2
⑭
⑪
⑱
开衩
12
1.5
2
⑲
1.8
后AH+1
18
前AH
1.3
㉑
2
2
⑳
0.5
24
3.5
13.5
12
㉒
⑧
⑥
○
③
②
2.5
④
⑨
1
3
开衩
①
3
11
5
⑩
5.5
2
9
8
左
右
7
5.5
15.5
8
2.5
5
2
2

四十七、小方领合体女衬衫

款式分析

短上装长及腰身下15cm左右，侧缝收腰，前后片开腰省，前片胸省转移到腰省中，底摆处要控制好放松量，不宜过大。

成品规格表

部位 尺寸	衣长 L	胸围 B	肩宽 S	领围 N	袖长 SL	袖口 CW
160/84A(号型)	55	96	40	39	52	22

主要部位比例分配公式及尺寸表

序号	部位	细部公式	尺寸
①	前衣长	L	55
②	前领口深	$\frac{N}{5}+4$	12
③	前落肩	$\frac{S}{10}+0.5$	4.5
④	前袖窿深线	$\frac{B}{5}+4$	23.2
⑤	腰节线	$\frac{号}{4}-1$	39
⑥	底边上翘	定寸	6
⑦	叠门线	定寸	2
⑧	前领口宽	$\frac{N}{5}+3$	11
⑨	前冲肩	定寸	2.5
⑩	前肩宽	$\frac{S}{2}-0.5$	19.5
⑪	前胸围	$\frac{B}{4}$	24
⑫	后衣长	$L-6$	49
⑬	后领口深	定寸	3.5
⑭	后落肩	$\frac{S}{10}$	4
⑮	后袖窿深	$\frac{B}{5}+4$	23.2
⑯	后领口宽	$\frac{N}{5}+3.3$	11.3
⑰	后冲肩	定寸	2
⑱	后肩宽	$\frac{S}{2}$	20
⑲	后胸围	$\frac{B}{4}$	24

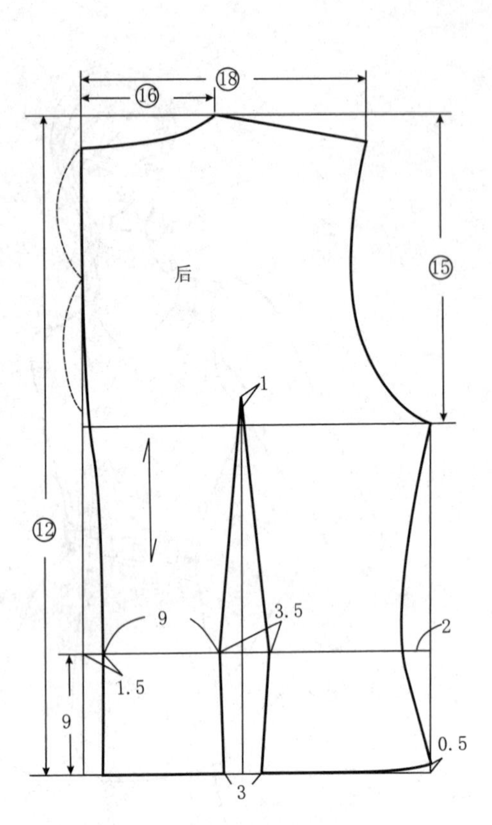
⑯
⑱
后
⑮
⑫
1
9
3.5
2
1.5
9
0.5
3

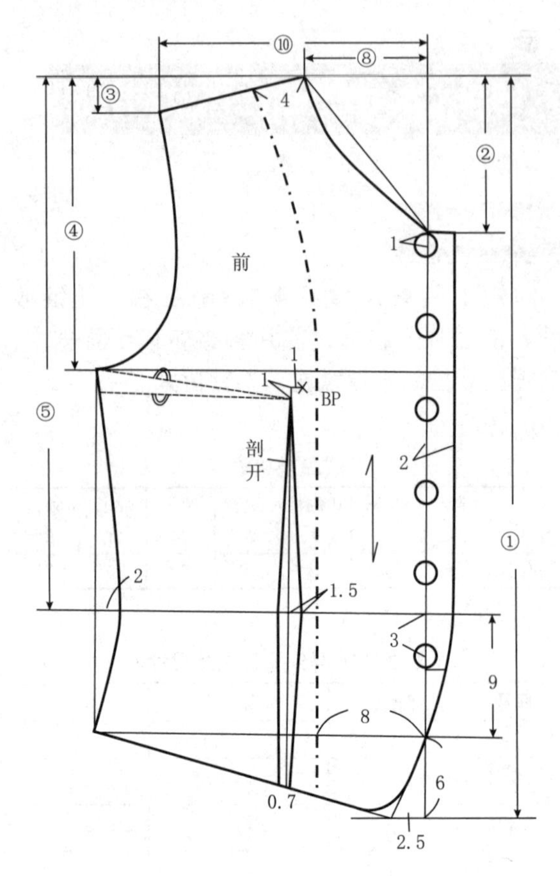
⑩
⑧
③
4
②
④
1
前
⑤
1
1
BP
剖
开
2
①
2
1.5
3
9
8
0.7
6
2.5

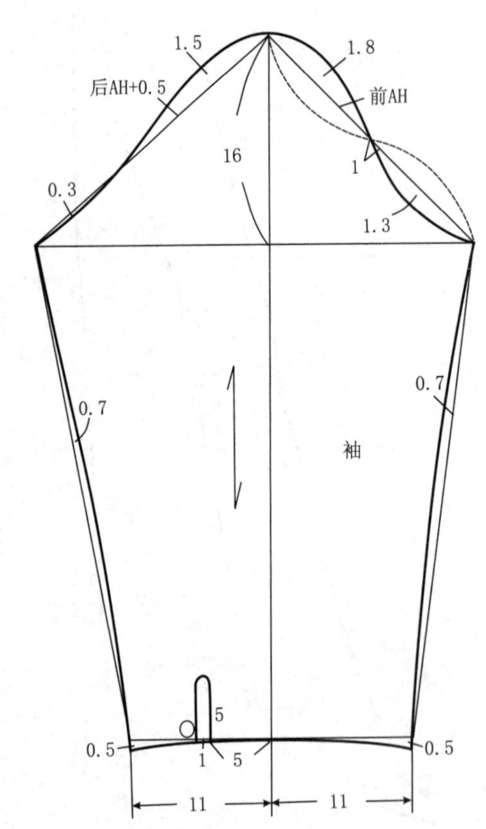
1.5
1.8
后AH+0.5
前AH
16
1
0.3
1.3
0.7
0.7
袖
5
0.5
1
5
0.5
11
11

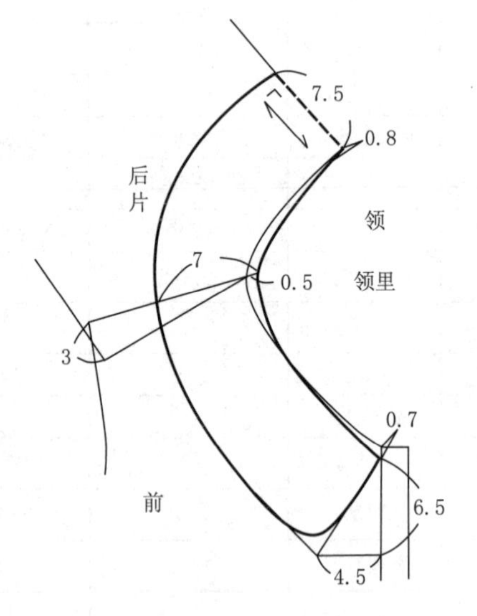
7.5
0.8
后
片
领
7
0.5
领里
3
0.7
前
6.5
4.5

四十八、立领女衬衫

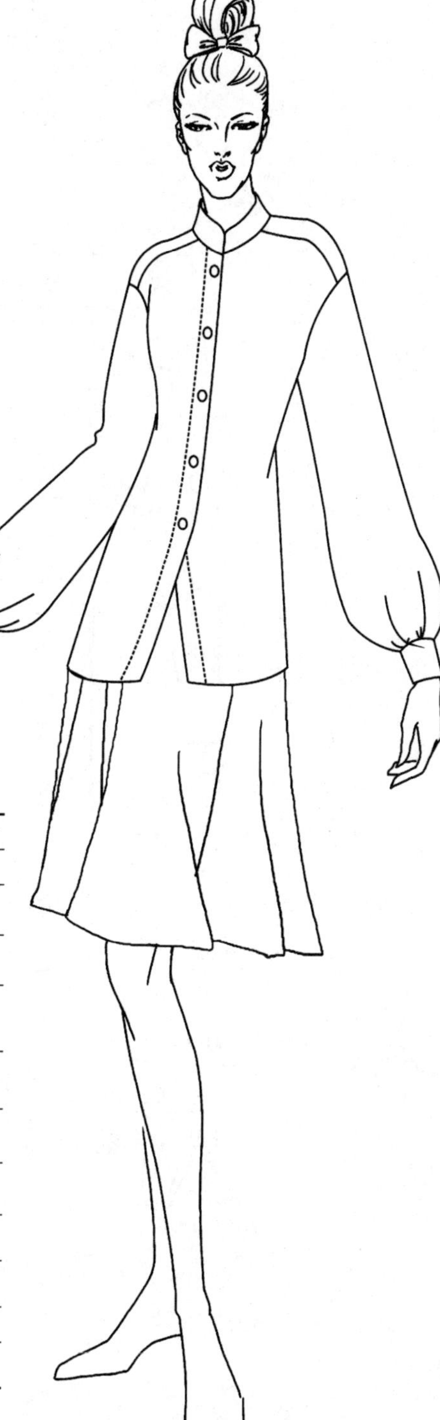

款式分析

前后过肩，宽松衣身。微向颈部倾斜的立领，袖口开叉，装袖克夫。门襟造型可根据款式作结构调整。

成品规格表

部位 尺寸	衣长 L	胸围 B	肩宽 S	领围 N	袖长 SL	袖口 CW
160/84A(号型)	76	104	44	40	52	22

主要部位比例分配公式及尺寸表

序号	部位	细部公式	尺寸	序号	部位	细部公式	尺寸
①	前衣长	L	76	⑫	后衣长	$L-2$	74
②	前领口深	$\frac{N}{5}+3$	11	⑬	后领口深	定寸	2.5
③	前落肩	$\frac{S}{10}+0.5$	4.9	⑭	后落肩	$\frac{S}{10}$	4.4
④	前袖窿深线	$\frac{B}{5}+7$	27.8	⑮	后袖窿深	$\frac{B}{5}+8$	28.8
⑤	腰节	$\frac{号}{4}$	40	⑯	后领口宽	$\frac{N}{5}+0.8$	8.8
⑥	底边上翘	定寸	3	⑰	后肩宽	$\frac{S}{2}$	22
⑦	叠门线	定寸	2	⑱	后胸围	$\frac{B}{4}$	26
⑧	前领口宽	$\frac{N}{5}+0.5$	8.5	⑲	袖长	SL−5.5	46.5
⑨	前肩宽	$\frac{S}{2}-0.5$	21.5	⑳	袖山高	定寸	8
⑩	前冲肩	定寸	1.5	㉑	袖口	CW+8（裥）	30
⑪	前胸围	$\frac{B}{4}$	26				

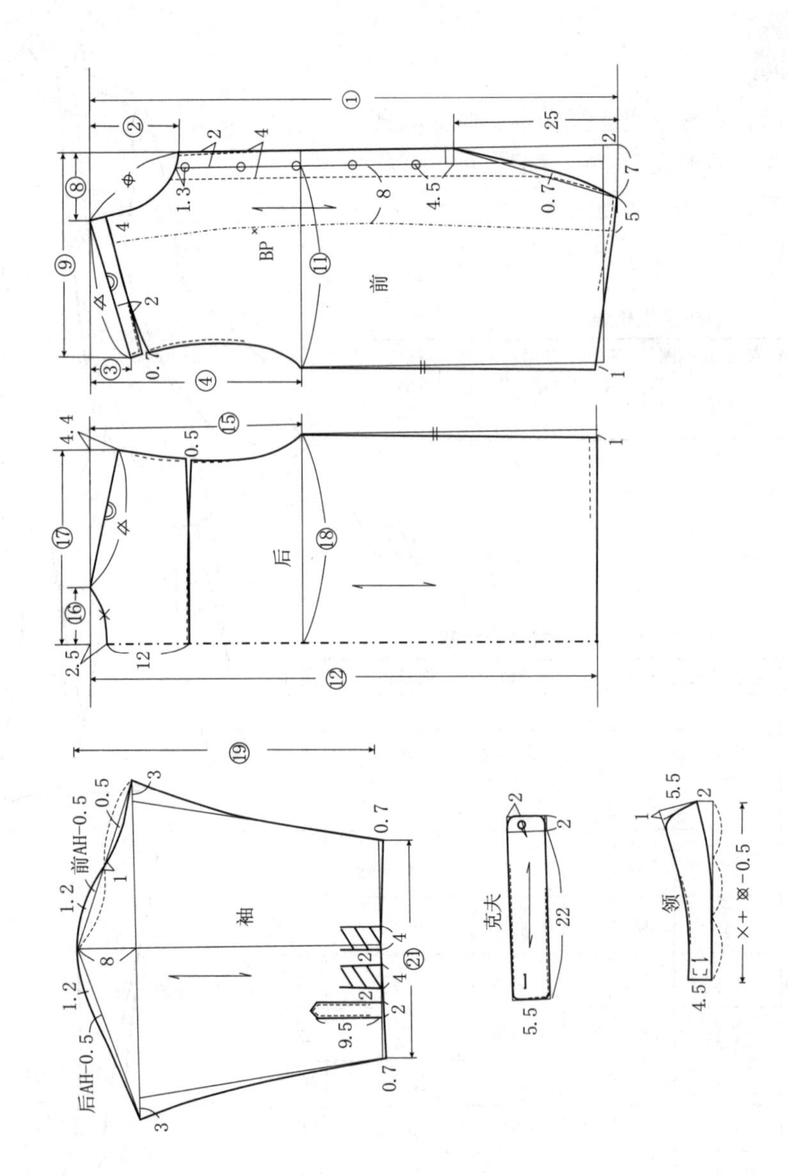
前
BP
后
袖
前AH-0.5
后AH-0.5
克夫
领
×+⊠-0.5

四十九、变化立领衬衫

款式分析

款式在腰部以下收裥，腰部以上呈自由状态，袖子肩部为配合整体造型，也呈宽松状态，为配合立领变化造型，可配腰带。

成品规格表

部位 尺寸	衣长 L	胸围 B	肩宽 S	领围 N	袖长 SL	袖口 CW
160/84A(号型)	64	100	42	39	52	22

主要部位比例分配公式及尺寸表

序号	部位	细部公式	尺寸	序号	部位	细部公式	尺寸
①	前衣长	L	64	⑫	后衣长	$L-5.5$	58.5
②	前领口深	$\frac{N}{5}+2$	9.8	⑬	后领口深	定寸	2.5
③	前落肩	$\frac{S}{10}+0.5$	4.7	⑭	后落肩	$\frac{S}{10}$	4.2
④	前袖窿深线	$\frac{B}{5}+6$	26	⑮	后袖窿深	$\frac{B}{5}+7$	27
⑤	腰节线	$\frac{号}{4}$	40	⑯	后领口宽	$\frac{N}{5}+0.8$	8.6
⑥	底边上翘	定寸	8	⑰	后肩宽	$\frac{S}{2}$	21
⑦	叠门线	定寸	1.6	⑱	后冲肩	定寸	1
⑧	前领口宽	$\frac{N}{5}+0.5$	8.3	⑲	后胸围	$\frac{B}{4}$	25
⑨	前肩宽	$\frac{S}{2}-0.5$	20.5	⑳	袖长	SL−4	48
⑩	前冲肩	定寸	1.5	㉑	袖山高	$\frac{B}{10}+2$	12
⑪	前胸围	$\frac{B}{4}$	25	㉒	袖口	CF+4	26

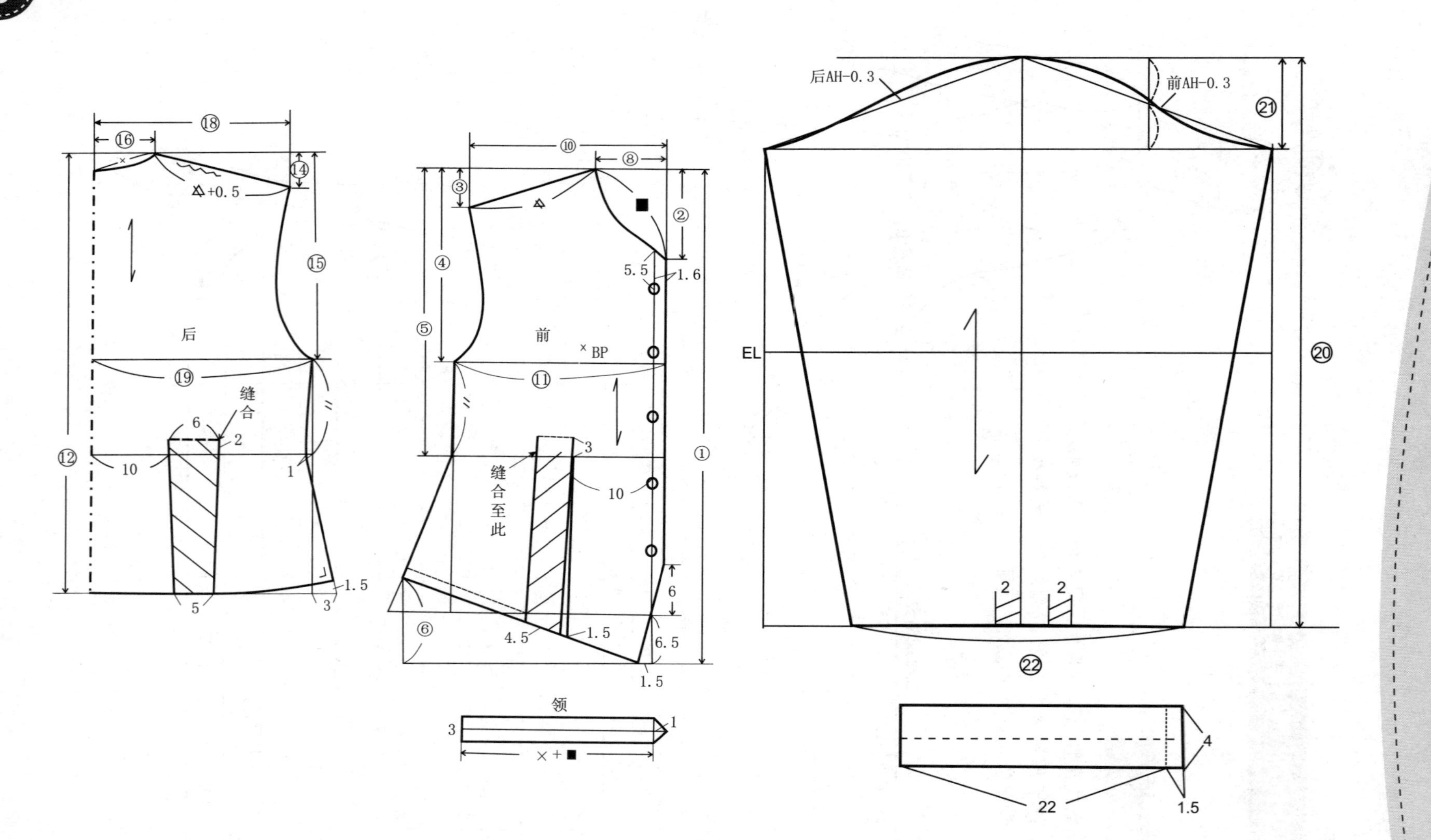

后
⑫
⑯
⑱
⑭
⑮
⑲
△+0.5
×
缝合
6
2
10
1
1.5
3
5
前
⑩
⑧
②
③
④
⑤
⑪
①
⑥
■
△
× BP
5.5
1.6
缝合至此
3
10
6
6.5
4.5
1.5
领
×+■
后AH-0.3
前AH-0.3
㉑
⑳
EL
2
㉒
22
4

五十、插肩袖衬衫

款式分析

这是件较宽松型衬衫，胸省转移到领口处，宽松插肩袖，翻折袖口，后中心装拉链，前中心放出折叠量。

成品规格表

尺寸 \ 部位	衣长 L	胸围 B	肩宽 S	领围 N	袖长 SL	袖口 CW
160/84A(号型)	68	100	41	38	54	22

主要部位比例分配公式及尺寸表

序号	部位	细部公式	尺寸
①	前衣长	L	68
②	前领口深	$\frac{N}{5}+0.5$	8.1
③	前落肩	$\frac{S}{10}$	4.1
④	前袖窿深	$\frac{B}{5}+7$	27
⑤	底边上翘	定寸	2
⑥	前领口宽	$\frac{N}{5}+1$	8.6
⑦	前肩宽	$\frac{S}{2}-0.5$	20
⑧	后衣长	$L-1$	67
⑨	后领口深	定寸	2.5
⑩	后落肩	$\frac{S}{10}-0.5$	3.6
⑪	后袖窿深	$\frac{B}{5}+8$	28
⑫	后领口宽	$\frac{N}{5}+1.3$	8.9
⑬	后胸围	$\frac{B}{4}$	25
⑭	袖长	SL−5.5	48.5
⑮	前袖口	$\frac{CW}{2}+4$（裥）	15
⑯	后袖口	$\frac{CW}{2}+9$（裥）	20

①服装制图基础知识
②裤装结构制图
③裙装结构制图
④衬衫结构制图
⑤茄克衫结构制图
⑥中式服装结构制图
⑦西服结构制图
⑧大衣结构制图
⑨童装结构制图

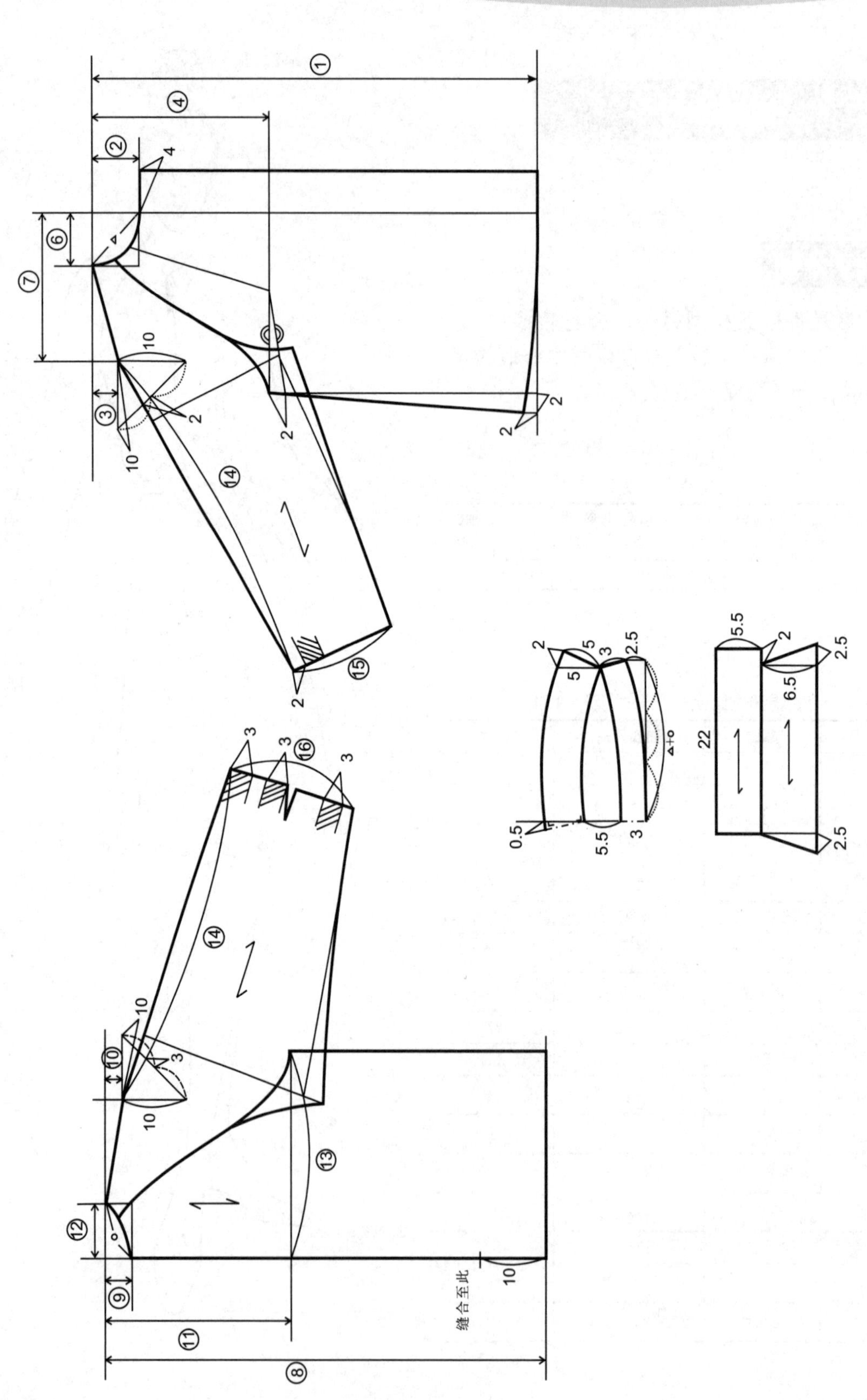

①
②
④
⑥
⑦
③
⑭
⑮
⑯
⑧
⑨
⑩
⑪
⑫
⑬
缝合至此
22

五十一、变化门襟衬衫

款式分析

宽松造型的无领衬衫，其门襟上端的重叠量达到20cm。袖窿门较窄，以增加前后衣片的松量。由于是敞开式门襟，衬衫内可配白色系的背心。

成品规格表

尺寸 \ 部位	衣长 L	胸围 B	肩宽 S	领围 N	袖长 SL	袖口 CW
160/84A（号型）	81	102	43	40	50	31

主要部位比例分配公式及尺寸表

序号	部位	细部公式	尺寸
①	前衣长	L	81
②	前领深线	$\frac{N}{5}+1$	9
③	前落肩	$\frac{S}{10}+0.5$	4.8
④	前袖窿深	$\frac{B}{5}+8$	28.4
⑤	前领口宽	$\frac{N}{5}+0.5$	8.5
⑥	前肩宽	$\frac{S}{2}-0.5$	21
⑦	前胸围	$\frac{B}{4}$	25.5
⑧	后衣长	$L+1$	82
⑨	后领深	定寸	2.5
⑩	后落肩	$\frac{S}{10}$	4.3
⑪	后袖窿深	$\frac{B}{5}+9$	29.4
⑫	后领口宽	$\frac{N}{5}+0.8$	8.8
⑬	后胸围	$\frac{B}{4}$	25.5
⑭	袖长	SL	50
⑮	袖山高	定寸	9
⑯	前袖口	$\frac{CW}{2}-1$	14.5
⑰	后袖口	$\frac{CW}{2}+1$	16.5

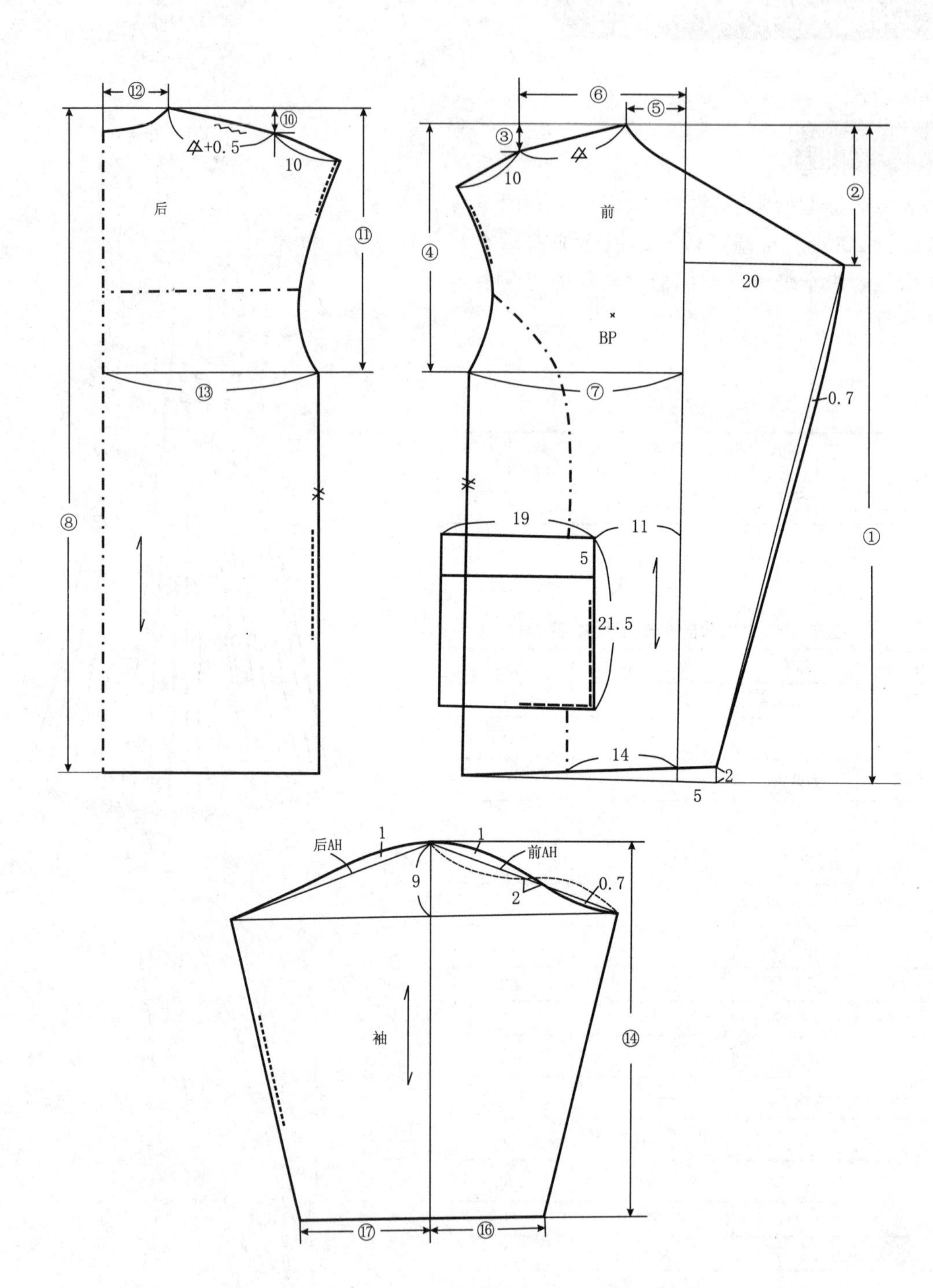
⑫
⑩
△+0.5
10
后
⑪
⑧
⑬
⑥
⑤
③
△
10
前
②
④
20
BP
⑦
0.7
19
11
5
21.5
①
14
2
5
后AH
1
1
前AH
9
2
0.7
袖
⑭
⑰
⑯

五十二、圆摆女衬衫

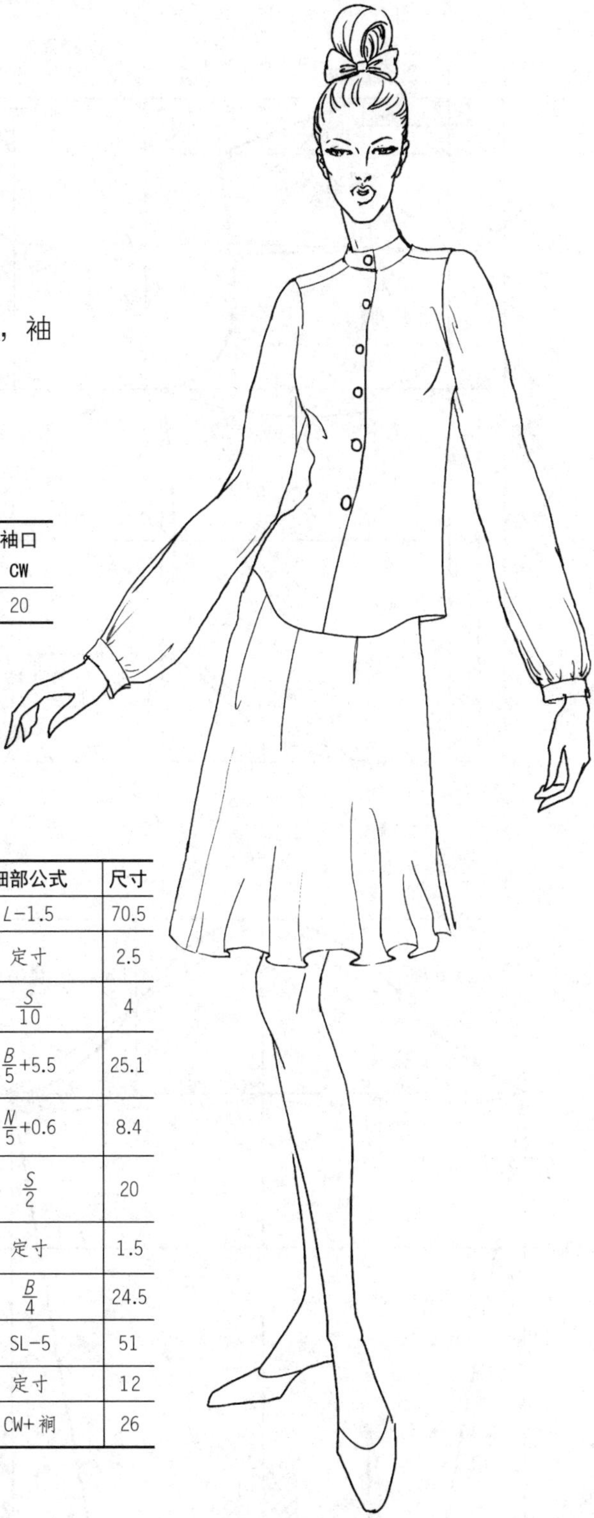

款式分析

前开门六粒扣，前后过肩，底摆圆摆，袖口装克夫。

成品规格表

部位 尺寸	衣长 L	胸围 B	肩宽 S	领围 N	袖长 SL	袖口 CW
160/84A(号型)	72	98	40	39	56	20

主要部位比例分配公式及尺寸表

序号	部位	细部公式	尺寸	序号	部位	细部公式	尺寸
①	前衣长	L	72	⑫	后衣长	$L-1.5$	70.5
②	前领口深	$\frac{N}{5}+1$	8.8	⑬	后领口深	定寸	2.5
③	前落肩	$\frac{S}{10}+0.5$	4.5	⑭	后落肩	$\frac{S}{10}$	4
④	前袖窿深线	$\frac{B}{5}+5$	24.6	⑮	后袖窿深	$\frac{B}{5}+5.5$	25.1
⑤	腰节线	$\frac{号}{4}$	40	⑯	后领口宽	$\frac{N}{5}+0.6$	8.4
⑥	后衣片上抬量	定寸	2	⑰	后肩宽	$\frac{S}{2}$	20
⑦	叠门线	定寸	1.7	⑱	后冲肩	定寸	1.5
⑧	前领口宽	$\frac{N}{5}+0.3$	8.1	⑲	后胸围	$\frac{B}{4}$	24.5
⑨	前肩宽	$\frac{S}{2}-0.3$	19.7	⑳	袖长	SL−5	51
⑩	前冲肩	定寸	2	㉑	袖山高	定寸	12
⑪	前胸围	$\frac{B}{4}$	24.5	㉒	袖口	CW+裥	26

看图学艺·服装篇
图解服装裁剪100例

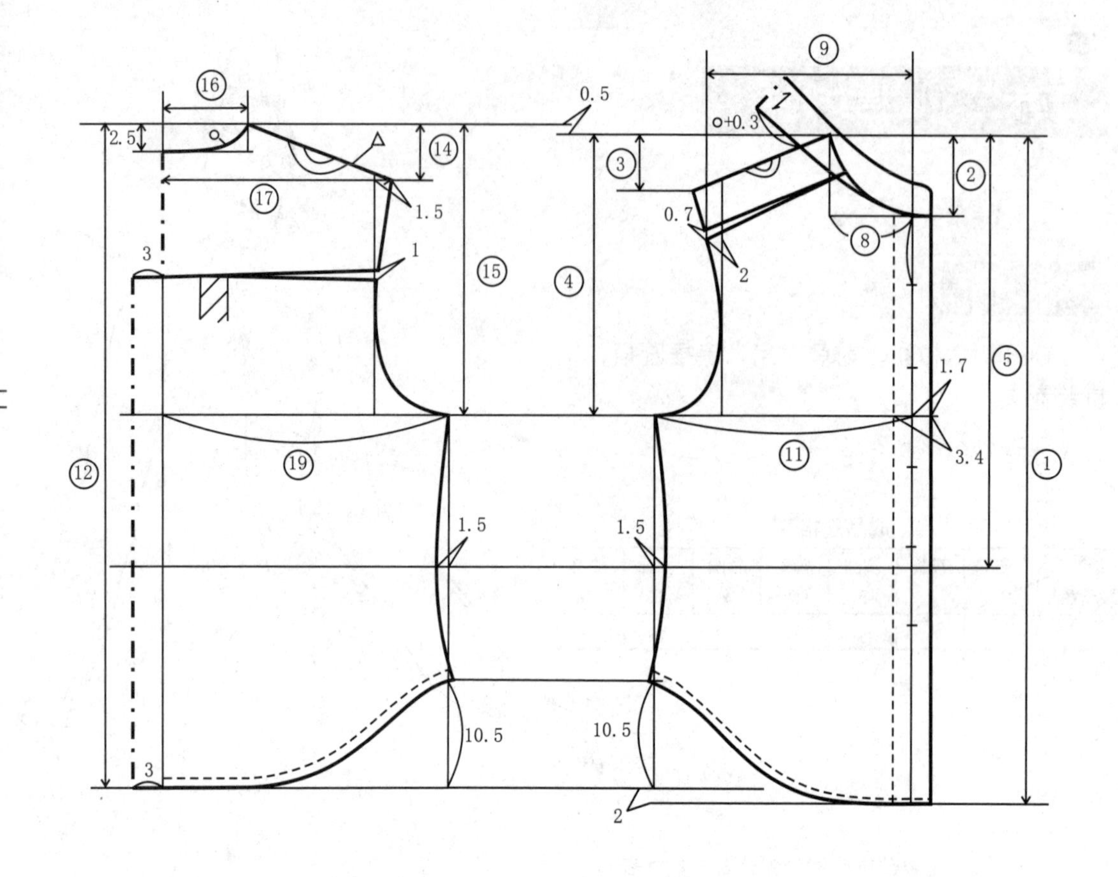
⑯
0.5
⑨
2.5
⑭
o+0.3
③
②
⑰
1.5
0.7
⑧
3
1
2
⑮
④
⑤
1.7
⑫
⑲
⑪
3.4
①
1.5
1.5
10.5
10.5
3
2

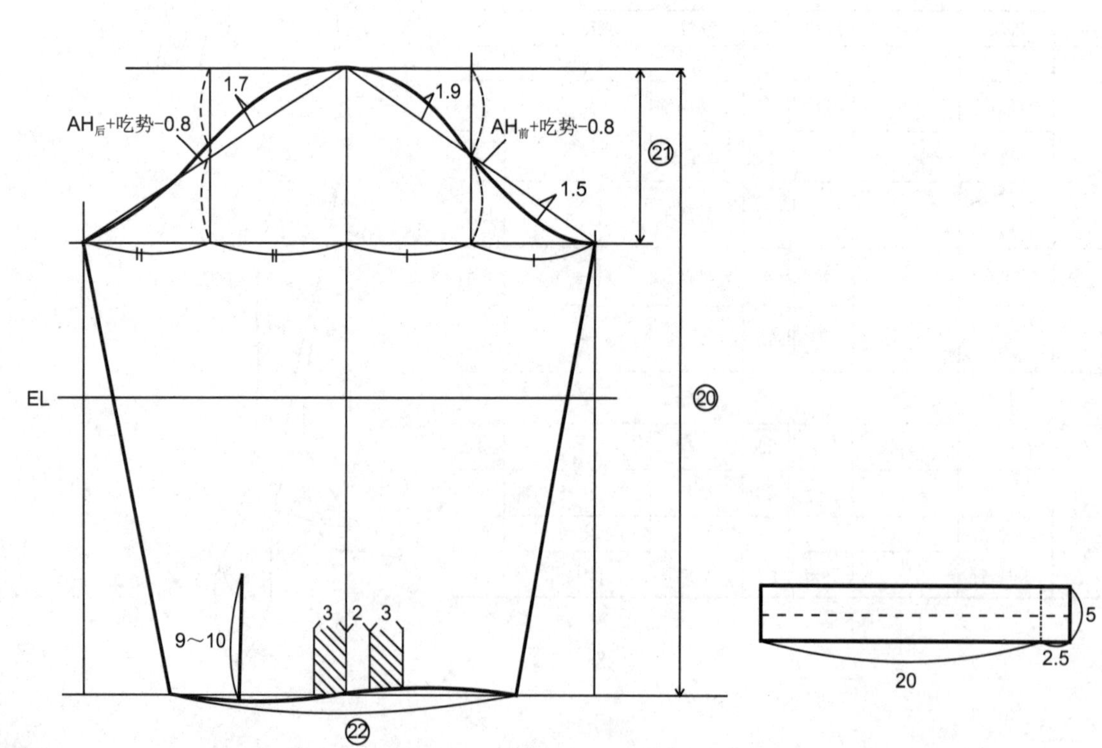
1.7
1.9
AH后+吃势-0.8
AH前+吃势-0.8
㉑
1.5
EL
⑳
9～10
3 2 3
㉒
5
2.5
20

第五章

茄克衫结构制图 5

①服装制图基础知识
②裤装结构制图
③裙装结构制图
④衬衫结构制图
⑤茄克衫结构制图
⑥中式服装结构制图
⑦西服结构制图
⑧大衣结构制图
⑨童装结构制图

五十三、宽松男茄克

款式分析

立领前开门五粒扣，下摆罗纹口收紧，造型宽松大方。

成品规格表

部位／尺寸	衣长 L	胸围 B	领围 N	袖长 SL	袖口 CW
170/96（号型）	68	131	50	57	20

主要部位比例分配公式及尺寸表

序号	部位	细部公式	尺寸
①	前衣长	$L-7$（登闩宽）	61
②	前领口深	$\frac{N}{5}+0.5$	10.5
③	前落肩	$\frac{B}{20}-1$	5.5
④	前袖窿深	$\frac{B}{5}+4$	30.2
⑤	底边上翘	定寸	1
⑥	叠门线	定寸	2
⑦	前领口宽	$\frac{N}{5}$	10
⑧	前胸宽	$\frac{1.5}{10}B+5$	24.7
⑨	前冲肩	定寸	2.5
⑩	前胸围	$\frac{B}{4}-0.5$	32.3
⑪	后衣长	$(L+3)-7$	64
⑫	后领口深	定寸	3
⑬	后落肩	$\frac{B}{20}-0.5$	6
⑭	后袖窿深	$\frac{B}{5}+8$	34.2
⑮	后领口宽	$\frac{N}{5}+0.3$	10.3
⑯	背宽	$\frac{1.5}{10}B+6.5$	26.2
⑰	后冲肩	定寸	2
⑱	后胸围	$\frac{B}{4}+0.5$	33.3
⑲	袖长	SL−7	50
⑳	袖山高	$\frac{B}{10}-5.5$	8.1
㉑	衣片袖口	35~45	38
㉒	罗纹袖口	19~22	20
㉓	领宽	后领中心高	11

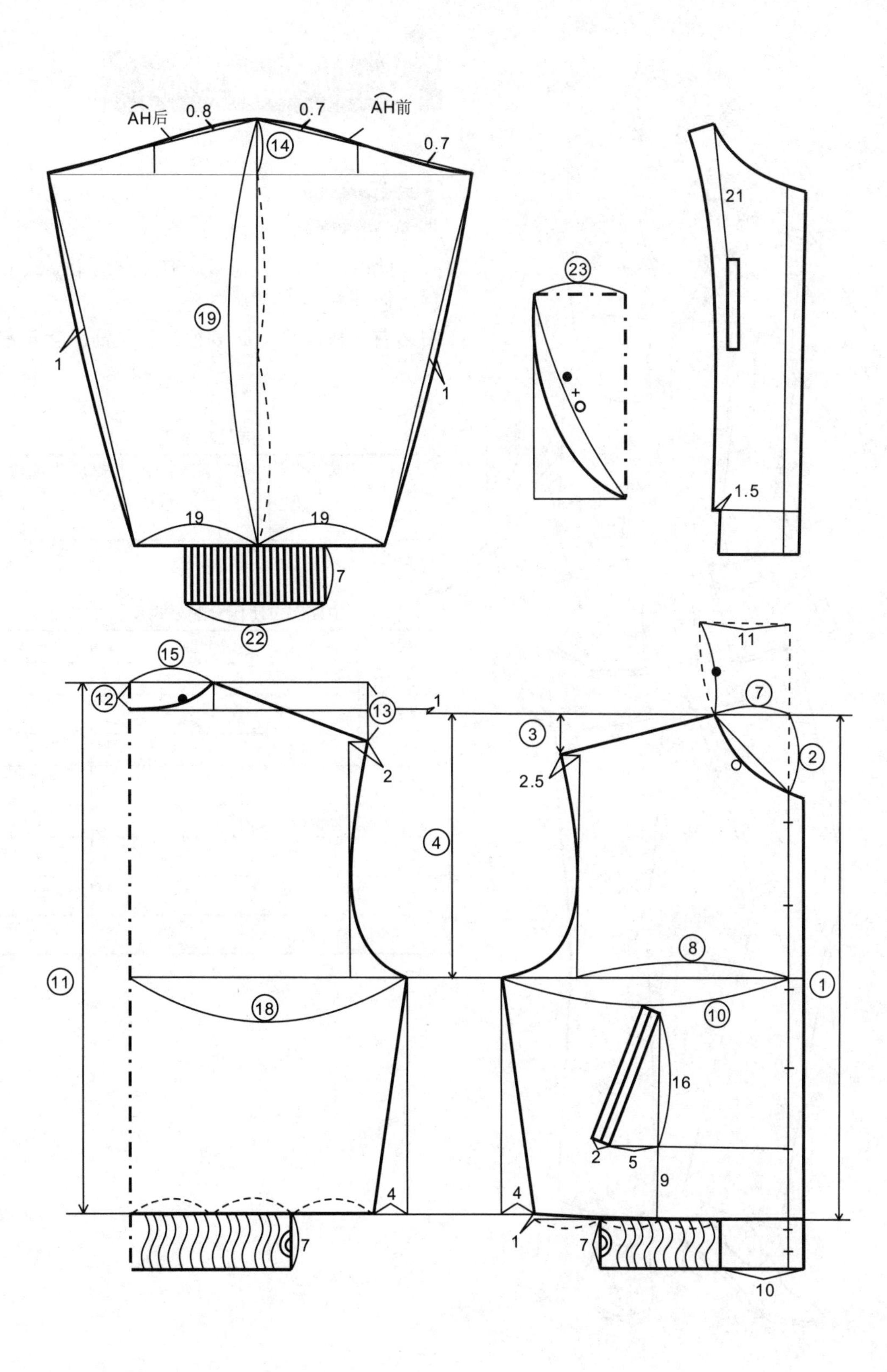

AH后
0.8
0.7
AH前
0.7
⑭
⑲
1
1
19
19
7
㉒
㉓
21
1.5
⑮
⑫
⑬
1
11
⑦
③
2.5
2
②
④
⑪
⑧
①
⑱
⑩
16
2
5
9
4
4
1
7
7
10

五十四、贴袋男茄克

款式分析

此款是贴袋茄克衫，前片有两个立式立体袋，后片分割，有悬空腰部穿一腰带，前片贴布装有一枚肩章，此款袖为防风袖，穿着宽松大方。

成品规格表

部位 尺寸	衣长 *L*	胸围 *B*	肩宽 *S*	袖长 SL	袖口 SW	下摆 BT	领大 *N*
175/92A（号型）	80.5	127	50	69	34.5	123	52

主要部位比例分配公式及尺寸表

序号	部位	细部公式	尺寸
①	衣长	L	80.5
②	胸围	$\frac{B}{2}$	63.5
③	肩高	定寸	4
④	袖窿深	$\frac{B}{5}+3$	28.4
⑤	袖长	袖长尺寸	69
⑥	袖口	$\frac{袖口}{2}$	17.25
⑦	袖山高	$\frac{B}{10}$	12.7
⑧	领大	$\frac{N}{2}$	26

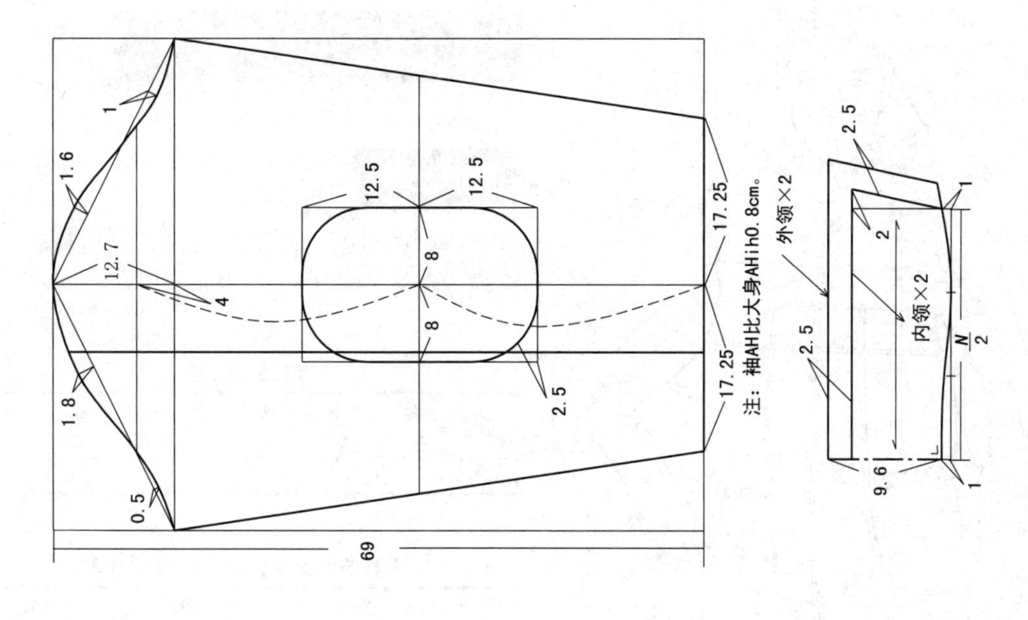
12.5
12.5
8
8
1.6
1
12.7
4
1.8
0.5
2.5
17.25
17.25
69
注：袖AH比大身AHih0.8cm。
外领×2
内领×2
2.5
2.5
2
1
1
9.6
$\frac{N}{2}$

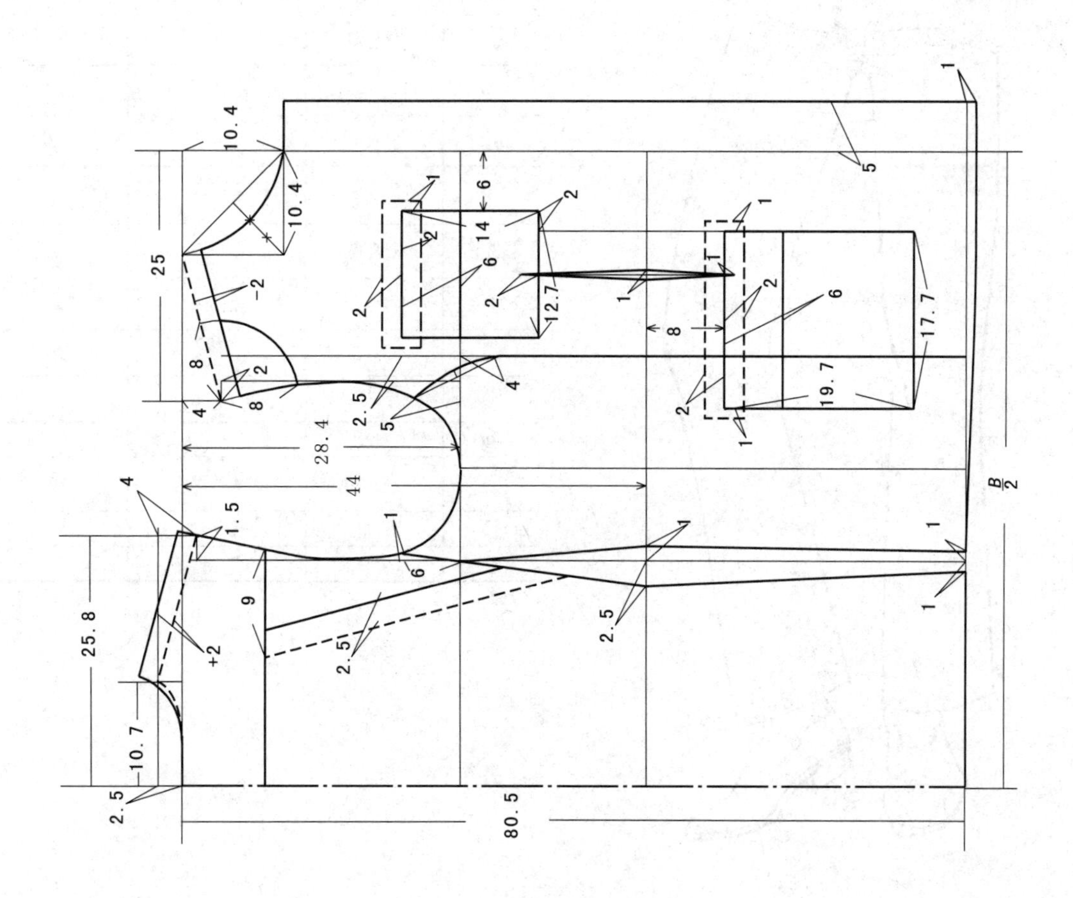
10.4
10.4
25
-2
8
4
2
8
2.5
5
4
28.4
44
1.5
4
25.8
+2
10.7
2.5
9
1
6
2.5
2.5
80.5
6
14
2
2
6
2
12.7
1
8
17.7
19.7
5
$\frac{B}{2}$

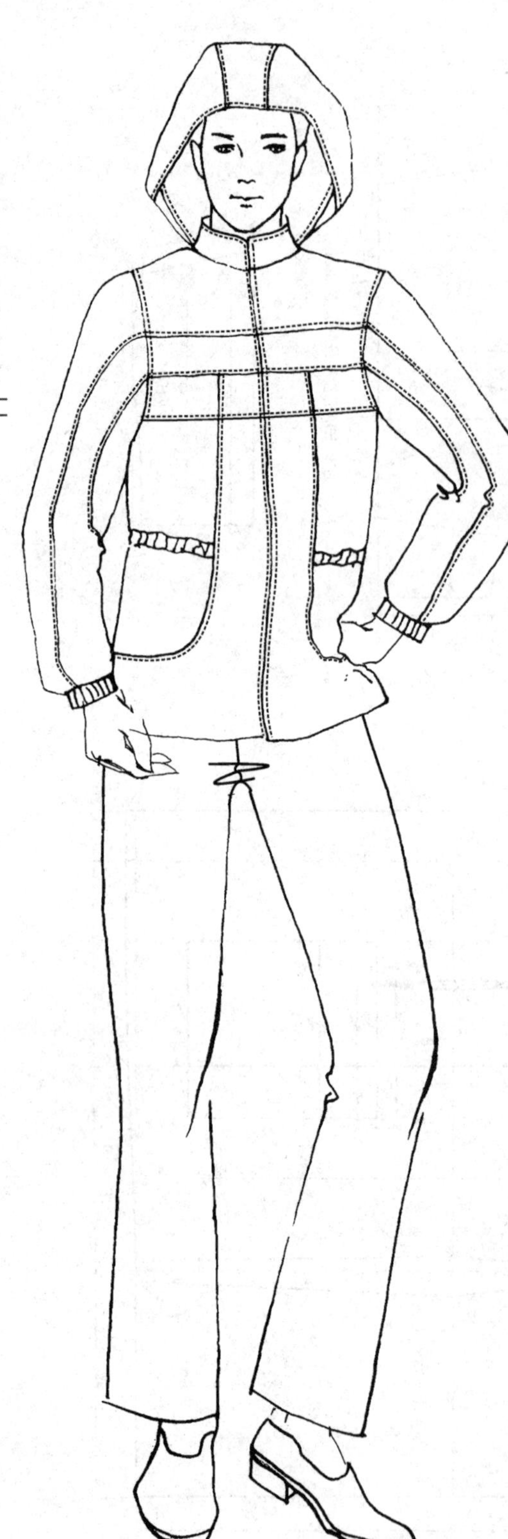

五十五、ABC 茄克衫

款式分析

巧妙的分割，有机的组合。立领基础上加风帽，风格独特。

成品规格表

部位 尺寸	衣长 L	胸围 B	肩宽 S	袖长 SL	袖口 SO	领大 N
170/88A（号型）	70	112	48	57	32	46

主要部位比例分配公式及尺寸表

序号	部位	细部公式	尺寸
①	衣长	衣长尺寸	70
②	前肩高	定寸	5
③	前袖窿深	$\frac{2}{10}B+5.5$	27.9
④	前胸围	$\frac{B}{4}$	28
⑤	前肩宽	$\frac{S}{2}-0.5$	23.5
⑥	后肩高	定寸	5
⑦	后袖窿深	$\frac{2}{10}B+8$	30.4
⑧	后胸围	$\frac{B}{4}$	28
⑨	后肩宽	$\frac{S}{2}$	24
⑩	袖长	袖长－克夫宽	52
⑪	袖口	$\frac{1}{2}$袖口	16
⑫	帽中	量尺寸	51
⑬	松紧带长	定寸	20

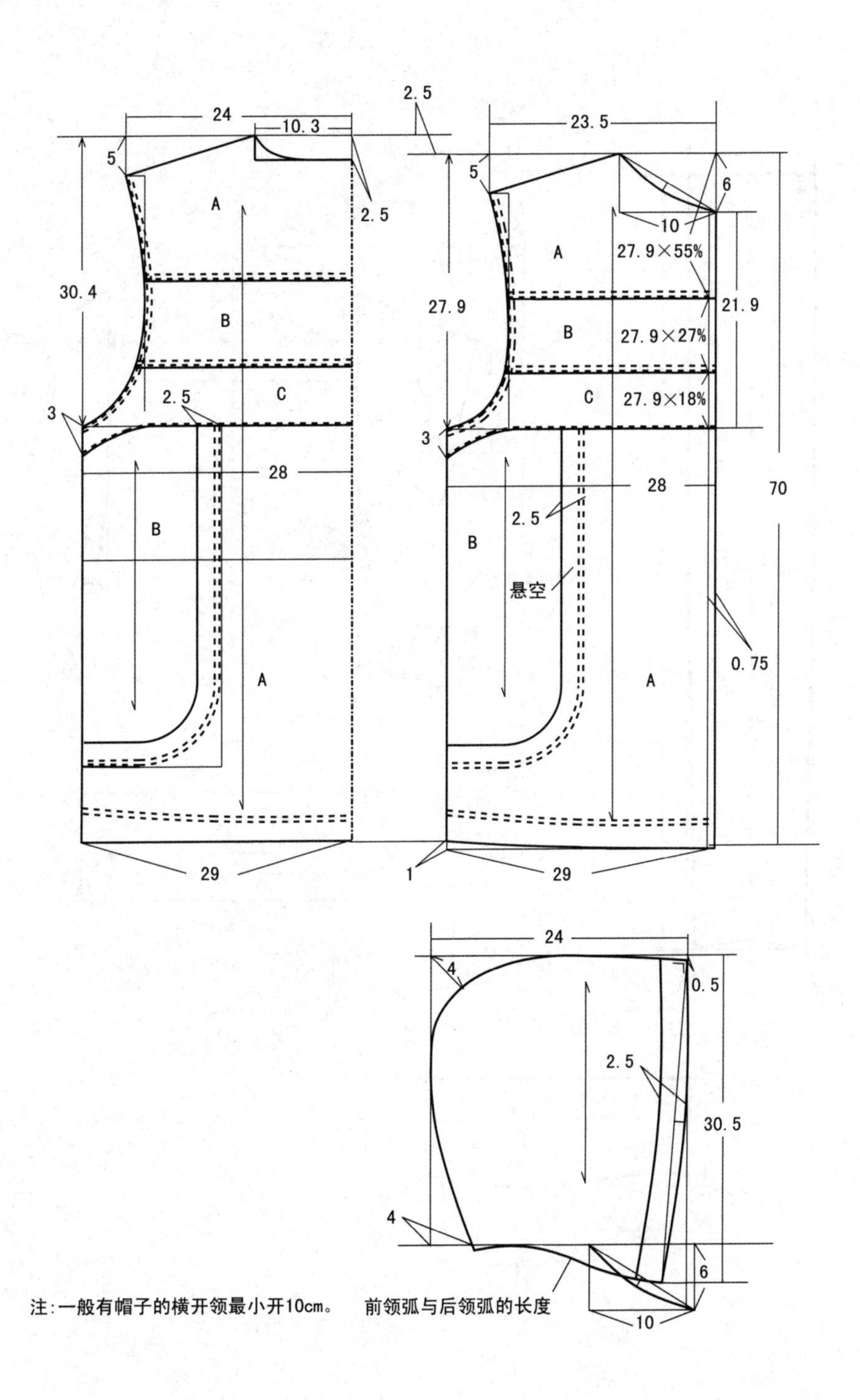

注:一般有帽子的横开领最小开10cm。　前领弧与后领弧的长度

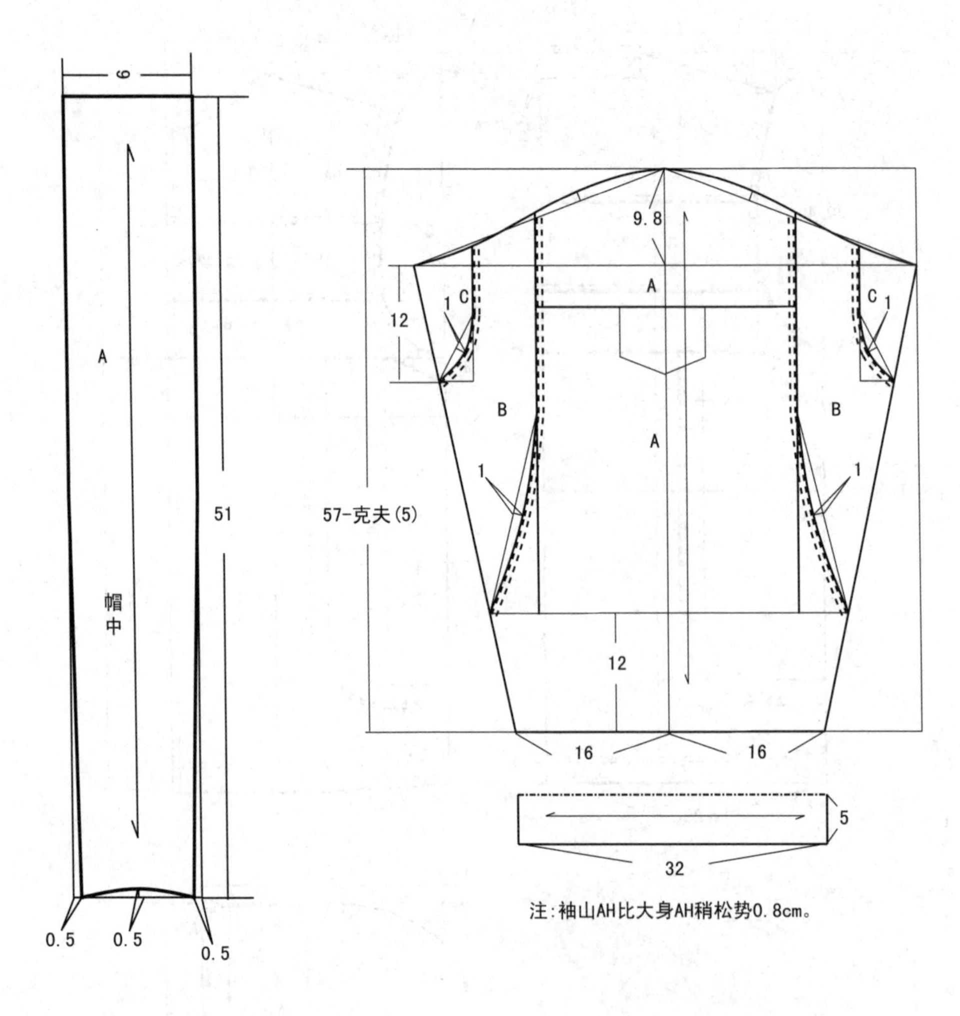

注:袖山AH比大身AH稍松势0.8cm。

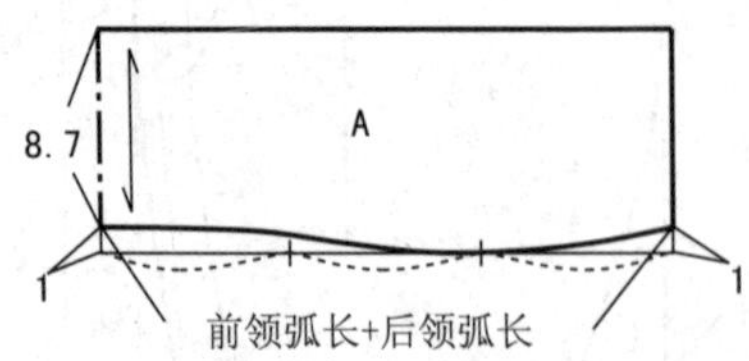

五十六、立领插肩袖男茄克衫

款式分析

插肩袖较宽松结构，明门襟，暗袋拉链，袖口下摆为罗纹收口或松紧口，前衣身装有两个插袋，款式简洁大方，穿脱方便。

成品规格表

部位 尺寸	衣长 L	胸围 B	肩宽 S	领围 N	袖长 SL	袖口 CW
170/90A（号型）	70	112	45	44	59	17

主要部位比例分配公式及尺寸表

序号	部位	细部公式	尺寸	序号	部位	细部公式	尺寸
①	前衣长	L	70	⑬	后袖窿深	$\frac{B}{5}+7.5$	29.9
②	前领口深	$\frac{N}{5}+0.5$	9.3	⑭	后领口宽	$\frac{N}{5}$	8.8
③	前落肩	$\frac{B}{20}$	5.6	⑮	背宽	$\frac{1.5}{10}B+4$	20.8
④	前袖窿深	$\frac{B}{5}+5$	27.4	⑯	后肩宽	$\frac{S}{2}+0.5$	23
⑤	叠门线	定寸	2.5	⑰	后胸围	$\frac{B}{4}$	28
⑥	前领口宽	$\frac{N}{5}-0.3$	8.5	⑱	袖长	SL-5（袖头宽）	54
⑦	前胸宽	$\frac{1.5}{10}B+3.5$	20.3	⑲	登闩松紧长	$\frac{2}{3}B$	75
⑧	前肩宽	$\frac{S}{2}$	22.5	⑳	前袖口	CW-1	16
⑨	前胸围	$\frac{B}{4}$	28	㉑	后袖口	CW+1	18
⑩	后衣长	L-5（登闩宽）+2.5	67.5	㉒	登闩宽	定寸	5
⑪	后领口深	定寸	2.5	㉓	袖头罗纹长	定寸	22
⑫	后落肩	$\frac{B}{20}$	5.6				

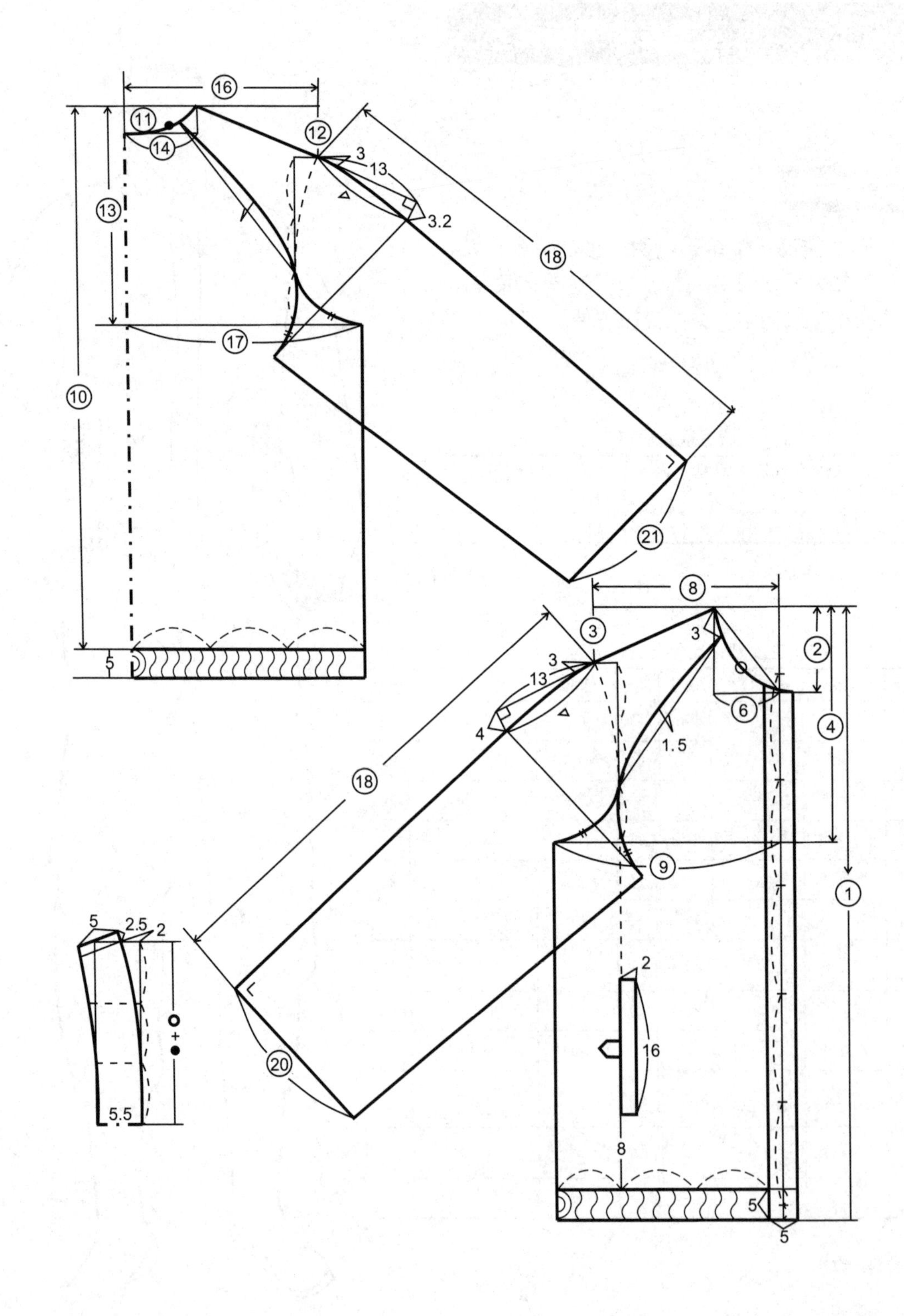

⑯
⑪
⑭
⑫
3
13
3.2
⑬
⑱
⑰
⑩
5
㉑
⑧
③
3
3
②
13
4
⑥
1.5
④
⑱
⑨
①
5
2.5
2
2
16
⑳
5.5
8
5
5

五十七、宽松拉链衫

款式分析

前开门，装拉链，前衣身斜向分割，缉明线。两侧装贴袋，罗纹袖口。款式富于变化，休闲时尚。

成品规格表

部位 尺寸	衣长 L	胸围 B	肩宽 S	领围 N	袖长 SL	袖口 CW
170/94（号型）	68	130	52	46	59	20

主要部位比例分配公式及尺寸表

序号	部位	细部公式	尺寸	序号	部位	细部公式	尺寸
①	前衣长	L	68	⑬	后领口深	定寸	2.5
②	前领口深	$\frac{N}{5}$	9.2	⑭	后落肩	$\frac{B}{20}-1$	5.5
③	前落肩	$\frac{B}{20}-1$	5.5	⑮	后袖窿深	$\frac{B}{5}+7.5$	33.5
④	前袖窿深	$\frac{B}{5}+4$	30	⑯	后领口宽	$\frac{N}{5}$	9.2
⑤	腰节线	$\frac{号}{4}$	42.5	⑰	后肩宽	$\frac{S}{2}$	26
⑥	撇门线	定寸	1	⑱	后冲肩	定寸	2.3
⑦	叠门线	定寸	2	⑲	后胸围	$\frac{B}{4}$	32.5
⑧	前领口宽	$\frac{N}{5}-0.5$	8.7	⑳	袖长	SL-7（罗纹宽）	52
⑨	前肩宽	$\frac{S}{2}-0.5$	25.5	㉑	袖山高	$\frac{B}{10}$	13
⑩	前冲肩	定寸	2.5	㉒	袖口	35~40	36
⑪	前胸围	$\frac{B}{4}$	32.5	㉓	袖口罗纹长	定寸	20
⑫	后衣长	$L+1.5$	69.5				

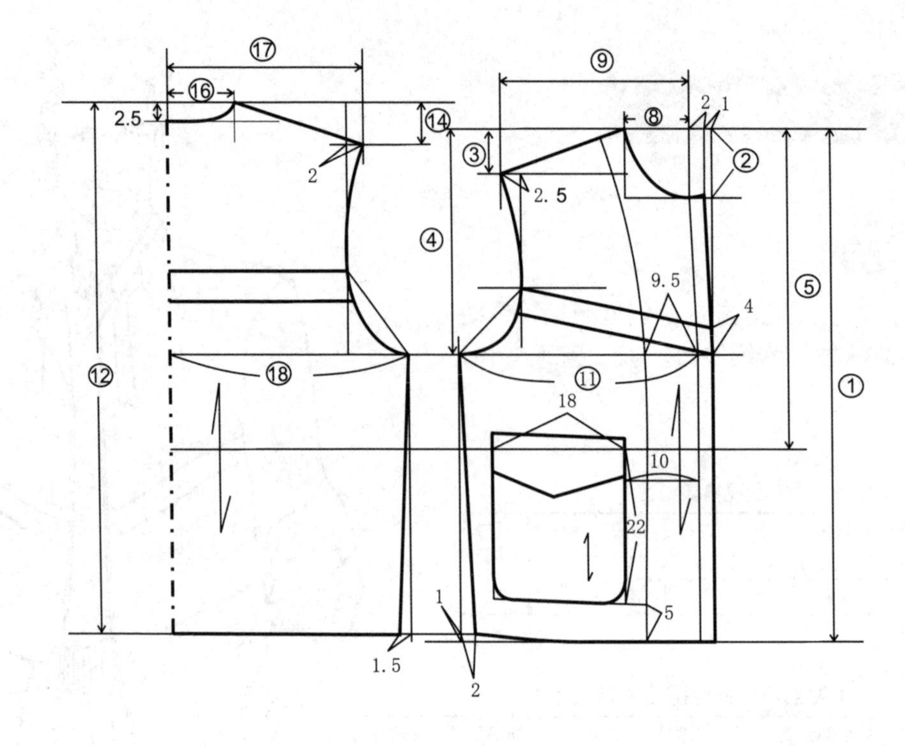
⑰
⑯
2.5
⑭
2
⑨
⑧
2 1
③
②
2.5
④
⑤
①
9.5
4
⑫
⑱
⑪
18
10
22
5
1
1.5
2

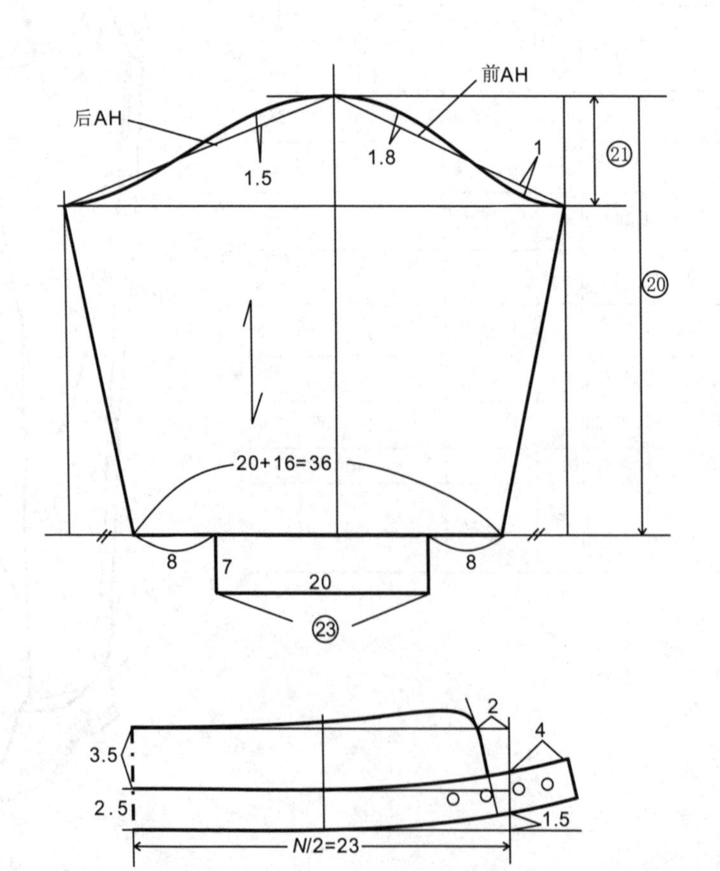
前AH
后AH
1.5
1.8
1
㉑
⑳
20+16=36
8
7
20
8
㉓
2
4
3.5
2.5
1.5
N/2=23

五十八、象鼻领时装

款式分析

精干的短上装，刀背缝和前后过肩的组合，配上象鼻领，使得时装整体风格别具一格。

成品规格表

部位 尺寸	衣长 L	胸围 B	肩宽 S	袖长 SL	袖口 SW	下摆 BT
160/84A（号型）	39.5	95	41	60.5	24	75

主要部位比例分配公式及尺寸表

序号	部位	细部公式	尺寸
①	衣长	L	39.5
②	前肩高	$\frac{B}{20}-1.3$	3.45
③	前袖窿深	$\frac{2}{10}B+5.5$	24.5
④	前胸围	$\frac{B}{4}$	23.75
⑤	前肩宽	$\frac{S}{2}-0.7$	18.8
⑥	袖长	袖长尺寸	60.5
⑦	后肩高	$\frac{B}{20}-1.8$	2.95
⑧	后袖窿深	$\frac{2}{10}B+6.5$	25.5
⑨	后胸围	$\frac{B}{4}$	23.75
⑩	后肩宽	$\frac{S}{2}$	20.5
⑪	袖口	袖口尺寸	24

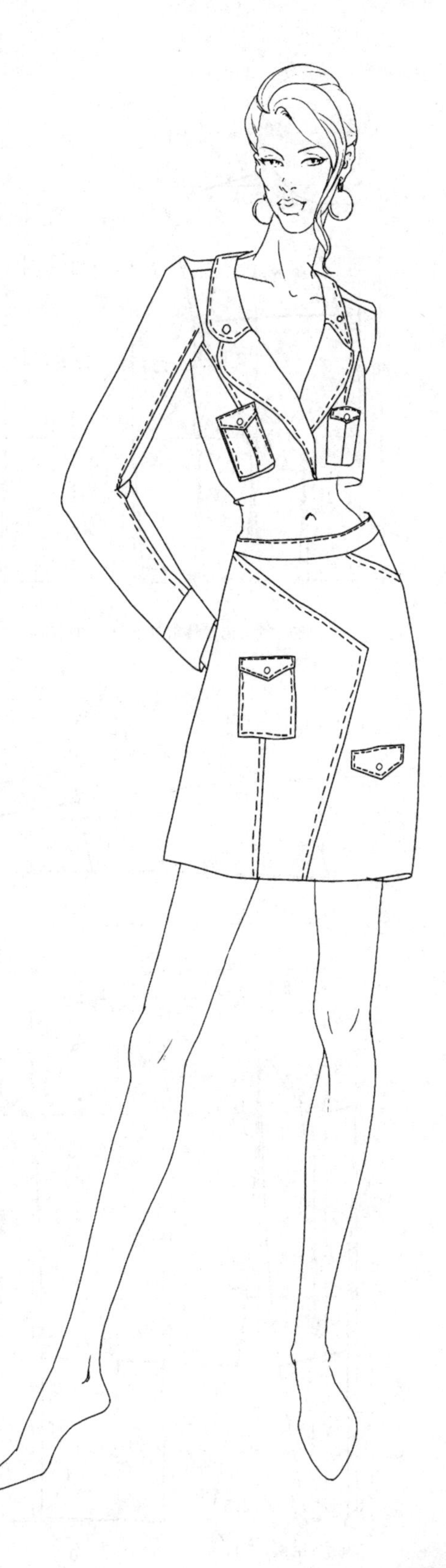

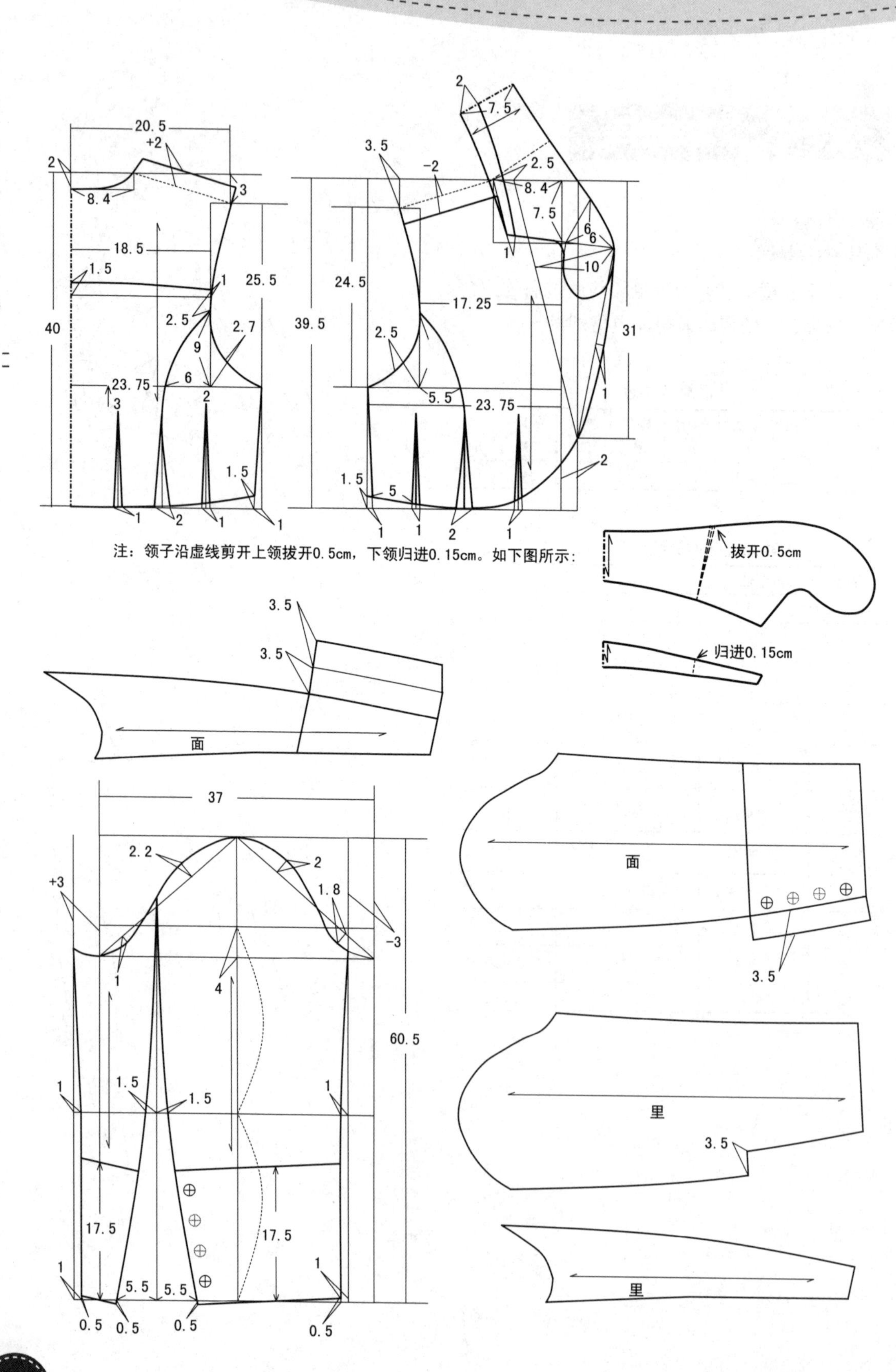
20.5
+2
2
8.4
3
18.5
1.5
1
25.5
2.5
2.7
9
40
23.75
6
3
2
1.5
1
2
1
1
2
7.5
3.5
-2
2.5
8.4
7.5
6
6
1
10
24.5
17.25
39.5
2.5
5.5
23.75
31
1
2
1.5
5
1
1
2
1
注：领子沿虚线剪开上领拔开0.5cm，下领归进0.15cm。如下图所示：
拔开0.5cm
归进0.15cm
3.5
3.5
面
37
2.2
2
+3
1.8
-3
1
4
60.5
1
1.5
1.5
1
17.5
17.5
1
1
5.5
5.5
0.5
0.5
0.5
0.5
面
3.5
里
3.5
里

五十九、女式束带型时装

款式分析

单排三粒扣，驳领，左右带盖胸袋，配有腰带，巧妙的分割，款式豪放、潇洒。

成品规格表

部位 尺寸	衣长 L	胸围 B	小肩 S	腰围 W
160/84A(号型)	61	91	13	84
部位 尺寸	下摆 BT	腰节 WL	袖长 SL	
160/84A(号型)	90	40	62	

主要部位比例分配公式及尺寸表

序号	部位	细部公式	尺寸
①	衣长	衣长尺寸	61
②	前肩高	$\frac{B}{20}-0.5$	4
③	前袖窿深	定寸	20
④	前胸围	$\frac{B}{4}$	22.75
⑤	前胸宽	胸宽尺寸	17.7
⑥	腰节	$\frac{号}{4}$	40
⑦	前袖口	$\frac{袖口}{2}$	12.8
⑧	前领口深	定寸	7.5
⑨	前领口宽	定寸	9
⑩	前冲肩	定寸	2.5
⑪	后肩高	$\frac{B}{20}-0.5$	4
⑫	后袖窿深	定寸	21.5
⑬	后胸围	$\frac{B}{4}$	22.75
⑭	后背宽	背宽尺寸	19
⑮	袖肥	定寸	17
⑯	袖长	袖长尺寸	62
⑰	后袖口	$\frac{袖口}{2}$	12.8
⑱	后领口深	定寸	1.5
⑲	后领口宽	定寸	9
⑳	后冲肩	定寸	2

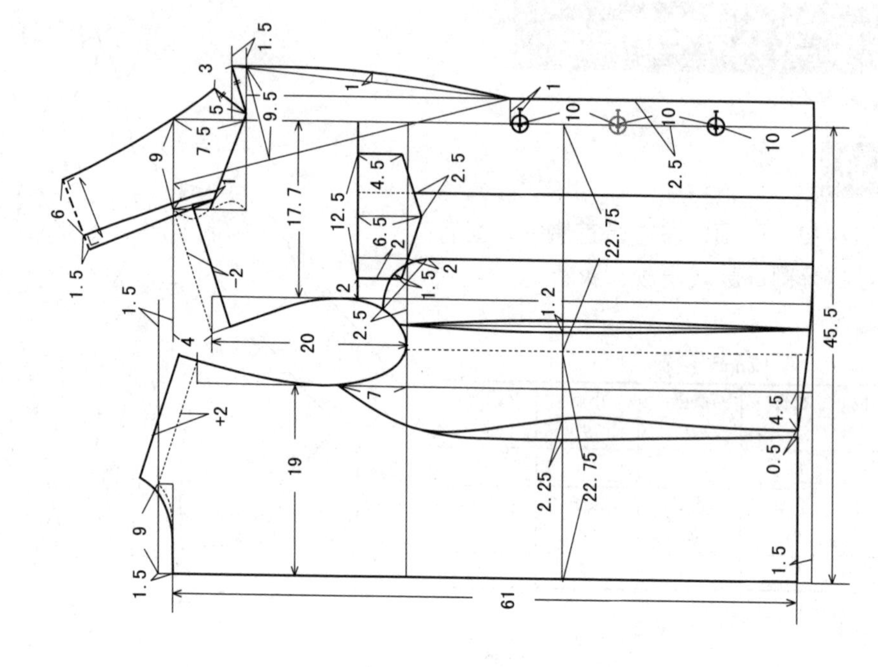

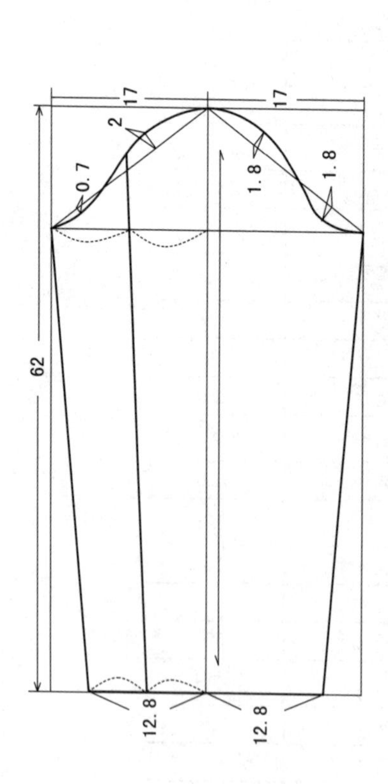

注：袖山AH要比大身AH小0.8cm。

腰带长：110cm
宽：5cm

六十、连立领女装

款式分析

连衣立领，前后刀背缝。一片长袖，前胸省转移到前刀背缝中，或作肩部归量，以使领部造型更适合颈部造型。

成品规格表

部位 尺寸	衣长 L	胸围 B	腰围 W	臀围 H
160/88A(号型)	60	96	80	100
部位 尺寸	领围 N	袖长 SL	袖口 CW	
160/88A(号型)	40	55	12	

主要部位比例分配公式及尺寸表

序号	部位	细部公式	尺寸
①	衣长	衣长尺寸	60
②	袖窿深	$\frac{B}{6}+7$	23
③	腰节	定寸	40
④	前胸围	$\frac{B}{4}$	24
⑤	前腰围	$\frac{W}{4}+2.5$（省）	22.5
⑥	前胸宽	$\frac{B}{6}+0.5$	16.5
⑦	撇胸	定寸	1
⑧	前领宽	$\frac{N}{5}-0.5$	7.5
⑨	前落宽	定寸	5
⑩	前冲肩	定寸	3
⑪	后背宽	前胸宽+1	17.5
⑫	后胸围	B/4	24
⑬	后腰围	$\frac{W}{4}+2$（省）	22
⑭	后落宽	定寸	4
⑮	后冲肩	定寸	2.5
⑯	后领宽	$\frac{N}{5}-0.2$	7.8

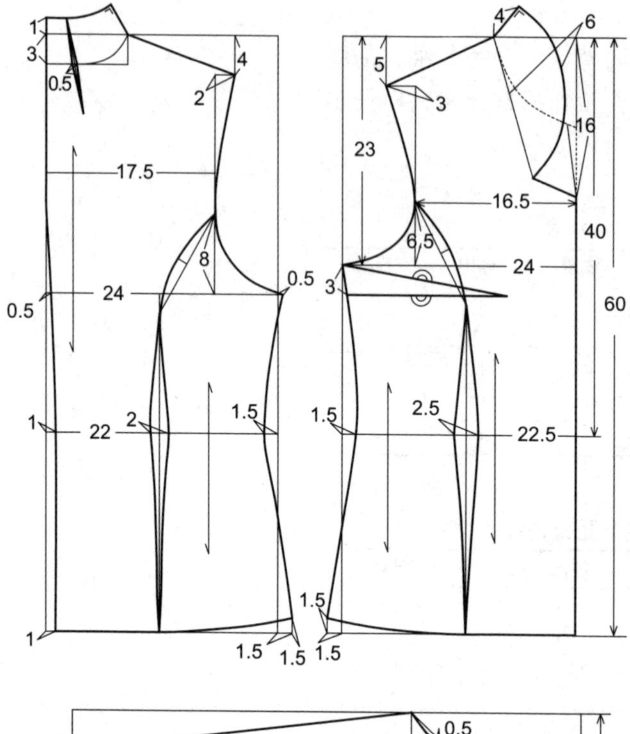
1
3
0.5
4
2
17.5
8
0.5
24
0.5
1
22
2
1.5
1
1.5
1.5
4
6
5
3
16
23
16.5
6.5
40
3
24
60
1.5
2.5
22.5
1.5
1.5

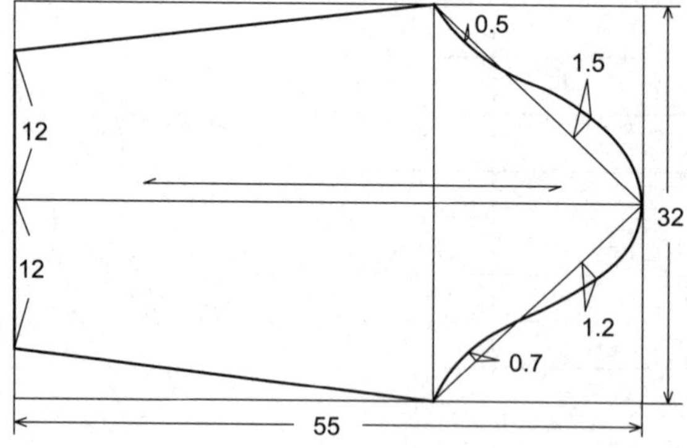
0.5
1.5
12
32
12
1.2
0.7
55

六十一、裙摆式泡袖女时装

款式分析

双排七粒扣女外衣，纽扣排列成倒宝塔形，燕子领，泡泡袖，袖口三粒扣，造型别致，洒脱飘逸。

成品规格表

部位 尺寸	衣长 *L*	胸围 *B*	袖长 SL	肩宽 *S*
160/84A（号型）	61	98	50	41
部位 尺寸	**袖口 CW**	**腰节 WL**	**领大 *N***	
160/84A（号型）	23	41	40	

主要部位比例分配公式及尺寸表

序号	部位	细部公式	尺寸
①	衣长	衣长尺寸	61
②	前肩高	$\frac{B}{20}-1.4$	3.5
③	前袖窿深	$\frac{B}{10}+8$	17.8
④	腰节	$\frac{号}{4}+1$	41
⑤	前领口深	$\frac{2}{10}N+8.5$	16.5
⑥	前领口宽	$\frac{2}{10}N-0.2$	7.8
⑦	前胸围	$\frac{B}{4}$	24.5
⑧	前胸宽	$\frac{1.5}{10}B+3$	17.7
⑨	前肩宽	$\frac{S}{2}-0.5$	20
⑩	后领口宽	$\frac{2}{10}N+0.3$	8.3
⑪	后肩高	$\frac{B}{20}-2.2$	2.7
⑫	后袖窿深	$\frac{B}{10}+10.5$	20.3
⑬	后胸围	$\frac{B}{4}$	24.5
⑭	后背宽	$\frac{1.5}{10}B+4.5$	19.2
⑮	后肩宽	$\frac{S}{2}+0.5$	21
⑯	袖长	袖长尺寸	50
⑰	袖深	$\frac{B}{10}+5$	14.8

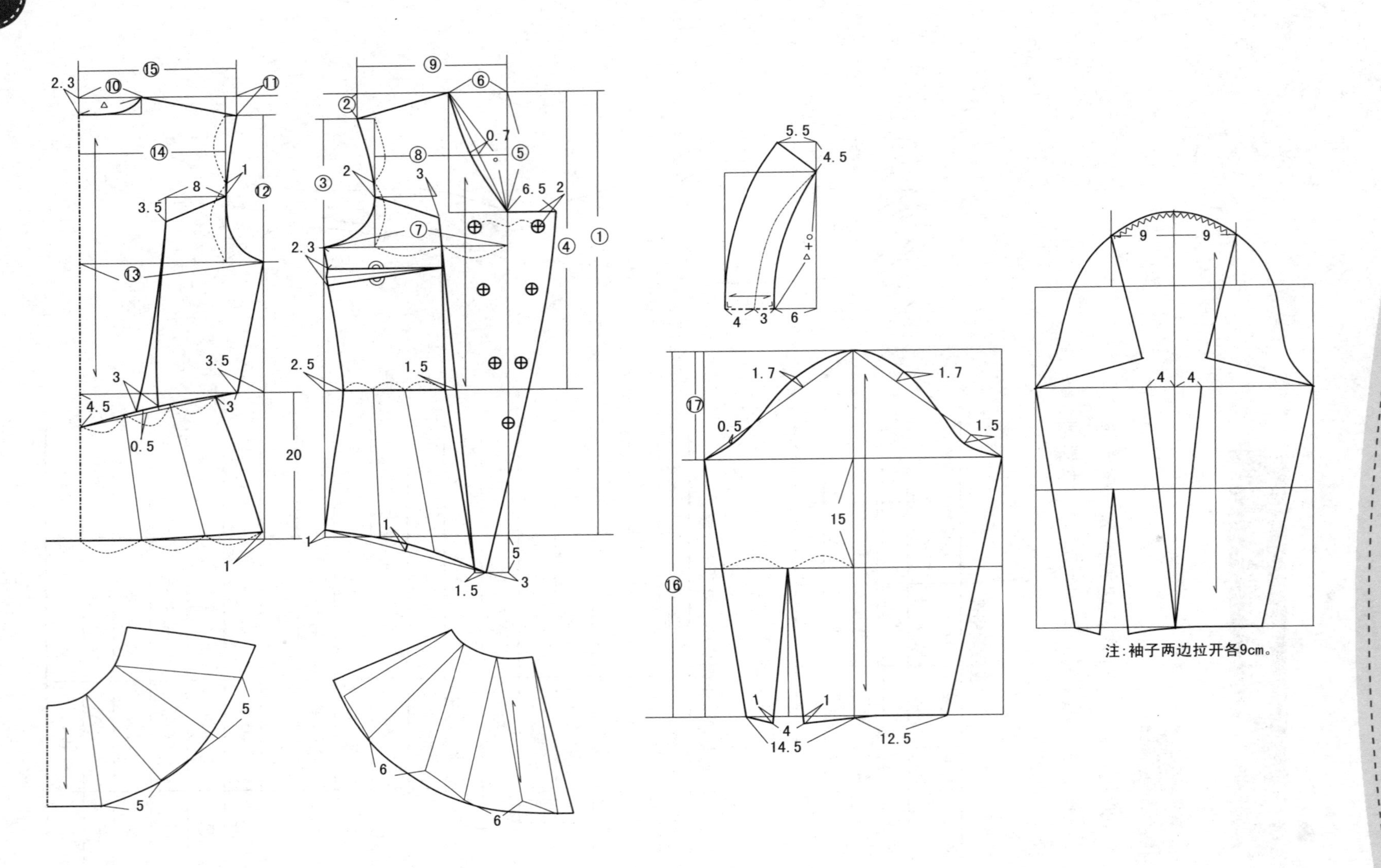

注:袖子两边拉开各9cm。

六十二、连帽罩衫

款式分析

风帽，前领口半开襟，插肩袖袖口装松紧带，下摆装松紧带。

成品规格表

尺寸 \ 部位	衣长 L	胸围 B	摆围 BT	领围 N
160/84A(号型)	65	126	120	51
尺寸 \ 部位	袖长 SL	袖口 CW	帽宽	帽长
160/84A(号型)	70.5	15.5	23.5	34.5

主要部位比例分配公式及尺寸表

序号	部位	细部公式	尺寸
①	前衣长	L	65
②	落肩	定寸	4
③	前袖窿深	$\frac{B}{6}+9$	30
④	前领宽	$\frac{N}{5}$	10.2
⑤	前领深	$\frac{N}{5}+0.5$	10.7
⑥	前胸围	$\frac{B}{4}$	31.5
⑦	前胸宽	侧缝向中心6cm	25.5
⑧	前下摆	$\frac{BT}{4}$	30
⑨	后衣长	$L+1$	66
⑩	后袖窿深	$\frac{B}{6}+10$	31
⑪	袖长	袖长尺寸−5	65.5
⑫	袖口	袖口尺寸	15.5
⑬	后领深	定寸	2.5
⑭	后小肩	前小肩+0.5	量取
⑮	后胸围	$\frac{B}{4}$	31.5
⑯	后下摆	$\frac{BT}{4}$	30

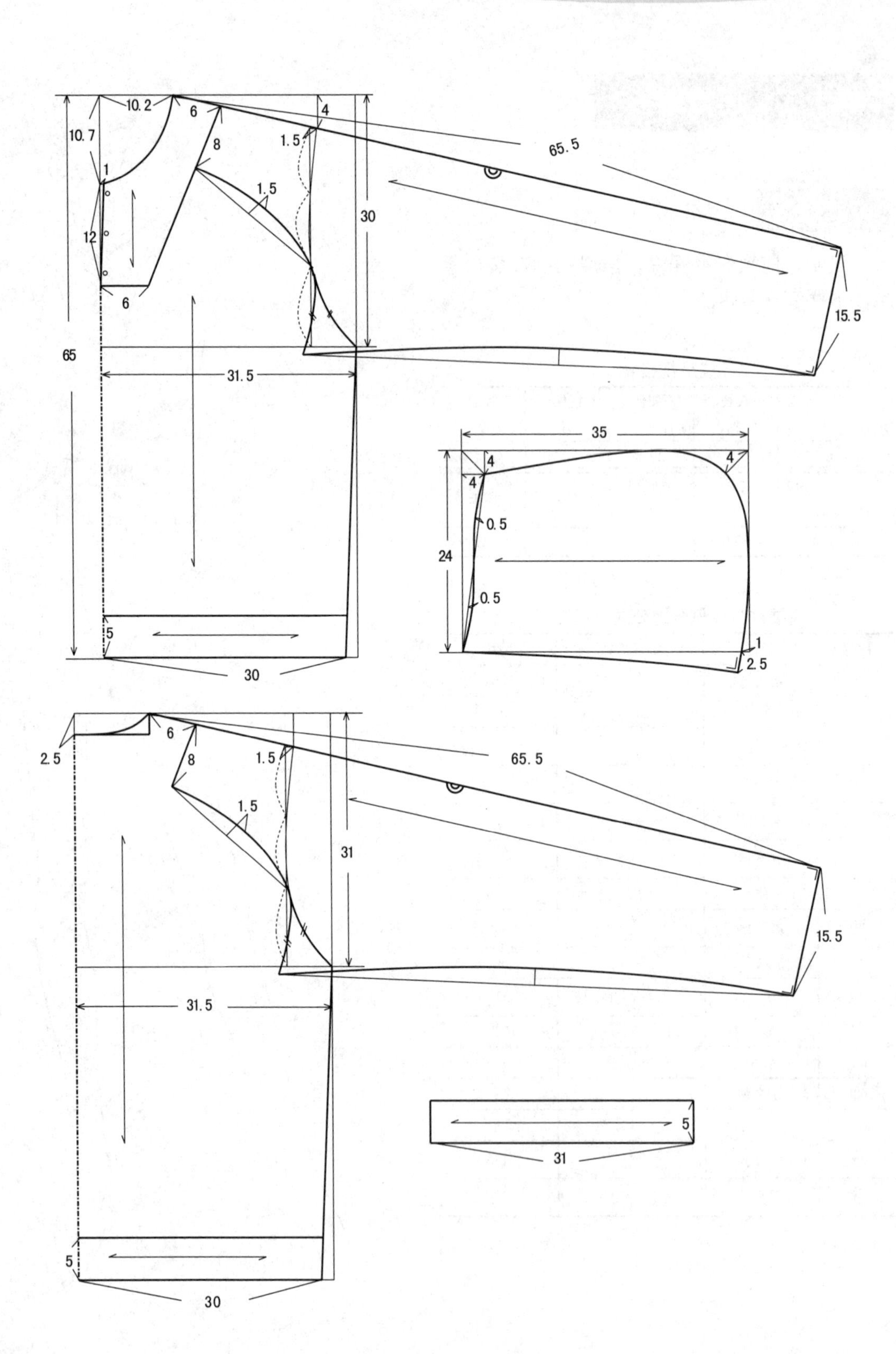
10.2
6
4
10.7
1.5
8
65.5
1
1.5
30
12
15.5
6
65
31.5
35
4
4
4
0.5
24
0.5
1
5
2.5
30
6
2.5
1.5
8
65.5
1.5
31
15.5
31.5
5
31
5
30

① 服装制图基础知识
② 裤装结构制图
③ 裙装结构制图
④ 衬衫结构制图
⑤ 茄克衫结构制图
⑥ 中式服装结构制图
⑦ 西服结构制图
⑧ 大衣结构制图
⑨ 童装结构制图

六十三、牛角尖茄克衫

款式分析

此款是插肩式棉茄克，前片左右各有一块三角形牛角尖，各用两层与大身相同面料，腰节用一根内贴条装松紧，前片腰节下左右各装一只带盖的风琴袋，右前片有双层门襟，后背也有牛角肩，袖口和领口可配装饰袢。款式宽松、休闲、防寒性能好，美观大方。

成品规格表

部位 尺寸	衣长 *L*	胸围 *B*	腰节 WL	袖口 CW
170/92A（号型）	86	137	46.5	34
部位 尺寸	袖长 SL	下摆 BT	领大 *N*	
170/92A（号型）	86	137	52	

主要部位比例分配公式及尺寸表

序号	部位	细部公式	尺寸
①	衣长	L	86
②	胸围	$\frac{B}{4}$	34.25
③	肩高	定寸	5
④	袖长	从侧颈点处开始量袖长，去除4cm克夫宽	82
⑤	袖口	$\frac{袖口}{2}$	17
⑥	领大	$\frac{N}{2}$	26
⑦	后领高	定寸	8.3

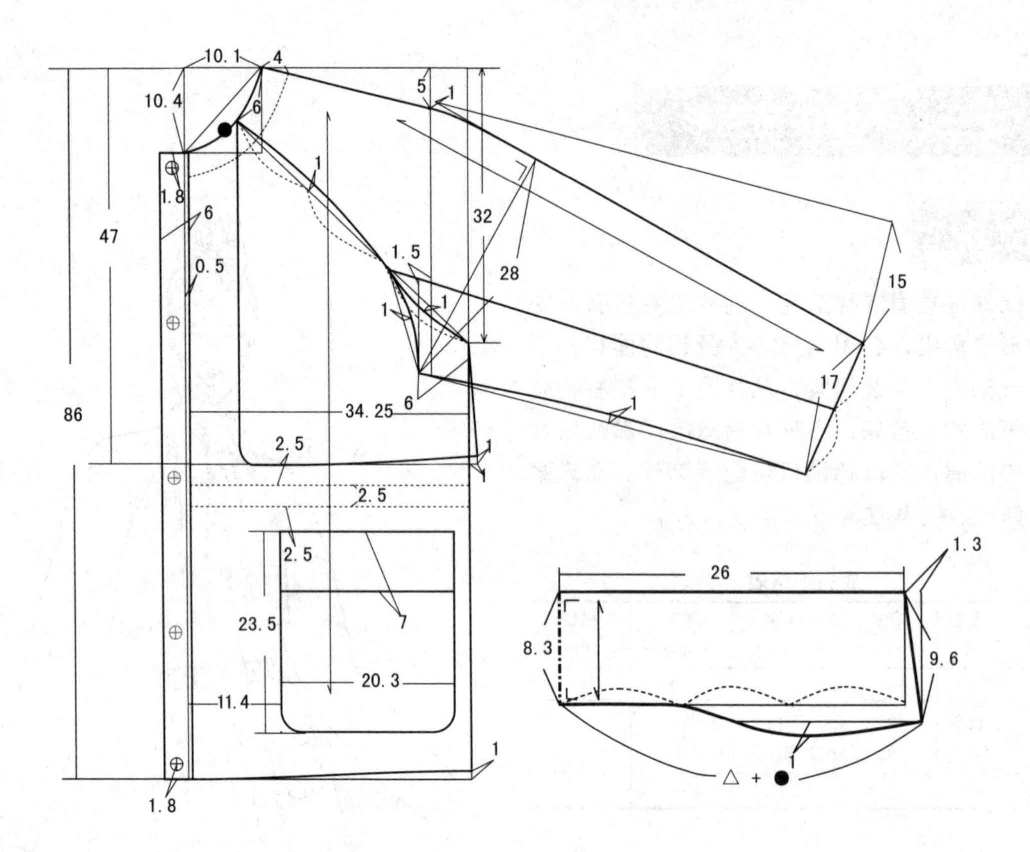
10.1
4
10.4
6
5
1
1.8
6
0.5
47
86
32
28
1.5
1
1
15
17
6
34.25
1
2.5
2.5
2.5
23.5
7
20.3
11.4
1.8
26
1.3
8.3
9.6
1
△ + ●

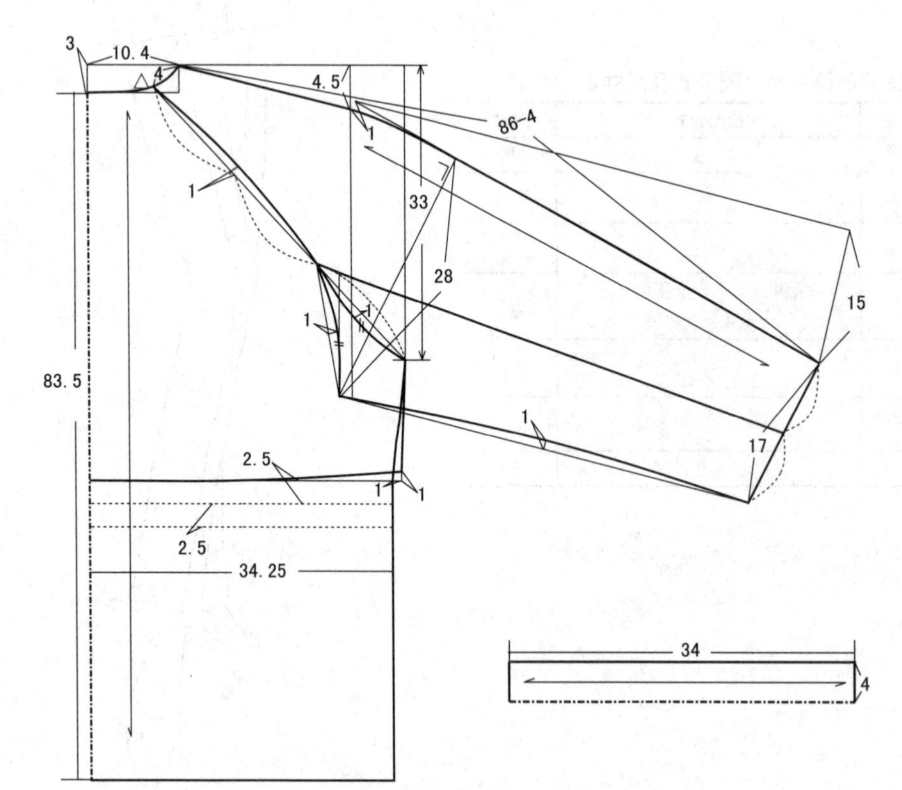
3
10.4
4
4.5
1
86-4
1
33
28
83.5
1
1
15
1
17
2.5
1
1
2.5
34.25
34
4

六十四、偏襟茄克衫

款式分析

立领，长袖，偏襟拉链茄克衫，通过为数不多的直线分割，线条流畅大方。

成品规格表

部位 尺寸	衣长 *L*	胸围 *B*	小肩 *S*	袖长 SL	袖口 CW	腰节 WL
160/84A（号型）	48	98	12	60.5	28	37

主要部位比例分配公式及尺寸表

序号	部位	细部公式	尺寸
①	衣长	L	48
②	胸围	$\frac{B}{4}$	24.5
③	小肩	小肩尺寸	12
④	袖窿深	定寸	20.7

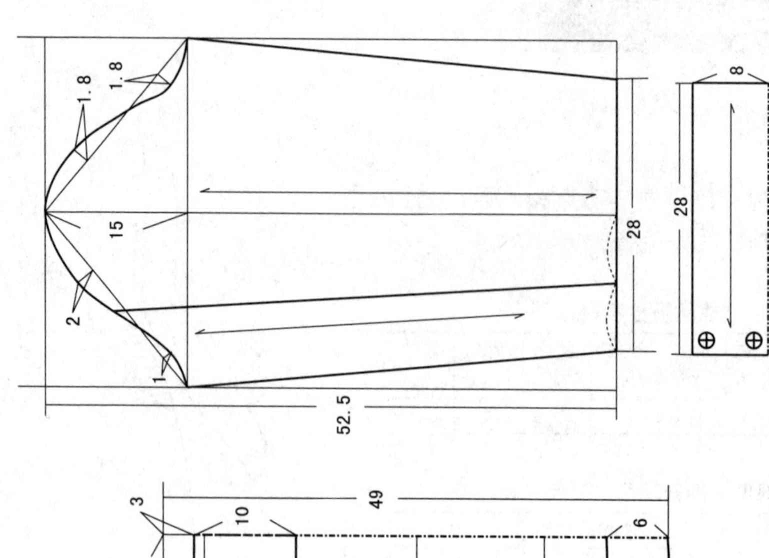
1.8
1.8
15
28
2
1
52.5
8
28

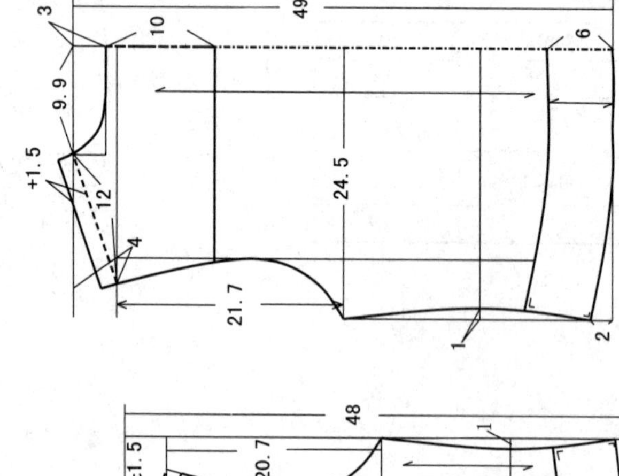
49
3
10
6
9.9
+1.5
12
24.5
4
21.7
1
2

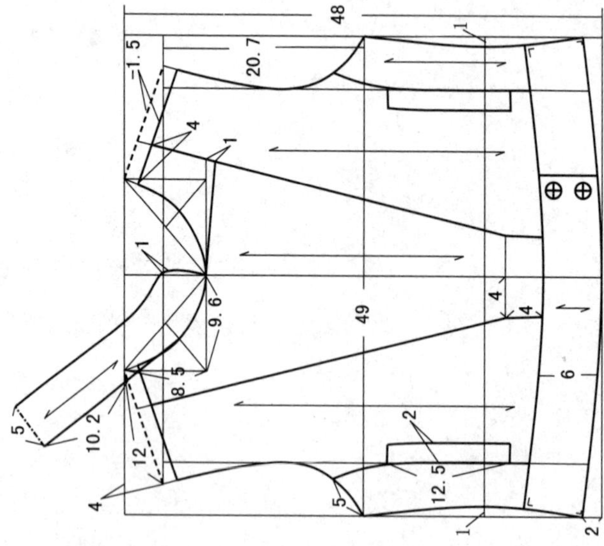
48
1
-1.5
20.7
4
1
1
49
4
4
9.6
8.5
6
5
10.2
2
12
12.5
4
5
1
2

六十五、多开片茄克衫

款式分析

此款是多开片茄克衫，采取直线、横线、斜线开片，款式新颖，穿着宽松大方。

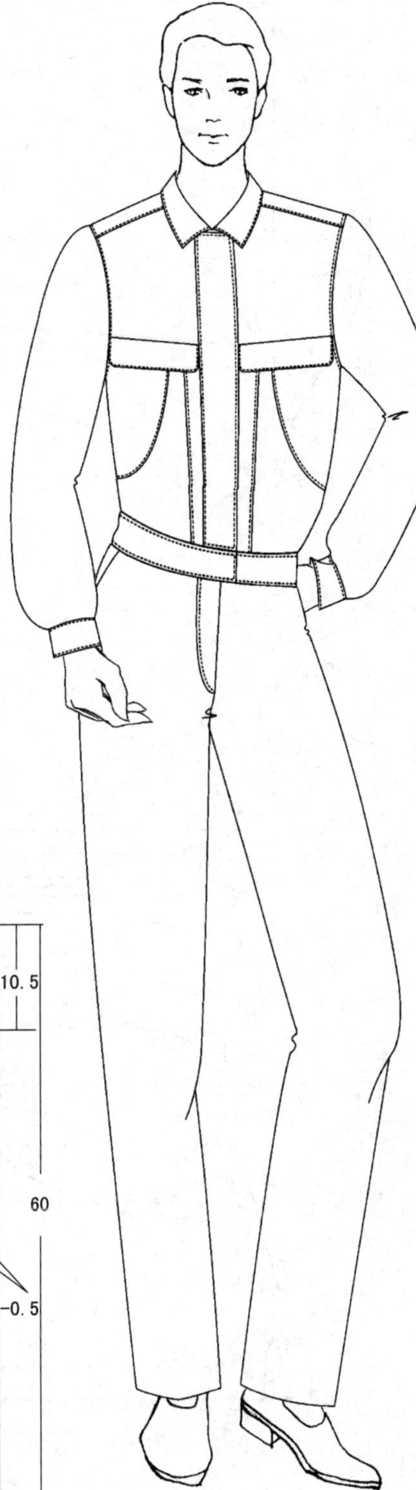

成品规格表

部位 尺寸	衣长 *L*	胸围 *B*	肩宽 *S*	袖长 SL
M（号型）	65	58	49	57
L（号型）	67	61	51	58
2L（号型）	69	64	53	59
3L（号型）	71	67	54	60

部位 尺寸	袖窿深 AD	袖口 CW	下摆 BT	
M（号型）	25	20	42.5	
L（号型）	26	22	44	
2L（号型）	27	24	45.5	
3L（号型）	28	26	47	

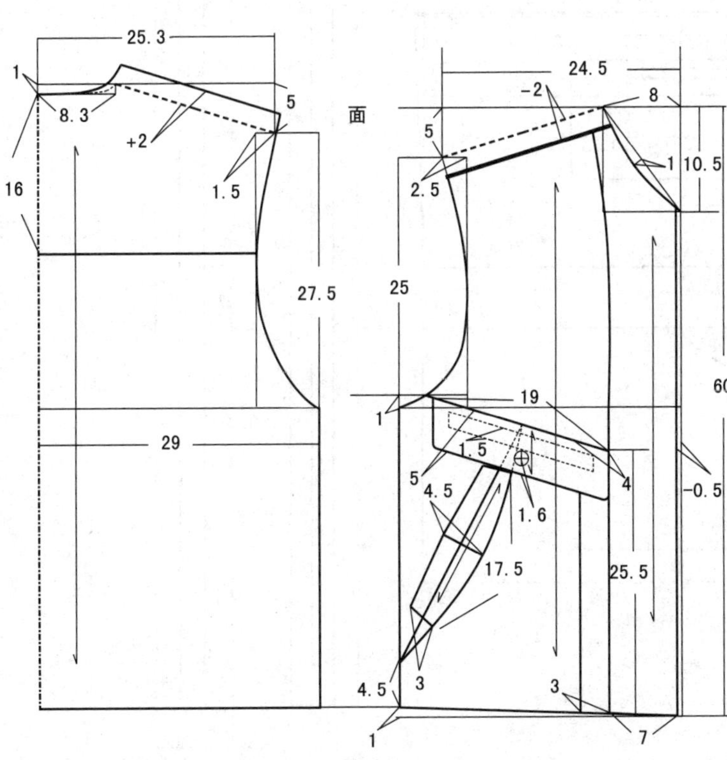

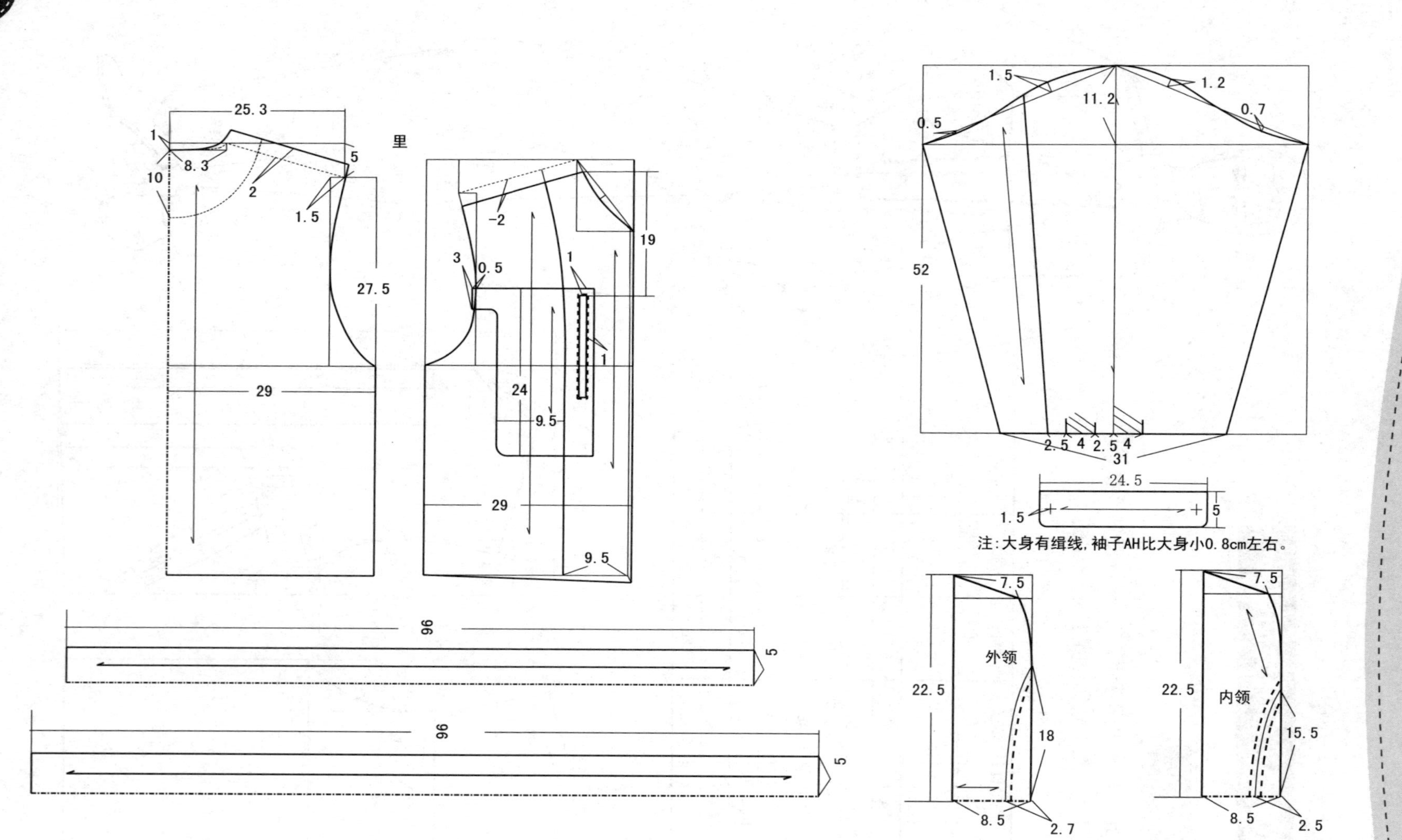

注：大身有缉线，袖子AH比大身小0.8cm左右。

六十六、男士蟹钳领两季衫

款式分析

单排三粒扣，尖角驳领，左右四个袋盖贴袋，开腋下省，微卡腰，着装轻便大方。

成品规格表

部位 尺寸	衣长 L	胸围 B	肩宽 S	袖长 SL	领大 N
170/88A（号型）	72	108	44	60	40

主要部位比例分配公式及尺寸表

序号	部位	细部公式	尺寸
①	衣长	L	74
②	前肩高	$\frac{B}{20}-0.7$	4.7
③	袖窿深	$\frac{B}{10}+8.5$	19.3
④	腰节	$\frac{号}{4}$	42.5
⑤	前领口深	$\frac{2}{10}N+1$	9
⑥	前领口宽	$\frac{2}{10}N$	8
⑦	前胸围	$\frac{B}{2}-$背宽$+3$	37.3
⑧	前胸宽	$\frac{1.5}{10}B+3.5$	19.7
⑨	前肩宽	$\frac{S}{2}-0.5$	21.5
⑩	后领口深	定寸	2.5
⑪	后领口宽	$\frac{2}{10}N$	8
⑫	后肩高	$\frac{B}{20}-0.7$	4.7
⑬	后背宽	$\frac{1.5}{10}B+3.5$	19.7
⑭	后肩宽	$\frac{S}{2}+0.5$	22.5
⑮	袖长	SL	60
⑯	袖深	$\frac{B}{10}+5.5$	16.3
⑰	袖肘线	$\frac{袖长}{2}+4$	34
⑱	袖根肥	$\frac{1.5}{10}B+5$	21.2
⑲	袖口	$\frac{1.5}{10}B-1.2$	15

注：检验袖山弧线与袖窿弧线的吻合关系。

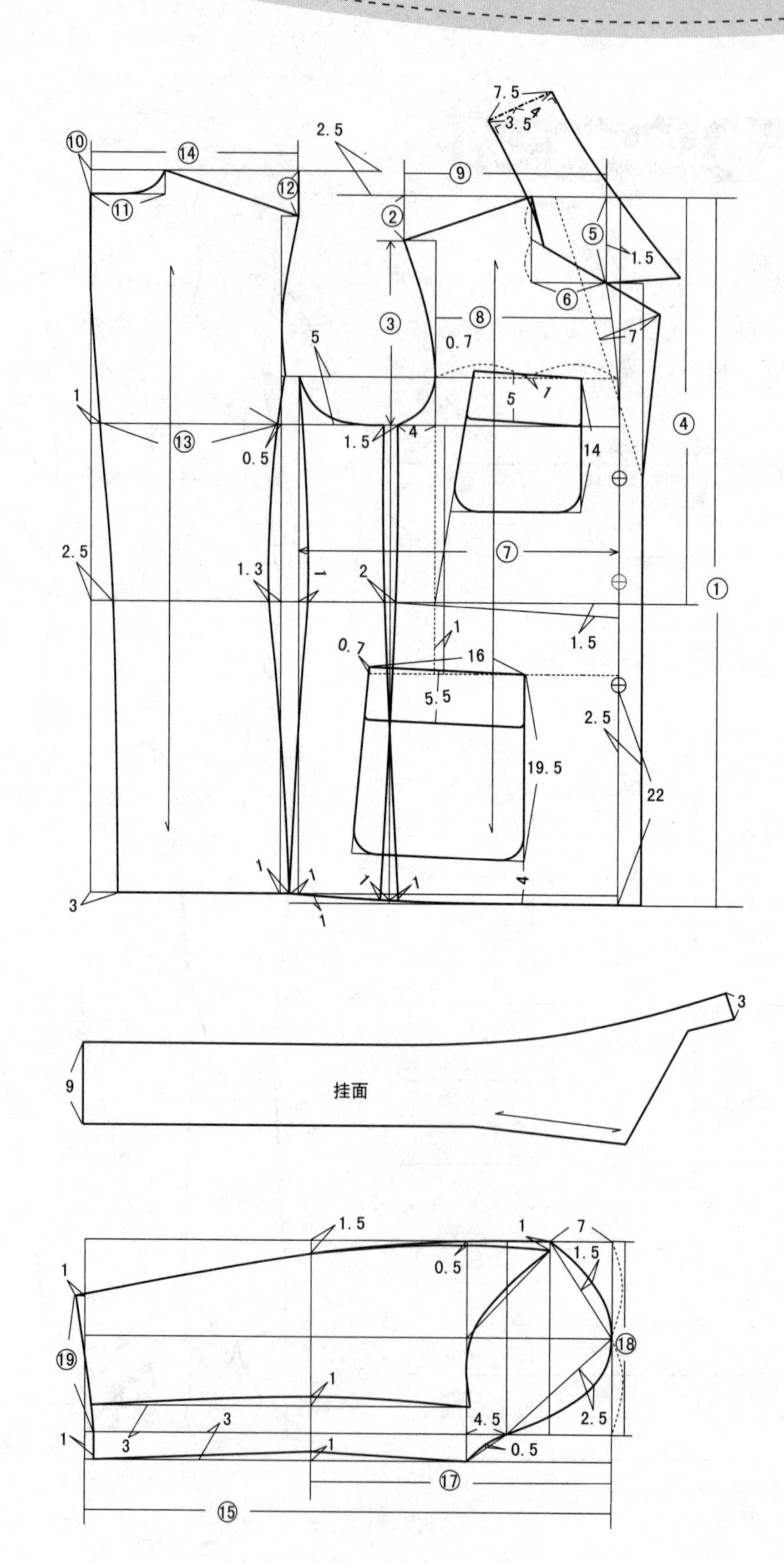
挂面

第六章

中式服装结构制图 6

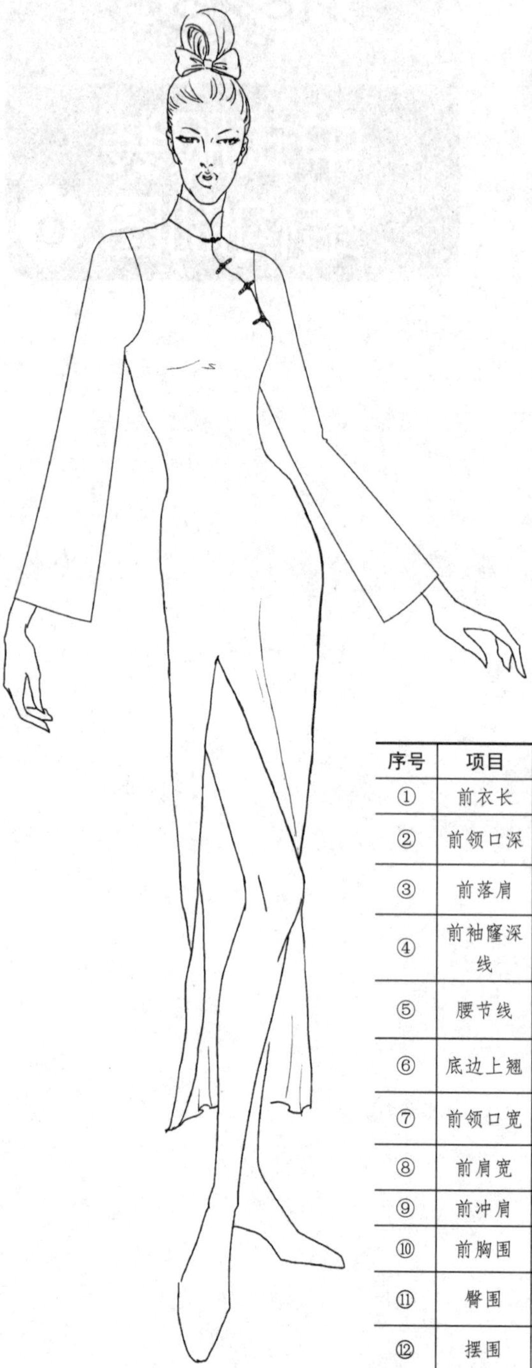

六十七、斜襟长袖旗袍

款式分析

斜襟、长袖、立领、收腰省，腰节向下20cm开叉，能够体现女性姣好身材。

成品规格表

尺寸＼部位	衣长 L	胸围 B	肩宽 S	领围 N
160/84A(号型)	150	96	42	38
尺寸＼部位	**腰围 W**	**臀围 H**	**袖长 SL**	**袖口 CW**
160/84A(号型)	76	100	60	28

主要部位比例分配公式及尺寸表

序号	项目	细部公式	尺寸	序号	项目	细部公式	尺寸
①	前衣长	L	150	⑭	后领口深	定寸	2.3
②	前领口深	$\frac{N}{5}+0.5$	8.1	⑮	后落肩	$\frac{S}{10}+0.3$	4.5
③	前落肩	$\frac{S}{10}+0.8$	5	⑯	后袖窿深	$\frac{B}{5}+5.7$	24.9
④	前袖窿深线	$\frac{B}{5}+5$	24.2	⑰	后领口宽	$\frac{N}{5}+0.3$	7.6
⑤	腰节线	$\frac{\text{号}}{4}$	40	⑱	后肩宽	$\frac{S}{2}$	21
⑥	底边上翘	定寸	0.5	⑲	后冲肩	定寸	2
⑦	前领口宽	$\frac{N}{5}$	7.6	⑳	后胸围	$\frac{B}{4}$	24
⑧	前肩宽	$\frac{S}{2}-0.7$	20.3	㉑	袖长	SL	60
⑨	前冲肩	定寸	2.5	㉒	袖山高	定寸	14
⑩	前胸围	$\frac{B}{4}$	24	㉓	前袖口	$\frac{CW}{2}-1$	13
⑪	臀围	$\frac{H}{4}$	25	㉔	后袖口	$\frac{CW}{2}+1$	15
⑫	摆围	$\frac{B}{4}-5$	19	㉕	领高	定寸	4.5
⑬	后衣长	$L+0.7$	150.7	㉖	领上翘	定寸	2.5

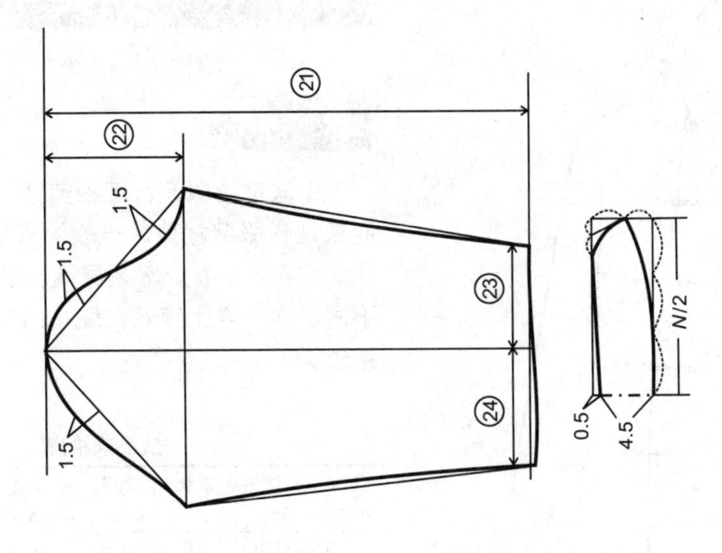

㉑
㉒
1.5
1.5
1.5
㉓
㉔
N/2
0.5
4.5

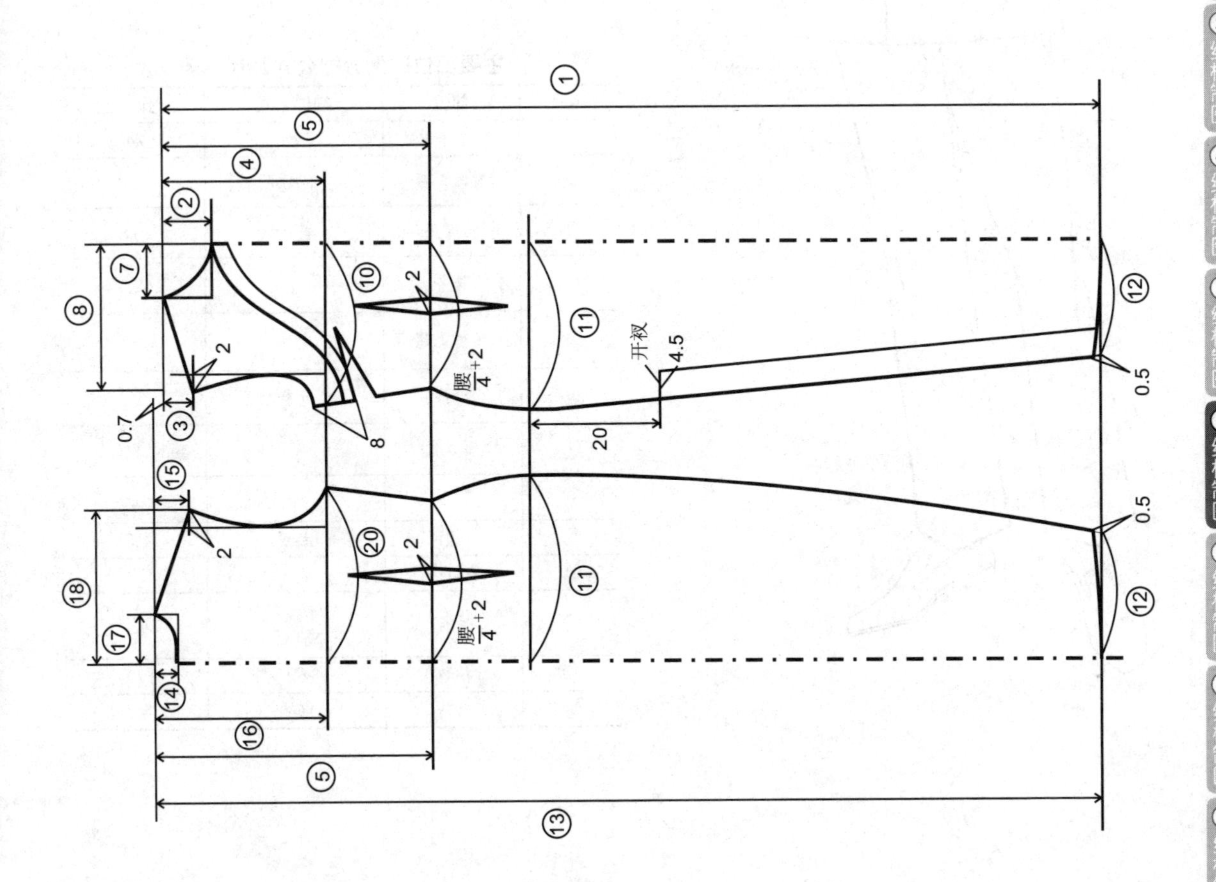

①
⑤
④
②
⑦
⑧
③
0.7
2
⑩
2
⑪
腰/4+2
8
开衩
4.5
20
⑫
0.5
⑬
⑤
⑯
⑭
⑰
⑱
⑮
2
⑳
2
⑪
腰/4+2
0.5
⑫

六十八、中式平袖对襟上衣

款式分析

中式传统服装，连袖前开门。领宽领深不能按现代服装裁剪，一般领宽取$N/6$左右，前领深取$N/4$左右。着装灵活，活动自如，适合不同层次的男士穿着，坯布门幅窄时，可拼接袖子。

成品规格表

尺寸＼部位	衣长 L	胸围 B	领围 N	袖长 SL	袖口 CW
170/90A（号型）	74	114	42	82	17.5

主要部位比例分配公式及尺寸表

序号	部位	细部公式	尺寸
①	衣长	L	74
②	前领口深	$\frac{N}{4}-0.7$	9.8
③	袖窿深	$\frac{B}{5}+3$	25.8
④	腰节	$\frac{号}{4}$	42.5
⑤	底边上翘	定寸	3
⑥	叠门线	下摆处叠门宽	2
⑦	领口宽	$\frac{N}{6}$	7
⑧	胸围	$\frac{B}{4}$	28.5
⑨	后领深	定寸	1.2
⑩	袋口大	定寸	15
⑪	袖长	SL（后领中心点至袖口）	82
⑫	袖口	CW	17.5
⑬	领高	定寸	4.7

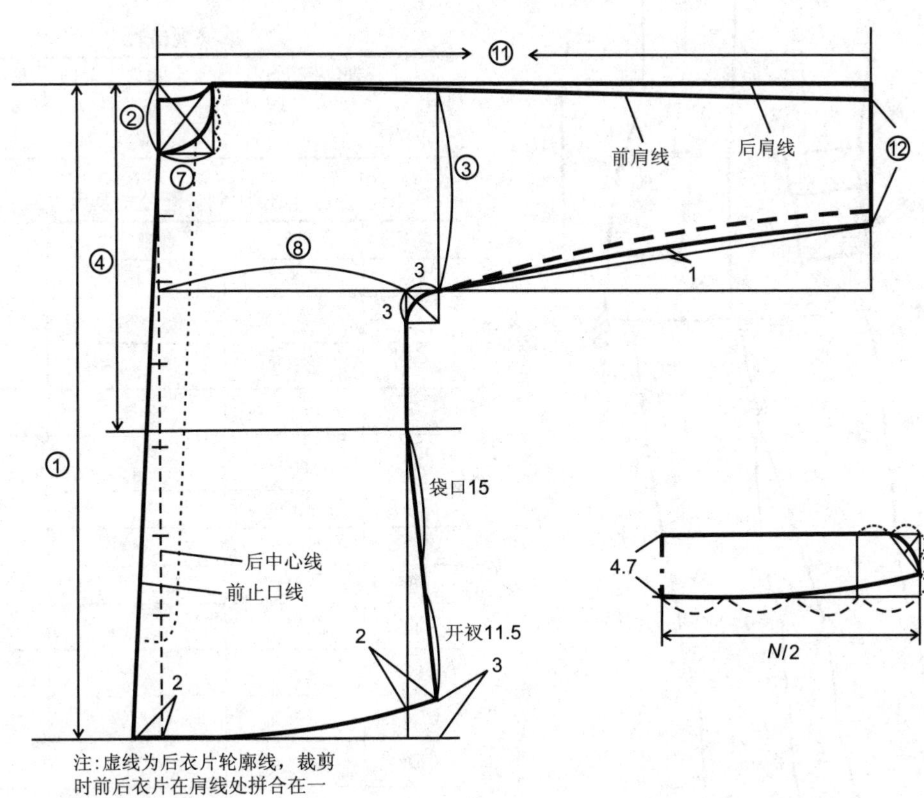

注:虚线为后衣片轮廓线，裁剪时前后衣片在肩线处拼合在一起，肩缝处不剖开。

六十九、中山装

款式分析

传统中山装一般配有2个带盖贴袋，前开口五粒扣，翻领二片圆袖，收腰，袖口开衩。领子门襟止口、口袋均缉明线。

成品规格表

部位 尺寸	衣长 L	胸围 B	肩宽 S	领围 N	袖长 SL	袖口 CW
170/92A（号型）	74	114	47	42	59.5	15.9

主要部位比例分配公式及尺寸表

序号	项目	细部公式	尺寸
①	前衣长	L	74
②	前领口深	$\frac{N}{5}+0.3$	8.7
③	前落肩	$\frac{S}{10}+0.5$	5.2
④	前袖窿深线	$\frac{B}{5}+3.5$	26.3
⑤	前腰节线	$\frac{号}{4}$	42.5
⑥	底边上翘线	定寸	2.5
⑦	撇门线	定寸	1.5
⑧	叠门线	定寸	2
⑨	前领宽	$\frac{N}{5}-0.3$	8.1
⑩	前胸宽	$\frac{1.5}{10}B+4$	21.1
⑪	前肩宽	$\frac{S}{2}-0.7$	22.8
⑫	前胸围	$\frac{B}{2}$－背宽+1	36.4
⑬	后衣长	$L+1$	75
⑭	后领口深	定寸	2.5
⑮	后落肩	$\frac{S}{10}+0.5$	5.2
⑯	后袖窿深	$\frac{B}{5}+6.5$	29.3
⑰	后领宽	$\frac{N}{5}$	8.4
⑱	背宽线	$\frac{1.5}{10}B+4.5$	21.6
⑲	后肩宽线	$\frac{S}{2}$	23.5
⑳	袖长	SL	59.5
㉑	袖山高	$\frac{B}{10}+5$	16.4
㉒	袖口	$\frac{B}{10}+4.5$	15.9

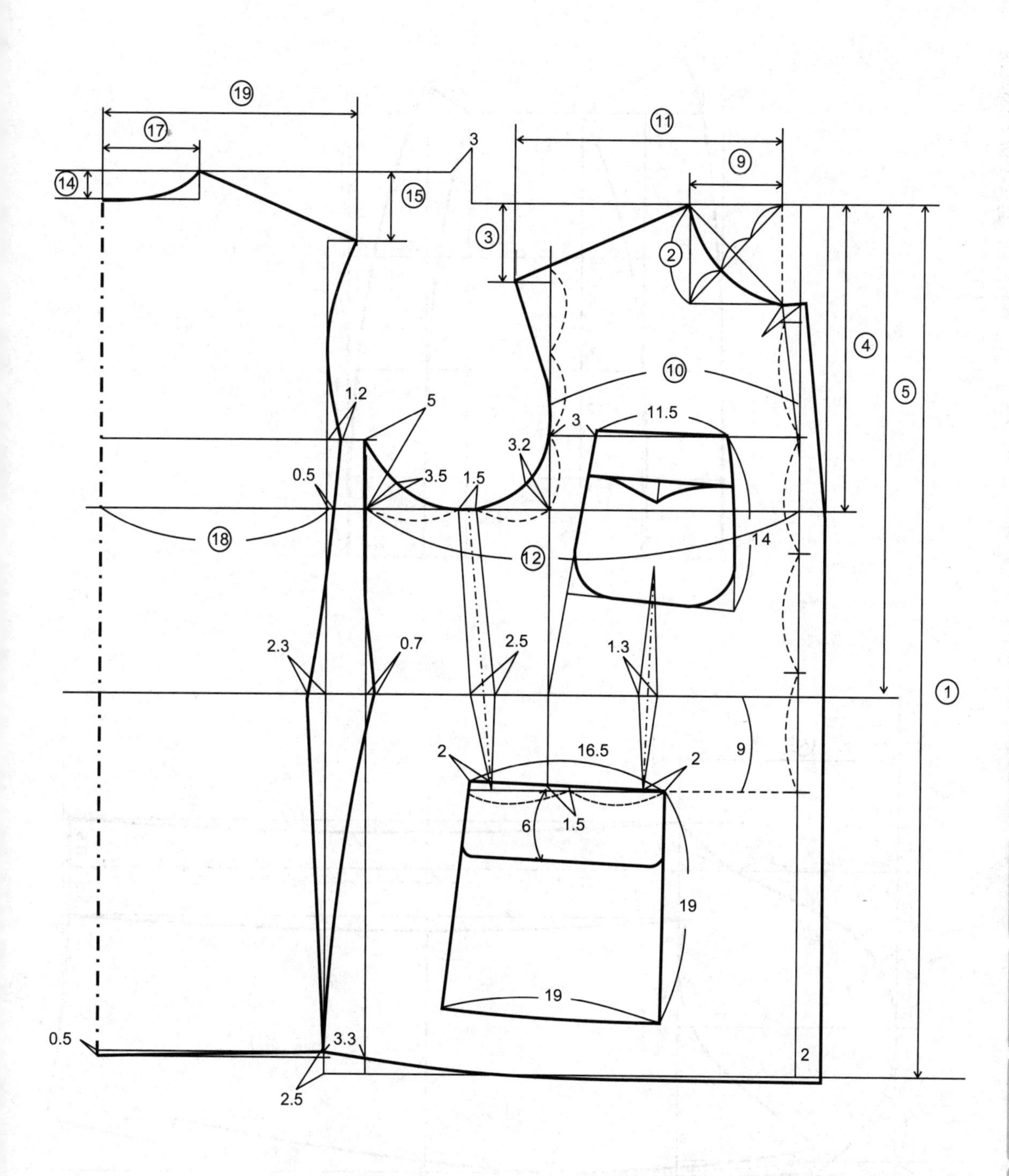

①基础知识 服装制图
②结构制图 裤装
③结构制图 裙装
④结构制图 衬衫
⑤结构制图 茄克衫
⑥结构制图 中式服装
⑦结构制图 西服
⑧结构制图 大衣
⑨结构制图 童装

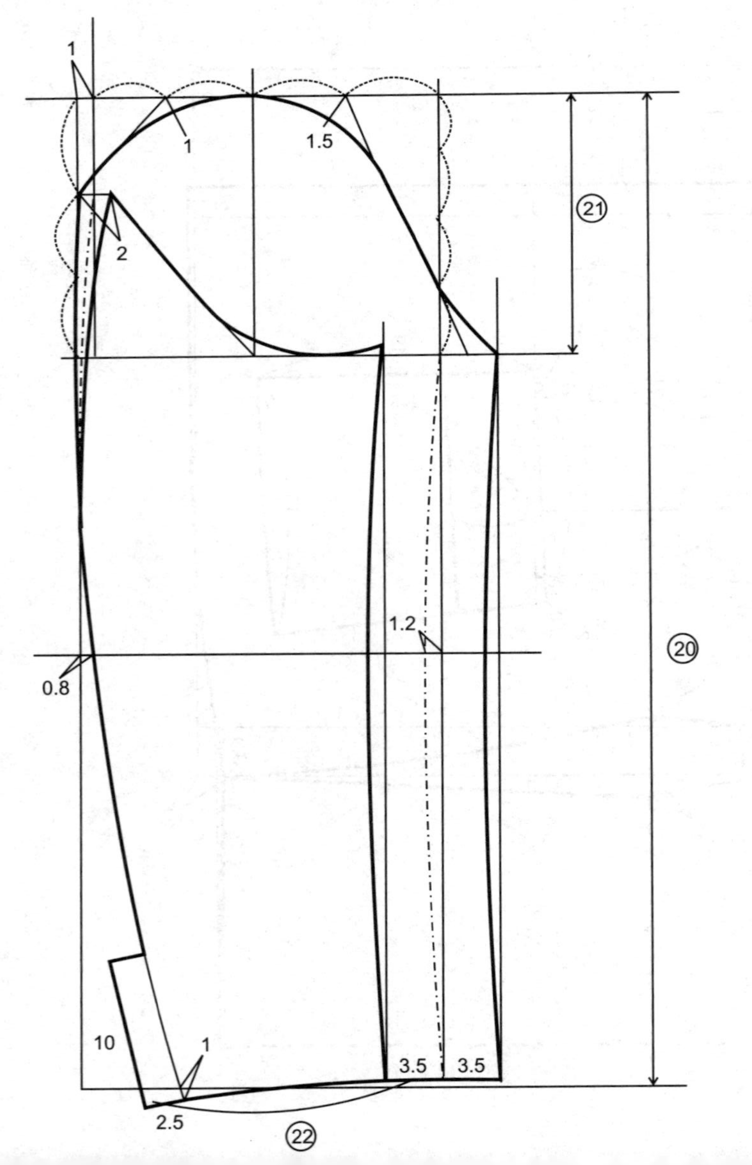
1
1
1.5
2
㉑
⑳
1.2
0.8
10
1
3.5
3.5
2.5
㉒

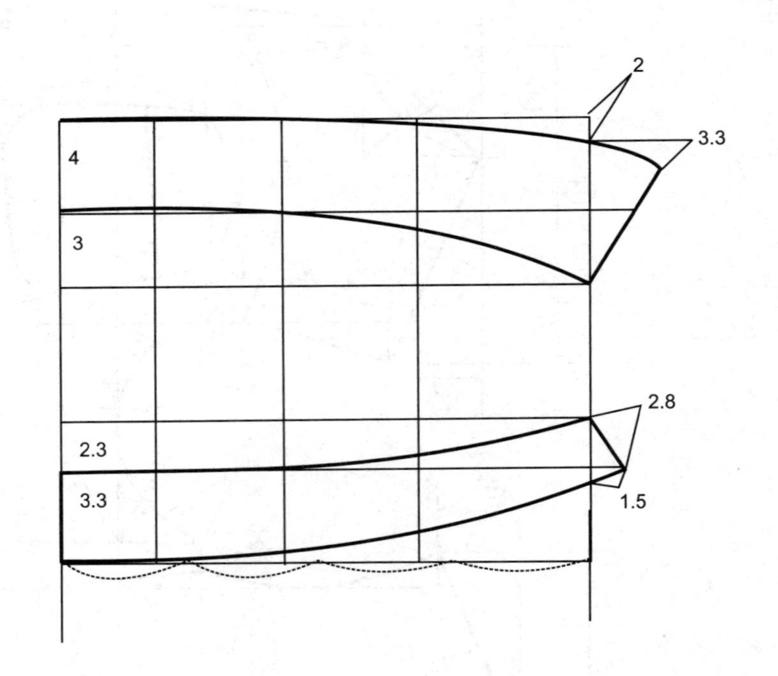
2
3.3
4
3
2.8
2.3
3.3
1.5

第七章

西服结构制图 7

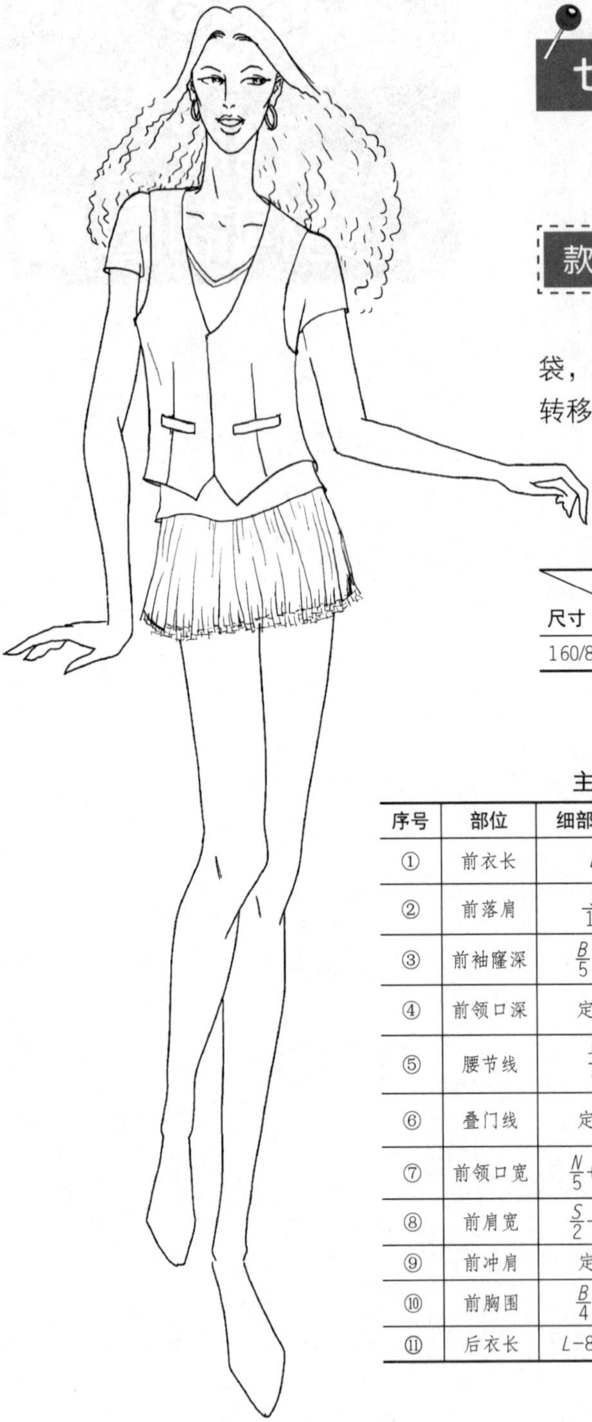

七十、女背心

款式分析

V字领，合腰五粒扣，前衣身各开一嵌线袋，后背中心开缝，前后身有腰省，前身胸省转移到腰身中。

成品规格表

部位 尺寸	衣长 L	胸围 B	肩宽 S	领围
160/84A（号型）	60	90	34	38

主要部位比例分配公式及尺寸表

序号	部位	细部公式	尺寸	序号	部位	细部公式	尺寸
①	前衣长	L	60	⑫	后落肩	$\frac{S}{10}-0.5$	2.9
②	前落肩	$\frac{S}{10}$	3.4	⑬	后领口深	定寸	2
③	前袖窿深	$\frac{B}{5}+8$	26	⑭	后袖窿深	同前持平	26
④	前领口深	定寸	28	⑮	后领口宽	$\frac{N}{5}+0.8$	8.4
⑤	腰节线	$\frac{号}{4}$	40	⑯	后肩宽	$\frac{S}{2}$	17
⑥	叠门线	定寸	1.8	⑰	后冲肩	定寸	2
⑦	前领口宽	$\frac{N}{5}+0.5$	8.1	⑱	后胸围	$\frac{B}{4}+4$	23.5
⑧	前肩宽	$\frac{S}{2}-0.5$	16.2	⑲	袋口大	定寸	11
⑨	前冲肩	定寸	2	⑳	袋口宽	定寸	2
⑩	前胸围	$\frac{B}{4}-1$	21.5	㉑	前侧缝省	定寸	2
⑪	后衣长	$L-8+0.7$	52.7				

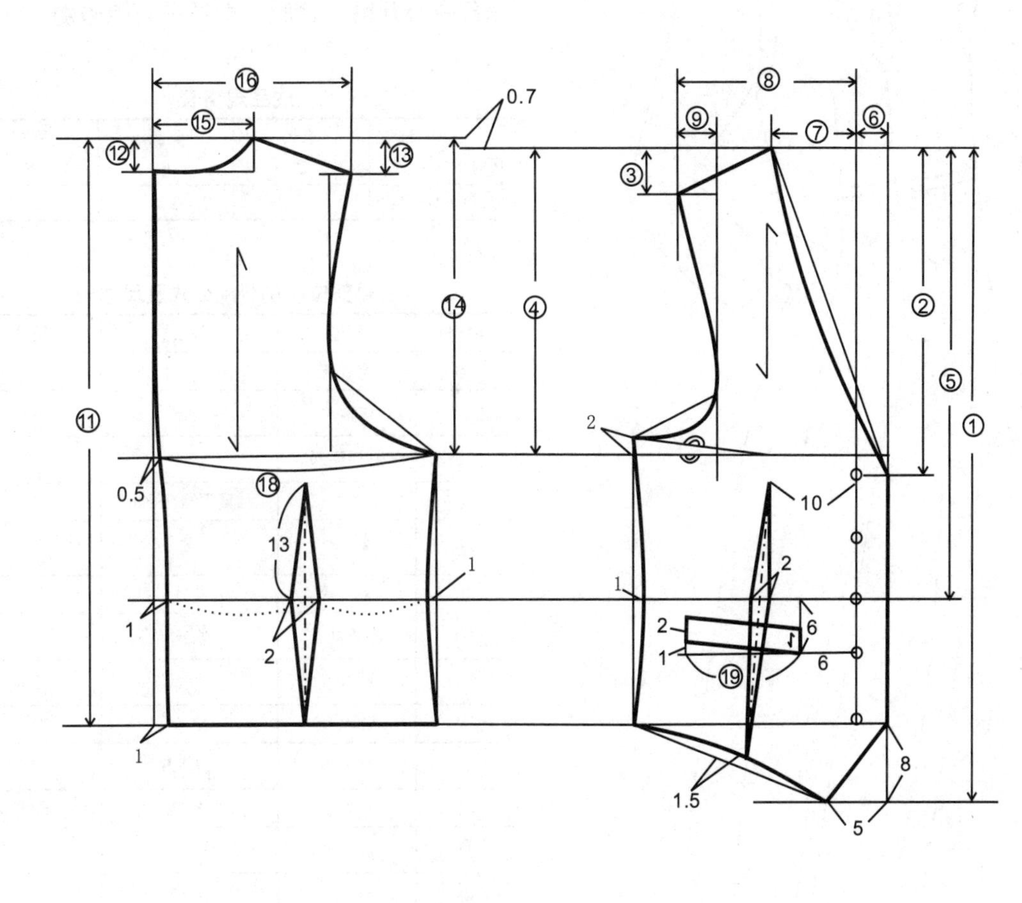

①基础知识 服装制图
②结构制图 裤装
③结构制图 裙装
④结构制图 衬衫
⑤结构制图 茄克衫
⑥结构制图 中式服装
⑦结构制图 西服
⑧结构制图 大衣
⑨结构制图 童装

七十一、男背心

款式分析

V字领，五粒扣，前衣身各开一嵌线袋，后背中心开缝，合腰，前后身有腰省。

成品规格表

部位 / 尺寸	衣长 L	胸围 B	肩宽 S
170/92（号型）	57	100	38

主要部位比例分配公式及尺寸表

序号	部位	细部公式	尺寸
①	前衣长	L	57
②	前落肩	$\frac{S}{10}$	3.8
③	前袖窿深	$\frac{B}{5}+8$	28
④	前领口深	袖窿深线下2cm	30
⑤	腰节线	$\frac{号}{4}$	42.5
⑥	叠门线	定寸	1.6
⑦	前领口宽	$\frac{B}{20}+3$	8
⑧	前肩宽	$\frac{S}{2}$	19
⑨	前冲肩	定寸	3
⑩	前胸围	$\frac{B}{4}-1.5$	23.5
⑪	后衣长	$L-8+3.5$	52.5
⑫	后落肩	$\frac{S}{10}+0.5$	4.3
⑬	后领口深	定寸	2
⑭	后袖窿深	同前持平	/
⑮	后领口宽	$\frac{B}{20}+3.3$	8.3
⑯	后肩宽	$\frac{S}{2}+0.5$	19.5
⑰	后冲肩	定寸	2
⑱	后胸围	$\frac{B}{4}+1.5$	26.5

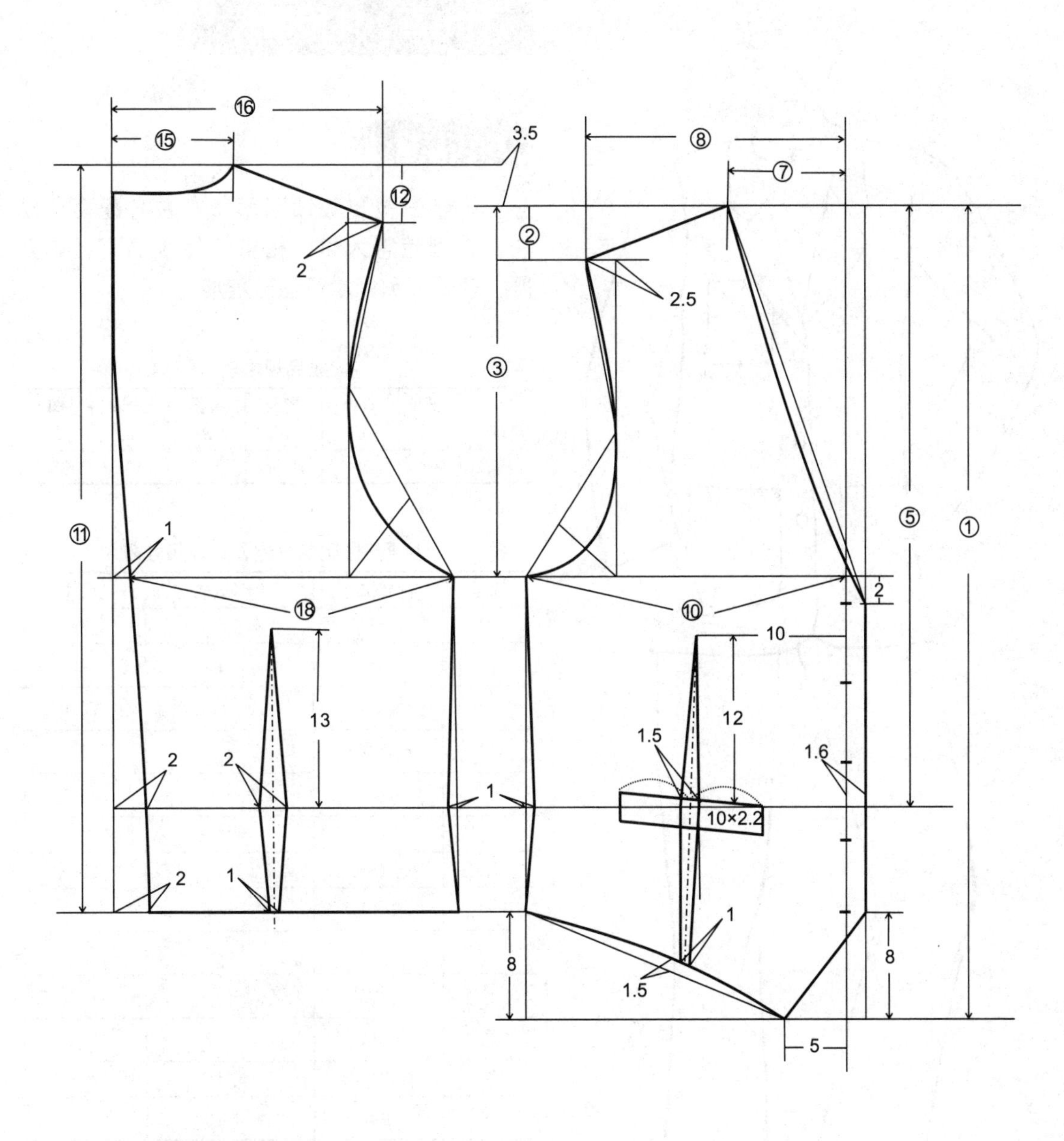
⑯
⑮
3.5
⑫
2
⑪
1
⑱
13
2
2
2
1
1
⑧
⑦
②
2.5
③
⑤
①
⑩
2
10
12
1.5
1.6
10×2.2
8
1
1.5
8
5

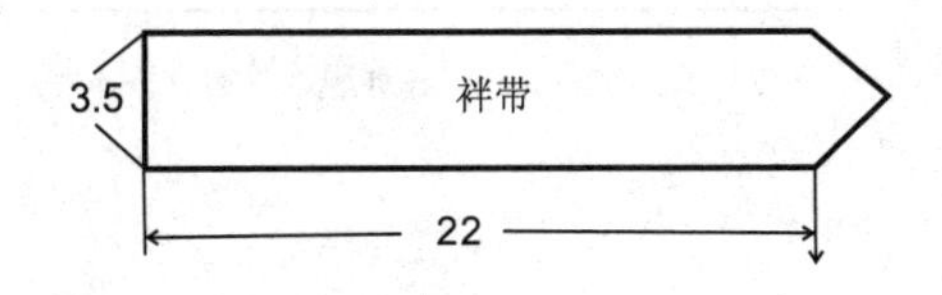
3.5
袢带
22

七十二、休闲西装

款式分析

单排三粒扣驳领西服，左右各配两个贴袋，造型随意大方，相当于传统的两粒扣西服，领子的倒伏量可适当增加。

成品规格表

部位 尺寸	衣长 L	胸围 B	肩宽 S	袖长 SL	袖口 CW
175/92A（号型）	78	114	47.5	61	15.5

主要部位比例分配公式及尺寸表

序号	部位	细部公式	尺寸
①	衣长	衣长尺寸	78
②	前肩高	$\frac{B}{20}-1.2$	4.5
③	袖窿深	$\frac{B}{10}+11$	22.4
④	腰节	$\frac{号}{4}$	43.8
⑤	前胸围	$\frac{3}{10}B+2$	36.2
⑥	撇胸	定寸	1.5
⑦	前胸宽	肩点量进4～4.5	19
⑧	前肩宽	$\frac{S}{2}-0.5$	23.2
⑨	后肩高	$\frac{B}{20}$	5.7
⑩	后胸围	$\frac{2}{10}B-2$	20.8
⑪	后肩宽	$\frac{S}{2}+0.3$	24
⑫	后领口深	定寸	2.7
⑬	袖山斜线	取$\frac{AH}{2}+0.5$	量取
⑭	袖深	$\frac{B}{10}+8$	19.4

注：检验袖山弧线与袖窿弧线的吻合关系。

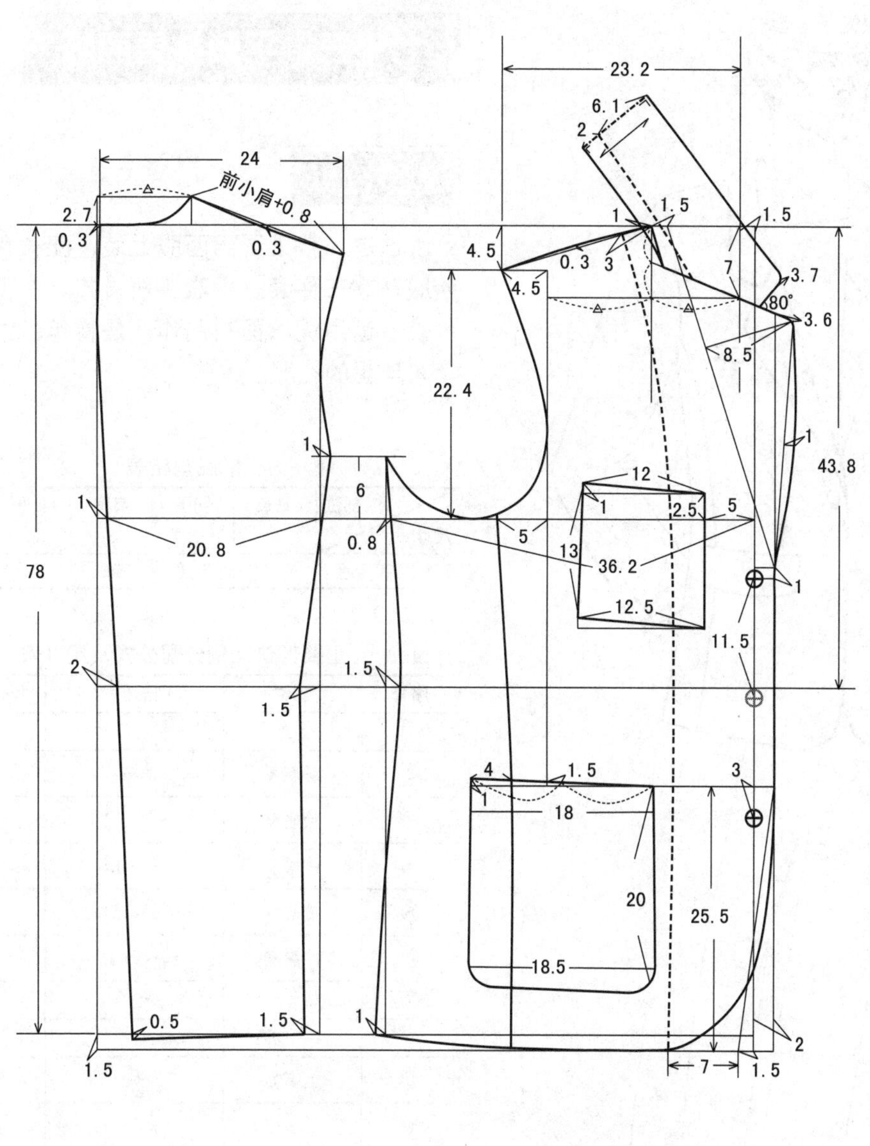
23.2
6.1
2
24
前小肩+0.8
2.7
0.3
0.3
1.5
1
1.5
4.5
0.3
3
7
3.7
4.5
80°
3.6
8.5
22.4
1
43.8
1
12
6
1
2.5
5
20.8
0.8
5
13
36.2
1
78
12.5
11.5
2
1.5
1.5
4
1.5
3
1
18
20
25.5
18.5
0.5
1.5
1
2
1.5
7
1.5

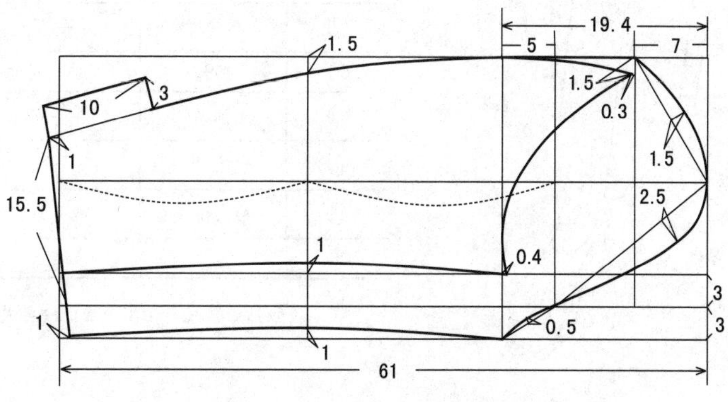
19.4
1.5
5
7
3
10
1.5
0.3
1
1.5
15.5
2.5
1
0.4
3
1
0.5
3
1
61

七十三、平驳头男西服

款式分析

这是一款正统男西服上装，配长西裤，短西服马夹三件套。平驳头两粒扣，左胸有一手巾袋。运用优质面料制作，是青年、中年、老年人理想的礼服。

成品规格表

尺寸＼部位	衣长 L	胸围 B	肩宽 S	袖长 SL	袖口 CW
170/92A（号型）	75	110	46	61	15

主要部位比例分配公式及尺寸表

序号	部位	细部公式	尺寸
①	衣长	衣长尺寸	75
②	前肩高	$\frac{B}{20}-1$	4.5
③	袖窿深	$\frac{B}{10}+11$	22
④	前腰节	$\frac{号}{4}+0.5$	43
⑤	前胸围	$\frac{3.5}{10}B-4.3+2.5$	36.7
⑥	前胸宽	$\frac{1.5}{10}B+3.7$	20.2
⑦	领口深	定寸	10
⑧	后领口深	定寸	2.3
⑨	后肩高	$\frac{B}{20}$	5.5
⑩	后胸围	$\frac{1.5}{10}B+4.3$	20.8
⑪	后肩宽	$\frac{S}{2}+0.5$	23.5
⑫	袖长	袖长尺寸	61
⑬	袖深	$\frac{B}{10}+8.5$	18.5
⑭	袖肘	$\frac{袖长}{2}+4$	34.5
⑮	袖山斜线	取$\frac{AH}{2}+0.5$	量取
⑯	袖口	定寸	15

注：检验袖山弧线与袖窿弧线的吻合关系。

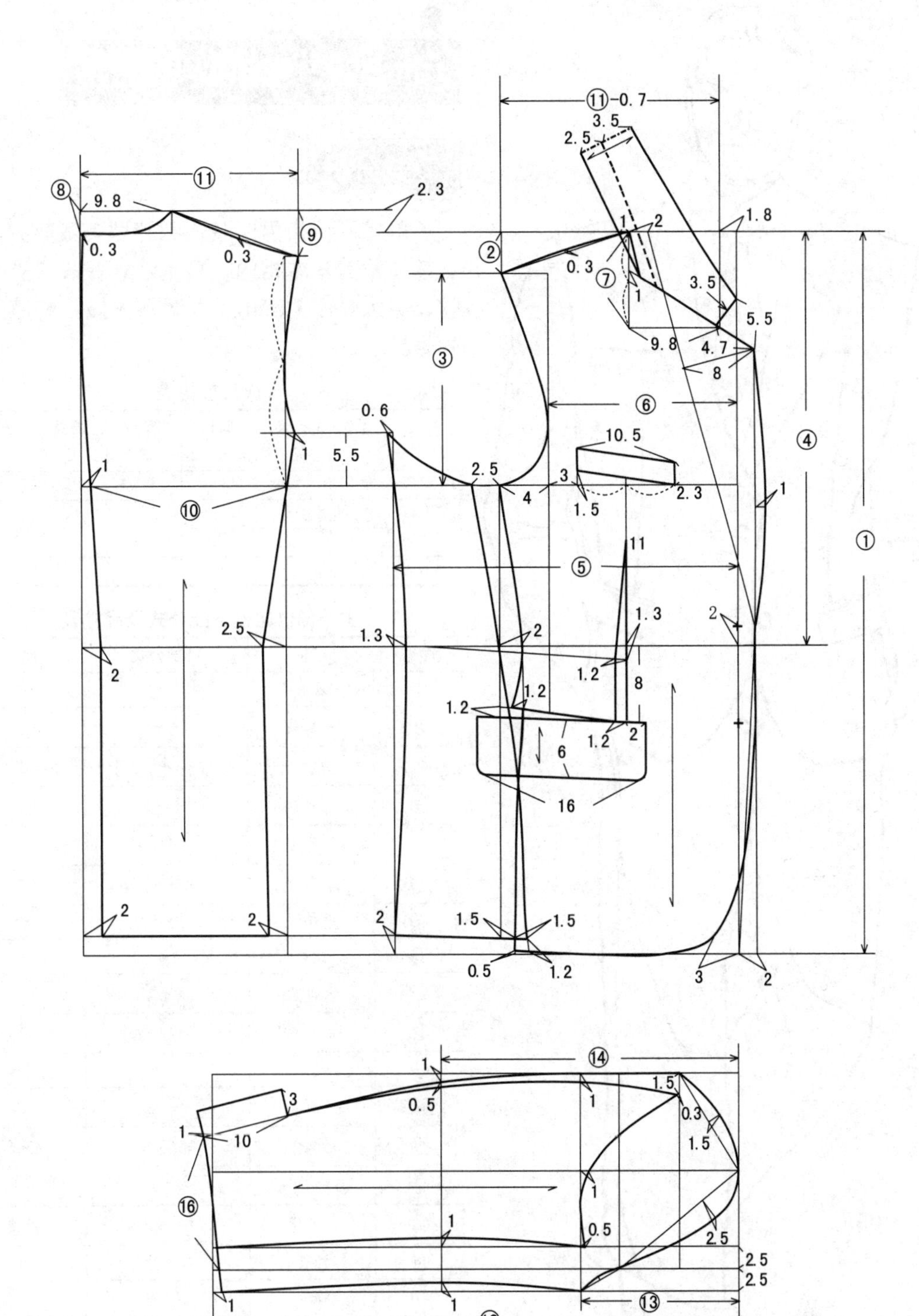

七十四、肥胖型男西服

款式分析

单排两粒扣男西装，肥胖型其裁剪方法与正常体裁剪基本相同，只是注意在袋口处开肚省，省大1～1.5cm。同时加大撇门和腋下省的省量。

成品规格表

部位 尺寸	衣长 L	袖长 SL	胸围 B	肩宽 S	袖口 CW
165/102A（号型）	73	59.5	120	48.8	15.5
170/106A（号型）	75	61	124	50	16
175/110A（号型）	77	62.5	128	51.2	16.5
差数5/4	2	1.5	4	1.2	0.5

主要部位比例分配公式及尺寸表

序号	部位	细部公式	尺寸
①	衣长	长度齐大拇指	75
②	前肩高	$\frac{S}{10}$	5
③	袖窿深	$\frac{B}{10}+11$	23.4
④	前腰节	$\frac{号}{4}+1$	43.5
⑤	前胸围	$\frac{3.5}{10}B-4+3$	42.4
⑥	前胸宽	$\frac{1.5}{10}B+3.7$	22.3
⑦	领口深	定寸	11
⑧	撇胸	定寸1～2.5	2
⑨	领口宽	$\frac{B}{20}+3.5$	9.7
⑩	前肩宽	$\frac{S}{2}$	25
⑪	后领口深	定寸	2.5
⑫	后肩高	$\frac{S}{10}+1$	6
⑬	后胸围	$\frac{1.5}{10}B+4$	22.6
⑭	后领口宽	$\frac{B}{20}+3.5$	9.7
⑮	后肩宽	$\frac{S}{2}+0.8$	25.8
⑯	袖长	按要求	61
⑰	袖深	$\frac{B}{10}+8$	20.4
⑱	袖肘	$\frac{袖长}{2}+4$	34.5
⑲	袖山斜线	取$\frac{AH}{2}+0.5$	量取
⑳	袖口	定寸	16

注：检验袖山弧线与袖窿弧线的吻合关系。

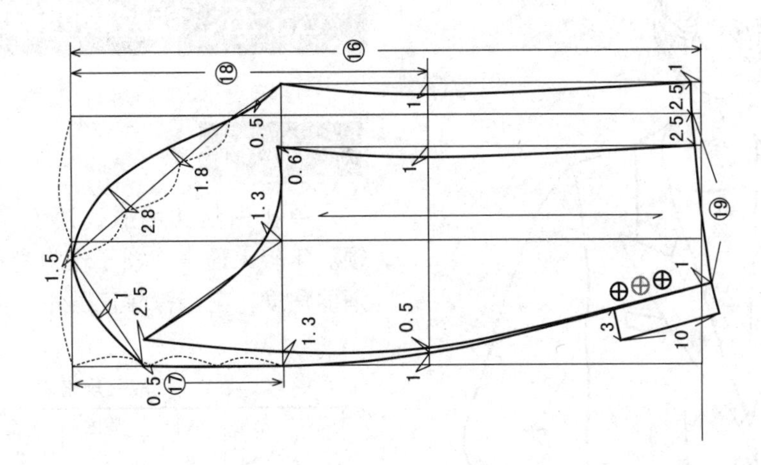

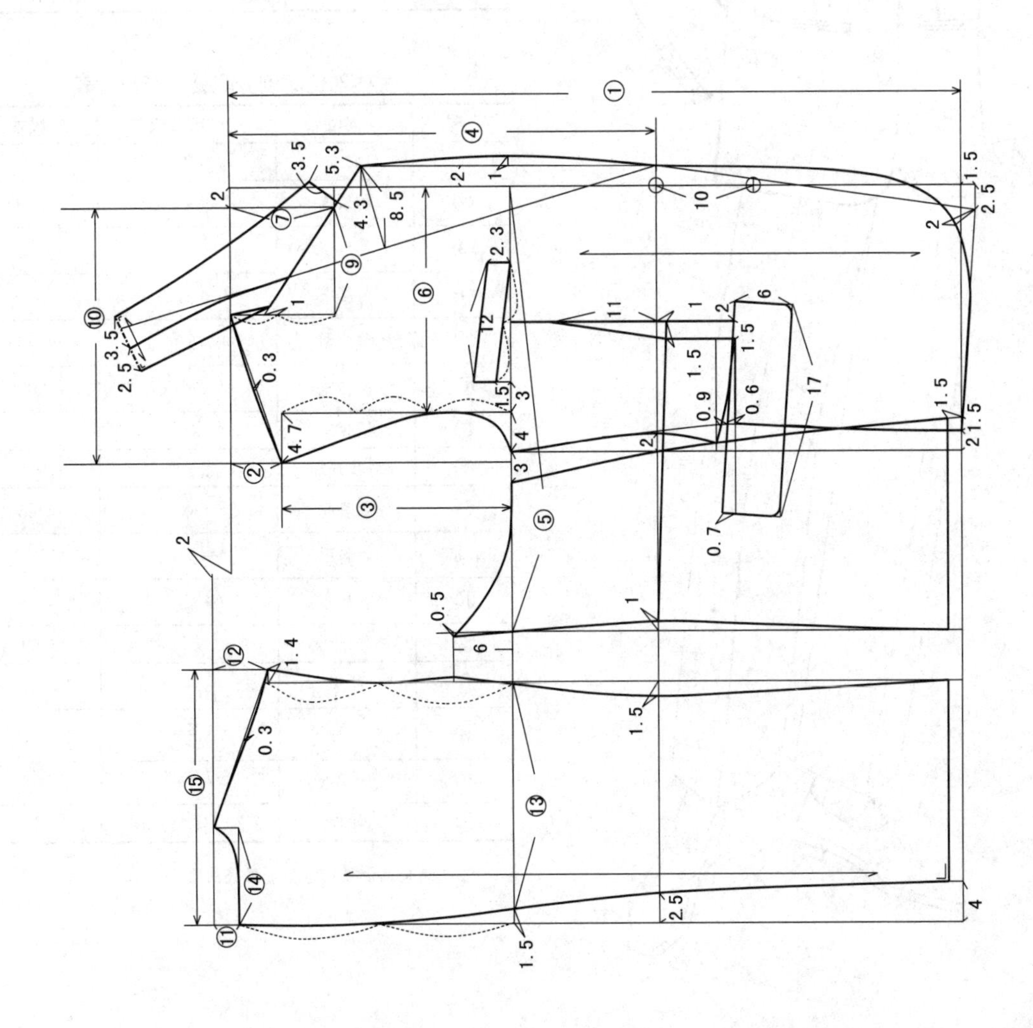

七十五、戗驳领西服

款式分析

单排两粒扣西服，领子作成剑形的戗驳领。年轻人通常将领子作为锐角，中年以上要消弱角度，前门襟除直摆外，可作为斜摆。

成品规格表

尺寸 \ 部位	衣长 L	胸围 B	肩宽 S	袖长 SL	袖口 CW
170/88A(号型)	73	110	46.5	59	15

主要部位比例分配公式及尺寸表

序号	部位	细部公式	尺寸
①	衣长	L	73
②	前肩高	$\frac{B}{20}-1.2$	4.3
③	袖窿深	$\frac{B}{10}+11$	22
④	前腰节	$\frac{号}{4}+0.5$	43
⑤	前胸围	$\frac{3.5}{10}B-4.3$	34.2
⑥	前胸宽	$\frac{1.5}{10}B+3.7$	20.2
⑦	领口深	定寸	7
⑧	后领口深	定寸	2.5
⑨	后肩高	$\frac{B}{20}$	5.5
⑩	后胸围	$\frac{1.5}{10}B+4.3$	20.8
⑪	后肩宽	$\frac{S}{2}+0.7$	23.95
⑫	袖长	袖长尺寸	59
⑬	袖深	$\frac{B}{10}+8.5$	19.5
⑭	袖肘	$\frac{袖长}{2}+4$	33.5
⑮	袖山斜线	取$\frac{AH}{2}+0.5$	量取
⑯	袖口	定寸	15

注：检验袖山弧线与袖窿弧线的吻合关系。

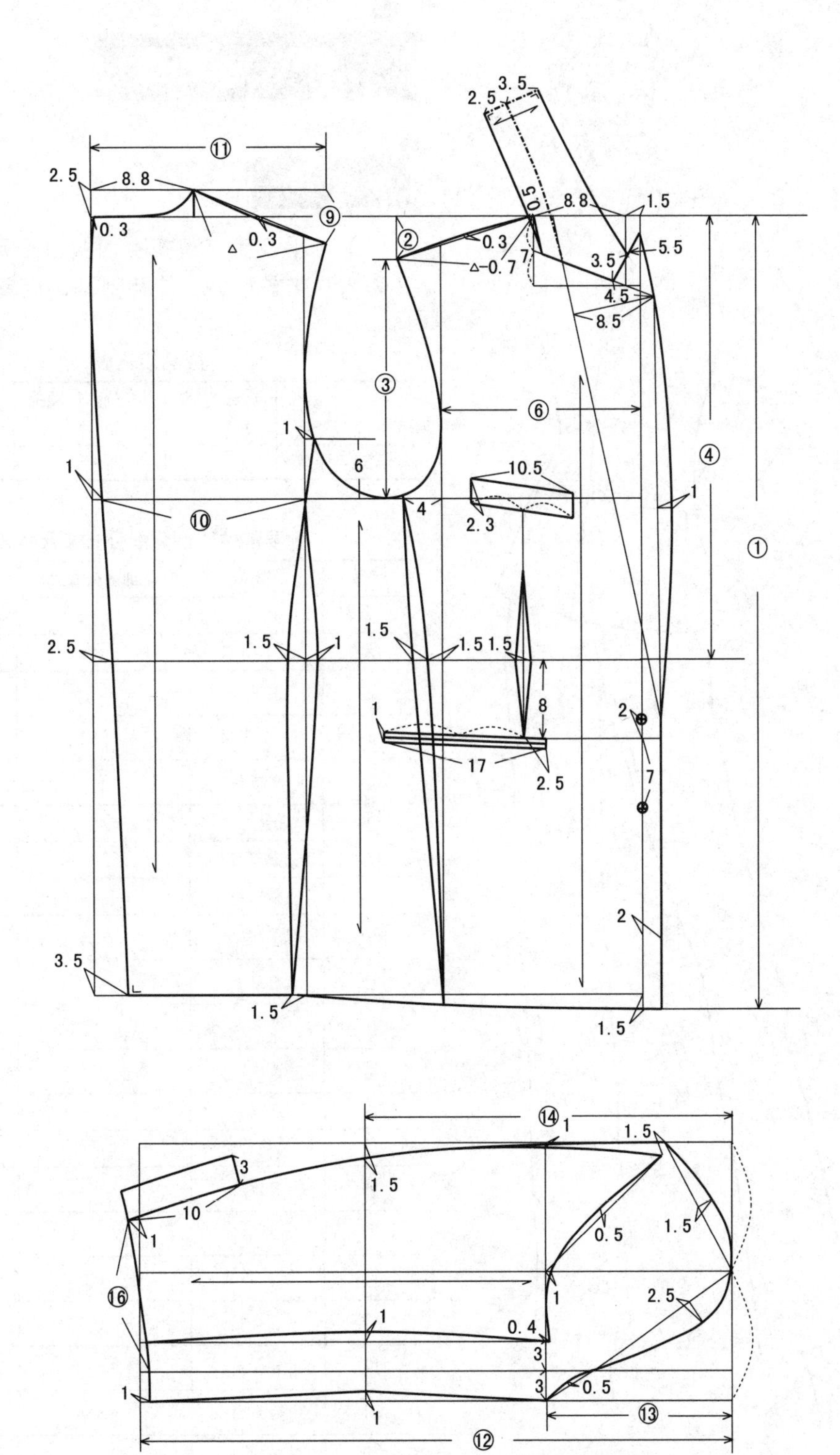

⑪
2.5
8.8
0.3
⑨
3.5
0.5
1.5
5.5
②
△-0.7
7
4.5
8.5
③
⑥
④
①
1
6
10.5
⑩
4
2.3
1.5
8
2
17
⑭
3
10
⑯
0.4
0.5
⑬
⑫

七十六、女西服

款式分析

单排平驳头二粒扣女西服，三开身，前身开腰省，带盖挖袋，二片圆袖，后背开缝。

成品规格表

部位 尺寸	衣长 *L*	胸围 *B*	肩宽 *S*	领围 *N*	袖长 SL	袖口 CW
160/84（号型）	70	100	42	39	56	13

主要部位比例分配公式及尺寸表

序号	部位	细部公式	尺寸
①	前衣长	L	70
②	前领口深	定寸	9
③	前落肩	$\frac{S}{10}+0.5$	4.7
④	前袖窿深	$\frac{1.5}{10}B+10$	25
⑤	腰节线	$\frac{号}{4}$	40
⑥	底边上翘	定寸	2
⑦	撇门线	定寸	2
⑧	叠门线	定寸	2.5
⑨	前领口宽	$\frac{N}{2}+0.5$	8.3
⑩	前肩宽	$\frac{S}{2}-0.5$	20.5
⑪	前胸宽	$\frac{1.5}{10}B+3.5$	18.5
⑫	前胸围	$\frac{3.5}{10}B-4+2$	33
⑬	后衣长	$L-1.5+1$	69.5
⑭	后领口深	定寸	2.3
⑮	后落肩	$\frac{S}{10}$	4.2
⑯	后袖窿深	$\frac{1.5}{10}B+11$	26
⑰	后领口宽	$\frac{N}{5}+0.5$	8.3
⑱	后肩宽	$\frac{S}{2}+0.3$	21.3
⑲	后背宽	$\frac{1.5}{10}B+4$	19
⑳	后胸围	$\frac{1.5}{10}B+4$	19
㉑	袖长	SL	56
㉒	袖山高	定寸	16
㉓	袖口	CW	13

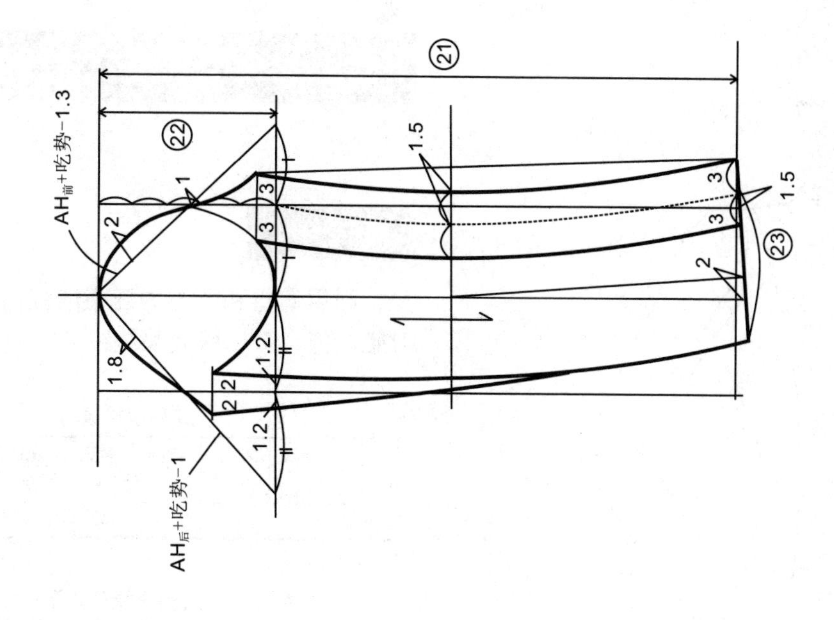
AH前+吃势-1.3
AH后+吃势-1

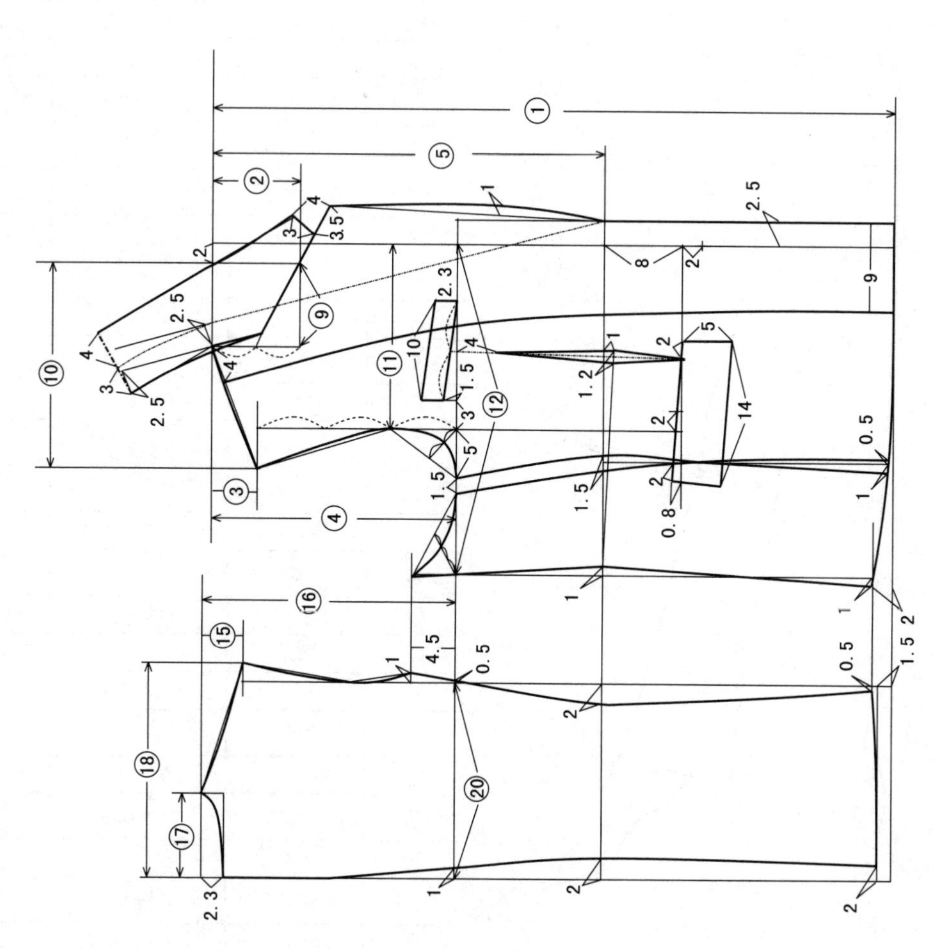

七十七、中式领公主线女上衣

款式分析

利用肩省和腰省的连省成缝，既达到塑胸收腰功能，又使服装整体线条流畅。

成品规格表

部位 尺寸	衣长 L	胸围 B	肩宽 S	领围 N	袖长 SL	袖口 CW
160/84A（号型）	66	100	41	39	55	14

主要部位比例分配公式及尺寸表

序号	部位	细部公式	尺寸
①	前衣长	L	66
②	前落肩线	$\frac{B}{20}$+省/2（1.5）	6.5
③	前领深线	$\frac{N}{5}+1$	8.8
④	前袖窿深	$\frac{B}{10}+8$	18（有效深）
⑤	腰节线	$\frac{号}{4}$	40
⑥	底边上翘	定寸	1.3
⑦	叠门线	定寸	2.5
⑧	前领宽线	$\frac{N}{5}-1.2$	6.6
⑨	胸宽线	$0.15B+3$	18
⑩	前肩宽线	$\frac{S}{2}$+2省/3	22.5
⑪	前胸围	$\frac{B}{4}$	25
⑫	后衣长	$L+0.3+1$	67.3
⑬	后落肩	$\frac{B}{20}+1$	6
⑭	后领深线	定寸	2.3
⑮	后袖窿深	同前平	18（有效深）
⑯	底边上翘线	0.3+1.3	1.6
⑰	后领宽	$\frac{N}{5}-0.9$	6.9
⑱	背宽线	$0.15B+4$	19
⑲	后肩宽	$\frac{S}{2}+2$	22.5
⑳	袖长	SL	55
㉑	袖山高	$\frac{B}{10}+5$	15
㉒	前省大	定寸	3

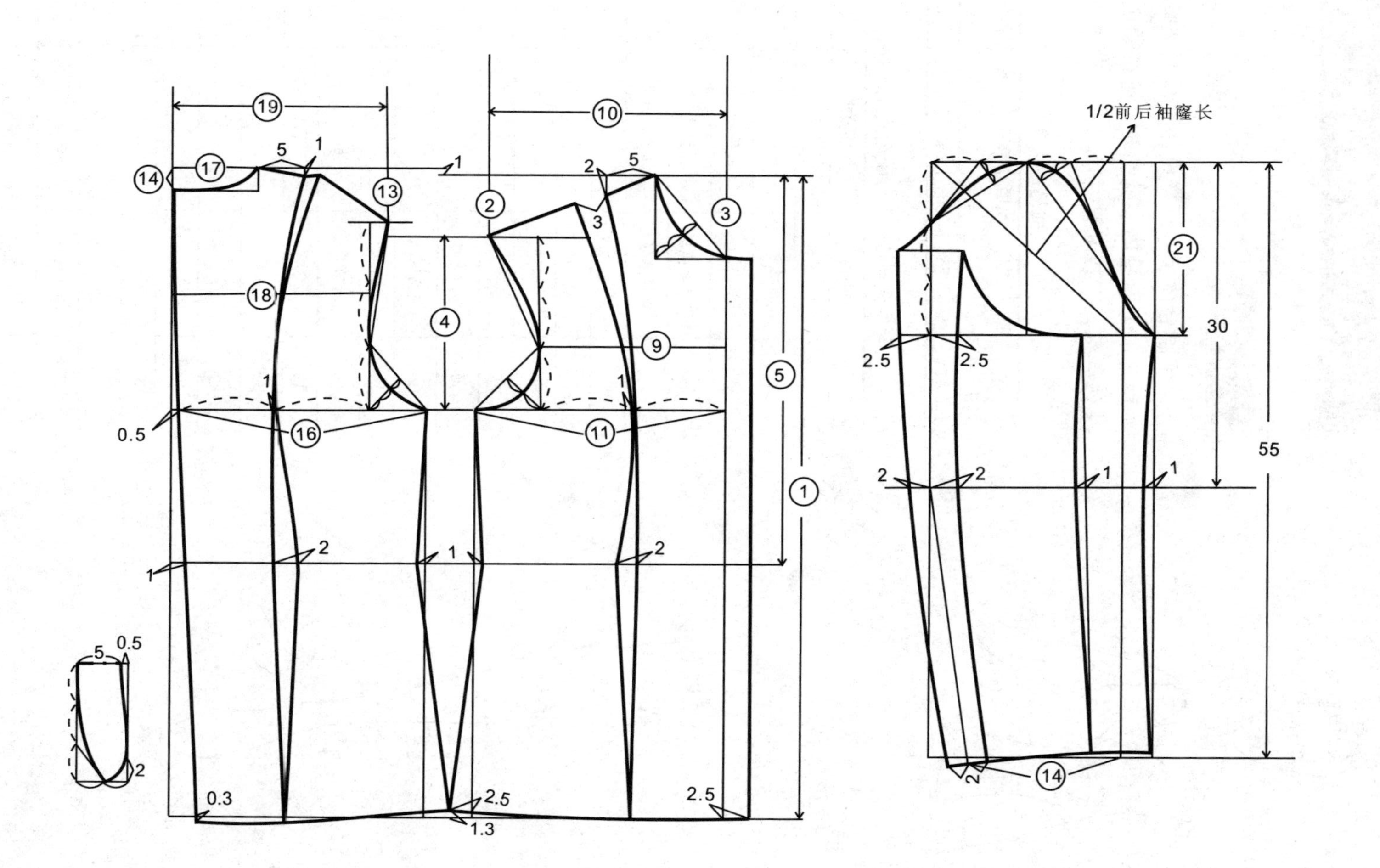
1/2前后袖窿长
55
30
㉑
①
⑤
③
⑩
⑨
⑪
②
④
⑬
⑲
⑯
⑱
⑰
⑭

七十八、驳领刀背缝女上装(一)

款式分析

卡腰合体装，纸样设计时需要把胸省转移到前片的刀背缝内，缝制时，可在领止口缉明线作点缀，下装可配短裙。

成品规格表

尺寸 \ 部位	衣长 L	胸围 B	肩宽 S	领围 N	袖长 SL	袖口 CW
160/84A(号型)	55	96	42	40	54.5	13

主要部位比例分配公式及尺寸表

序号	项目	细部公式	尺寸
①	前衣长	定寸	55
②	前落肩	$\frac{B}{20}-1.3$	3.5
③	前领深	$\frac{N}{5}+2$	10
④	前袖窿深线	$\frac{B}{5}+5$	24.2
⑤	前腰节线	$\frac{号}{4}$	40
⑥	撇门线	定寸	0.8
⑦	叠门线	定寸	2.5
⑧	前领宽	$\frac{N}{5}$	8
⑨	前冲肩	定寸	2
⑩	前肩宽线	$\frac{S}{2}-0.5$	20.5
⑪	前胸围线	$\frac{B}{4}+0.5$	24.5
⑫	后衣长	定寸	55
⑬	后落肩	$\frac{B}{20}-1.3$	3.5
⑭	后领深	定寸	3
⑮	后袖窿深	$\frac{B}{5}+7.5$	26.7
⑯	后腰节线	$\frac{号}{4}$	40
⑰	后领宽线	$\frac{N}{5}$	8
⑱	后冲肩	定寸	2
⑲	后肩宽线	$\frac{S}{2}+0.5$	21.5
⑳	后胸围线	$\frac{B}{4}-0.5$	23.5
㉑	袖深	$\frac{B}{10}+6$	15.6
㉒	袖口	CW	13

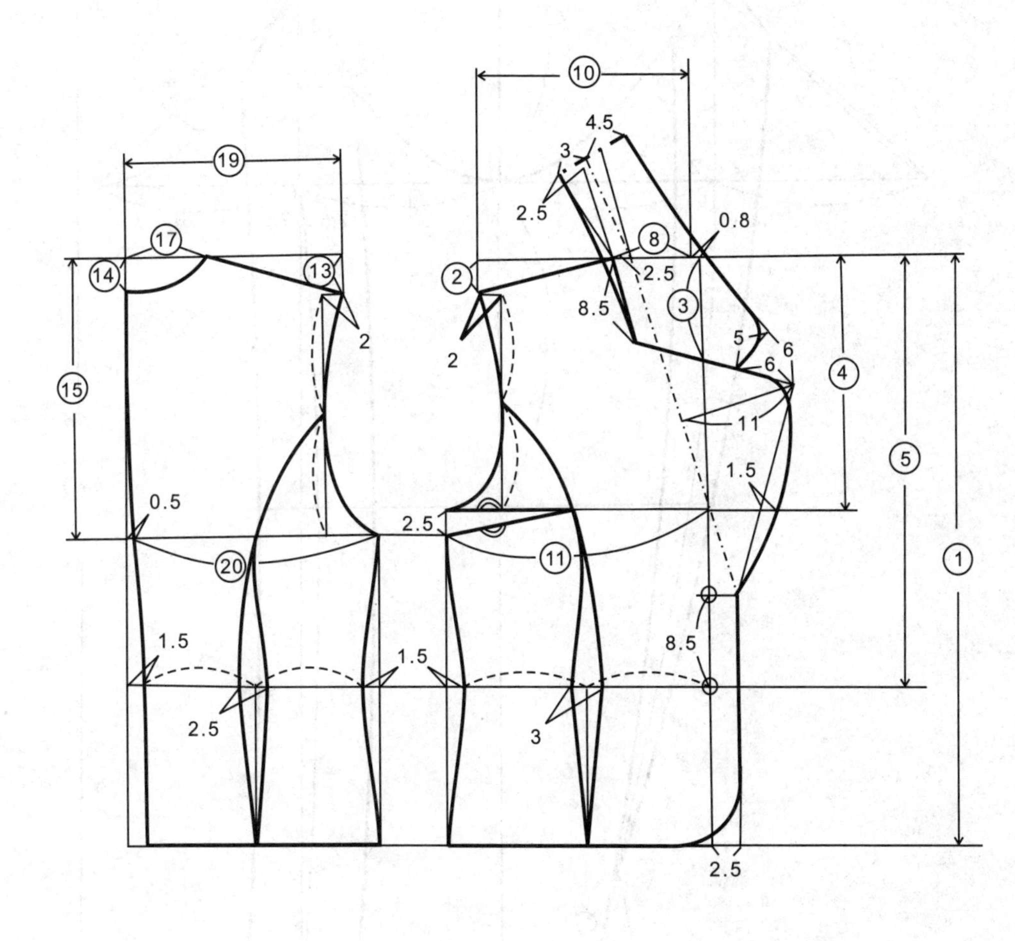

⑩
⑲
4.5
3
2.5
0.8
⑰
⑭
⑬
②
⑧
2.5
8.5
③
2
2
5
6
6
④
⑮
11
⑤
1.5
0.5
2.5
⑳
⑪
①
1.5
8.5
1.5
2.5
3
2.5

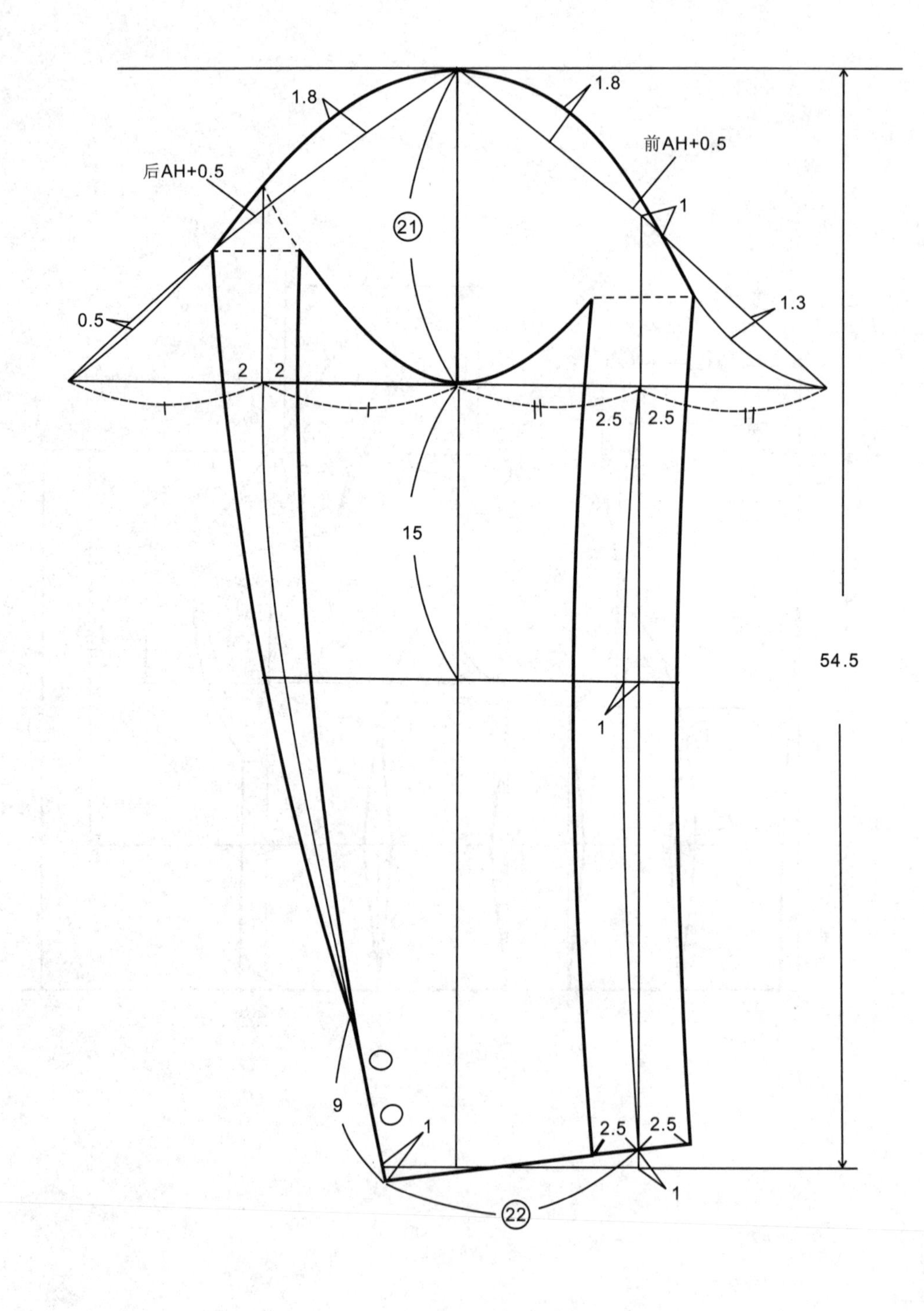
1.8
1.8
前AH+0.5
后AH+0.5
1
㉑
0.5
1.3
2
2
2.5
2.5
15
54.5
1
9
1
2.5
2.5
1
㉒

七十九、驳领刀背缝女上装(二)

款式分析

合体长女衫结构，刀背缝卡腰，圆摆两粒扣，双嵌线袋，也可加袋盖。把前片侧缝省转移到刀背缝内。肩部造型较平，需加垫肩。可选用庄重的蓝色、深灰色或毛混纺面料制作，给人一种高雅成熟的感觉。

成品规格表

尺寸 \ 部位	衣长 L	胸围 B	肩宽 S	领围 N	袖长 SL	袖口 CW
160/84A(号型)	77.5	98	40	40	59	12.5

主要部位比例分配公式及尺寸表

序号	项目	细部公式	尺寸
①	前衣长	L	77.5
②	前落肩	$\frac{B}{20}-1.4$	3.5
③	前领口深	$\frac{N}{5}+1.5$	9.5
④	前袖窿深线	$\frac{B}{5}+7$	26.6
⑤	腰节线	$\frac{号}{4}$	40
⑥	底边上翘线	定寸	2
⑦	叠门线	定寸	3
⑧	前领口宽	$\frac{N}{5}$	8
⑨	胸背宽线	$\frac{1.5}{10}B+3$	17.7
⑩	肩宽线	$\frac{S}{2}-0.5$	19.5
⑪	前胸围	$\frac{B}{4}$	24.5
⑫	后衣长	L	77.5
⑬	后落肩	$\frac{B}{20}-1.4$	3.5
⑭	后领口深		2.7
⑮	后袖窿深线	$\frac{B}{5}+7$	26.6
⑯	腰节线	同前平	
⑰	后领口宽	$\frac{N}{5}$	8
⑱	后胸背宽线	$\frac{1.5}{10}B+3.5$	18.2
⑲	后肩宽线	$\frac{S}{2}+0.5$	20.5
⑳	后胸围	$\frac{B}{4}$	24.5
㉑	袖山高	$\frac{B}{10}+6$	15.8

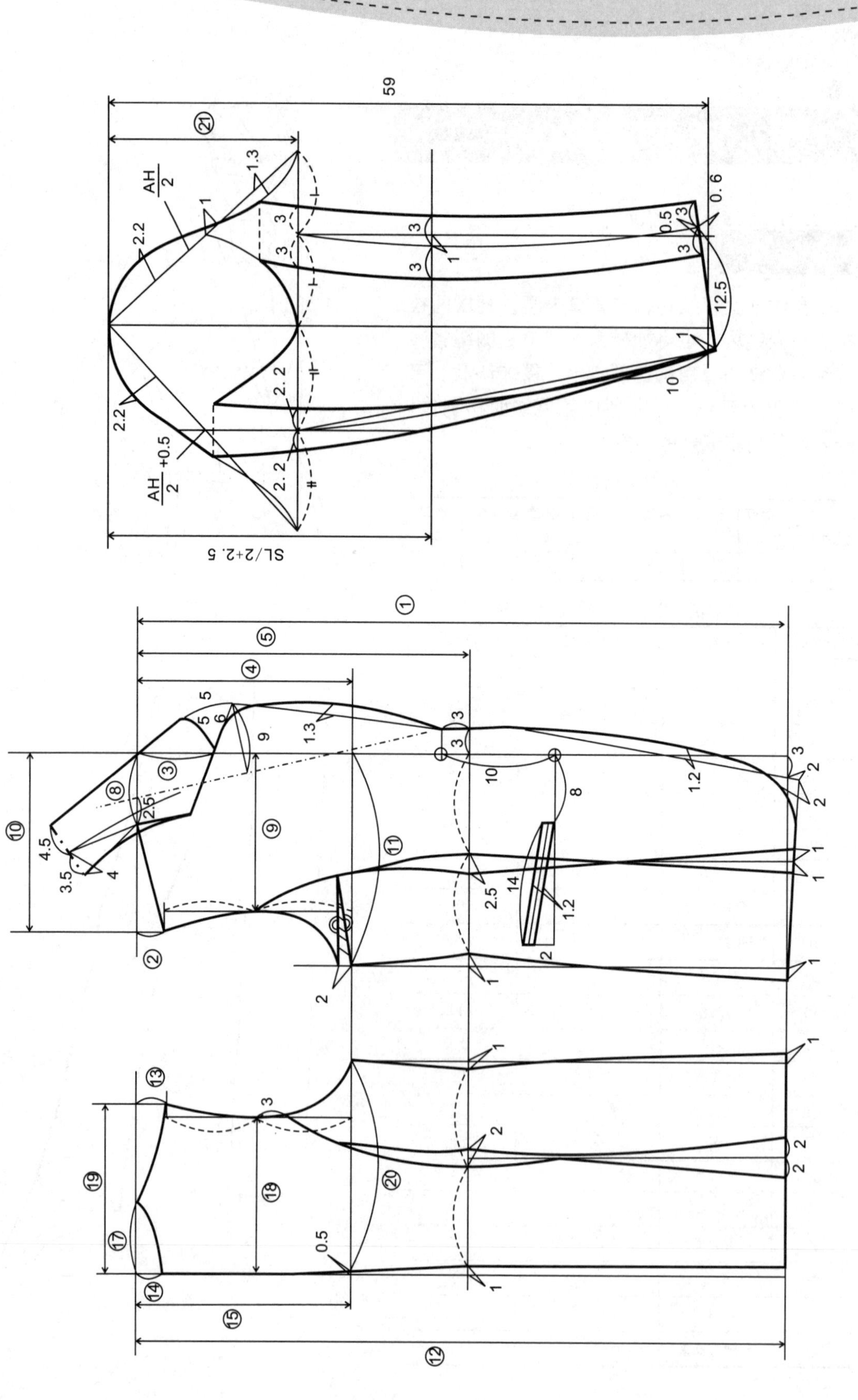
59
AH/2
AH/2 +0.5
SL/2+2.5

八十、一粒扣驳领短上装

款式分析

合体型短上装，衣长及臀围附近，除了控制腰围之外，摆围量也要适当控制，此款摆围量比胸围量少10cm左右。

成品规格表

尺寸 \ 部位	衣长 L	胸围 B	肩宽 S	领围 N	袖长 SL	袖口 CW
160/84A(号型)	61	96	41	38	54	14

主要部位比例分配公式及尺寸表

序号	部位	细部公式	尺寸
①	前衣长	L	61
②	前落肩线	$\frac{B}{20}$	4.8
③	前领深线	定寸	10
④	前袖窿深	$\frac{B}{5}+5$	24.2
⑤	前腰节线	$\frac{号}{4}$	40
⑥	叠门线	定寸	2.5
⑦	前领宽线	$\frac{N}{5}+1$	8.6
⑧	胸宽线	$\frac{1.5}{10}B+3$	17.4
⑨	肩宽线	$\frac{S}{2}-0.3$	20.2
⑩	前胸围线	$\frac{B}{4}$	24
⑪	后衣长	$L-5+1$	57
⑫	后落肩线	$\frac{B}{20}-0.5$	4.3
⑬	后袖窿深线	同前平	25.2
⑭	后腰节线	同前平	41
⑮	后领宽线	$\frac{N}{5}+1$	8.6
⑯	后背宽线	$\frac{1.5}{10}B+4$	18.4
⑰	后肩宽线	$\frac{S}{2}+0.3$	20.8
⑱	后胸围线	$\frac{B}{4}$	24
⑲	袖深比	定寸	0.85

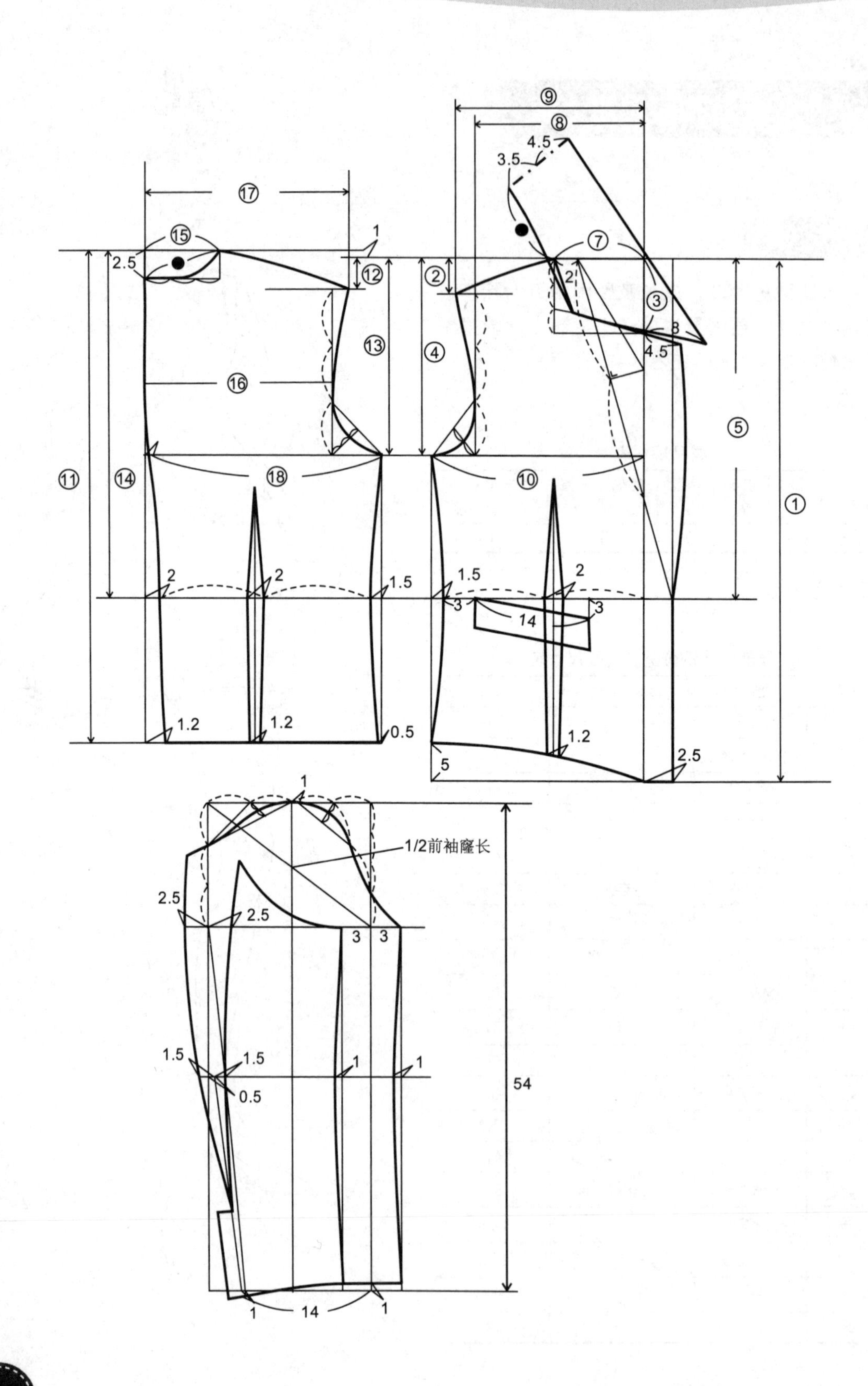
⑨
⑧
4.5
3.5
⑰
⑮
2.5
1
⑫
⑬
⑯
⑪
⑭
⑱
⑦
②
④
2
③
8
4.5
⑤
①
⑩
2
2
1.5
1.5
2
3
14
3
1.2
1.2
0.5
1.2
5
2.5
1
1/2前袖窿长
2.5
2.5
3
3
1.5
1.5
0.5
1
1
54
1
14
1

第八章

大衣结构制图 8

八十一、双排扣男长大衣

款式分析

双排六粒扣，直腰身，宽驳领，左右横开带有袋盖的嵌线袋。后身拼缝，开后叉，着装朴实大方。

成品规格表

尺寸 \ 部位	衣长 L	胸围 B	肩宽 S	袖长 SL	袖口 CW	领大 N
170/92A（号型）	110	118	49	63	17.7	46

主要部位比例分配公式及尺寸表

序号	部位	细部公式	尺寸
①	衣长	L	110
②	前肩高	$\frac{B}{20}-1$	4.9
③	前袖窿深	$\frac{B}{10}+11$	22.8
④	腰节高	$\frac{号}{4}+0.5$	43
⑤	前领口深	$\frac{2}{10}N+0.3$	9.5
⑥	前领口宽	$\frac{2}{10}N+0.3$	9.5
⑦	前胸围	$\frac{B}{4}+3$	32.5
⑧	前肩宽	$\frac{S}{2}-0.5$	24
⑨	前胸宽	$\frac{1.5}{10}B+4$	21.7
⑩	后领口深	定寸	2.3
⑪	后领口宽	$\frac{2}{10}N+0.3$	9.5
⑫	后肩高	$\frac{B}{20}-1$	4.9
⑬	后肩宽	$\frac{S}{2}+0.5$	25
⑭	后胸围	$\frac{B}{4}-3$	26.5
⑮	后背宽	$\frac{1.5}{10}B+4.5$	22.2
⑯	袖长	SL	63
⑰	袖深	$\frac{B}{10}+5.5$	17.3
⑱	袖肘	$\frac{袖长}{2}+3$	34.5
⑲	袖山斜线	取$\frac{AH}{2}+0.5$	量取
⑳	袖口	$\frac{1.5}{10}B$	17.7

注：检验袖山弧线与袖窿弧线的吻合关系。

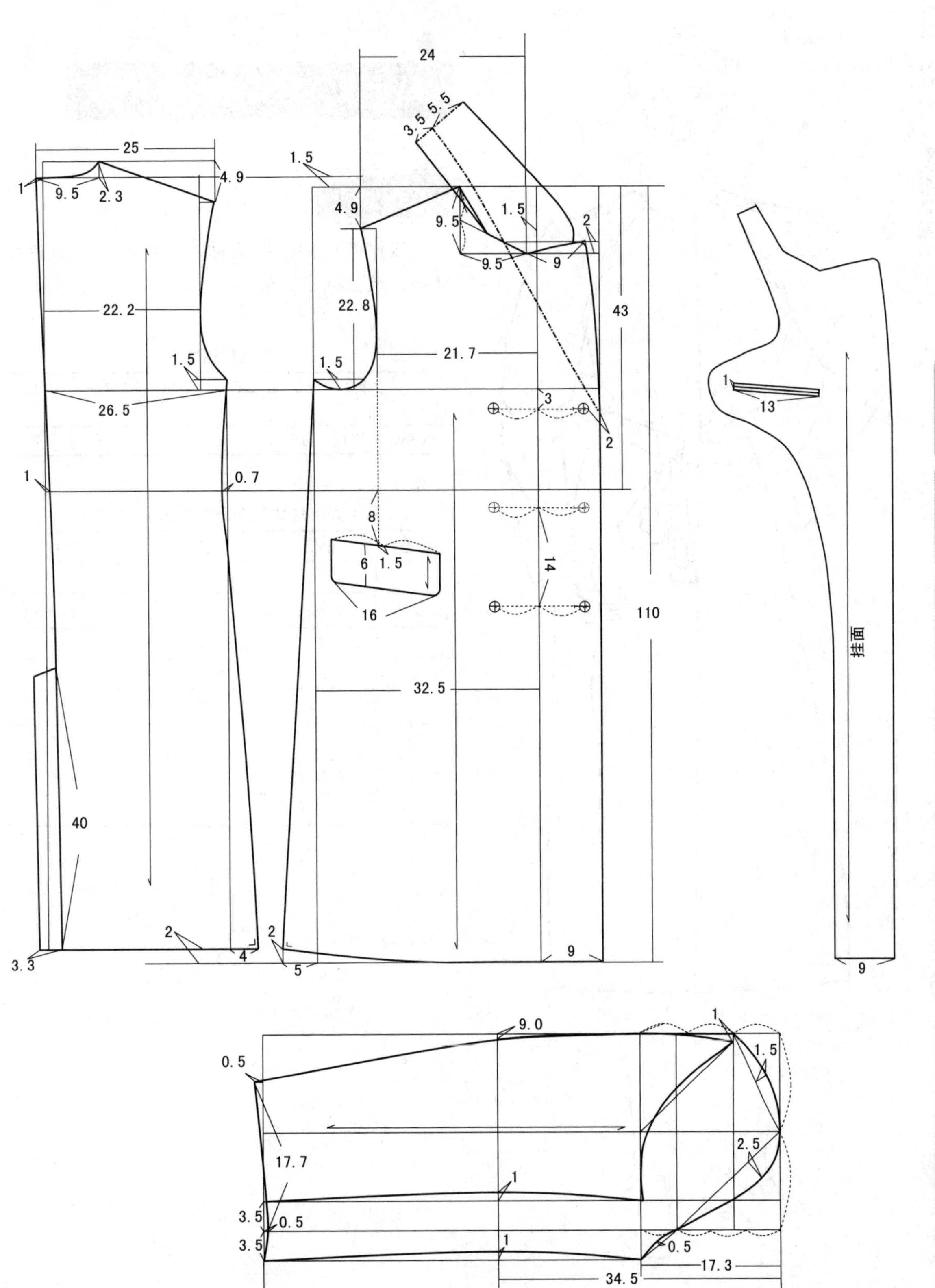
25
1
9.5
2.3
4.9
22.2
1.5
26.5
1
0.7
40
2
3.3
4
24
1.5
4.9
3.5 5.5
9.5
1.5
2
9.5
9
22.8
21.7
1.5
43
3
2
8
6 1.5
16
14
110
32.5
2
5
9
1
13
挂面
9
9.0
1
0.5
1.5
17.7
2.5
1
3.5
0.5
3.5
1
0.5
17.3
34.5
63

八十二、男式插肩袖大衣

款式分析

双排四粒扣，插肩袖，系腰带，有肩章和袖袢，款式随意、洒脱。

成品规格表

尺寸＼部位	衣长 L	胸围 B	肩宽 S	袖长 SL	袖口 CW
170/88A(号型)	116	118	47	63	38

主要部位比例分配公式及尺寸表

序号	部位	细部公式	尺寸
①	衣长	L	116
②	前胸围	$\frac{B}{4}$	29.5
③	前肩高	定寸	5
④	袖长	袖长尺寸+2	65
⑤	袖口	$\frac{CW}{2}$	19
⑥	腰节	$\frac{号}{4}$	42.5
⑦	后胸围	$\frac{B}{4}$	29.5
⑧	后肩高	定寸	5

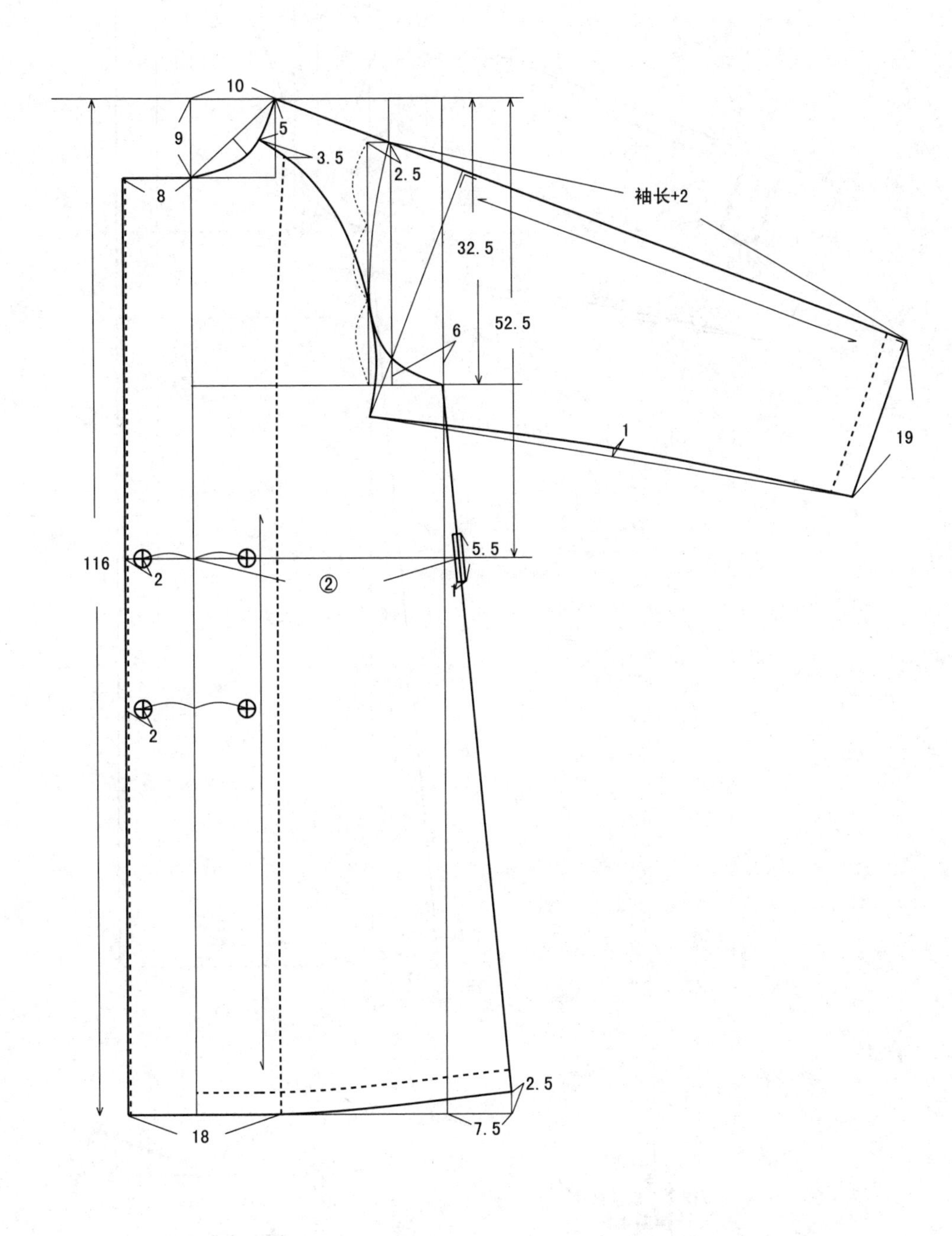

10
9
5
3.5
2.5
8
袖长+2
32.5
52.5
6
19
1
116
5.5
2
②
2
2.5
18
7.5

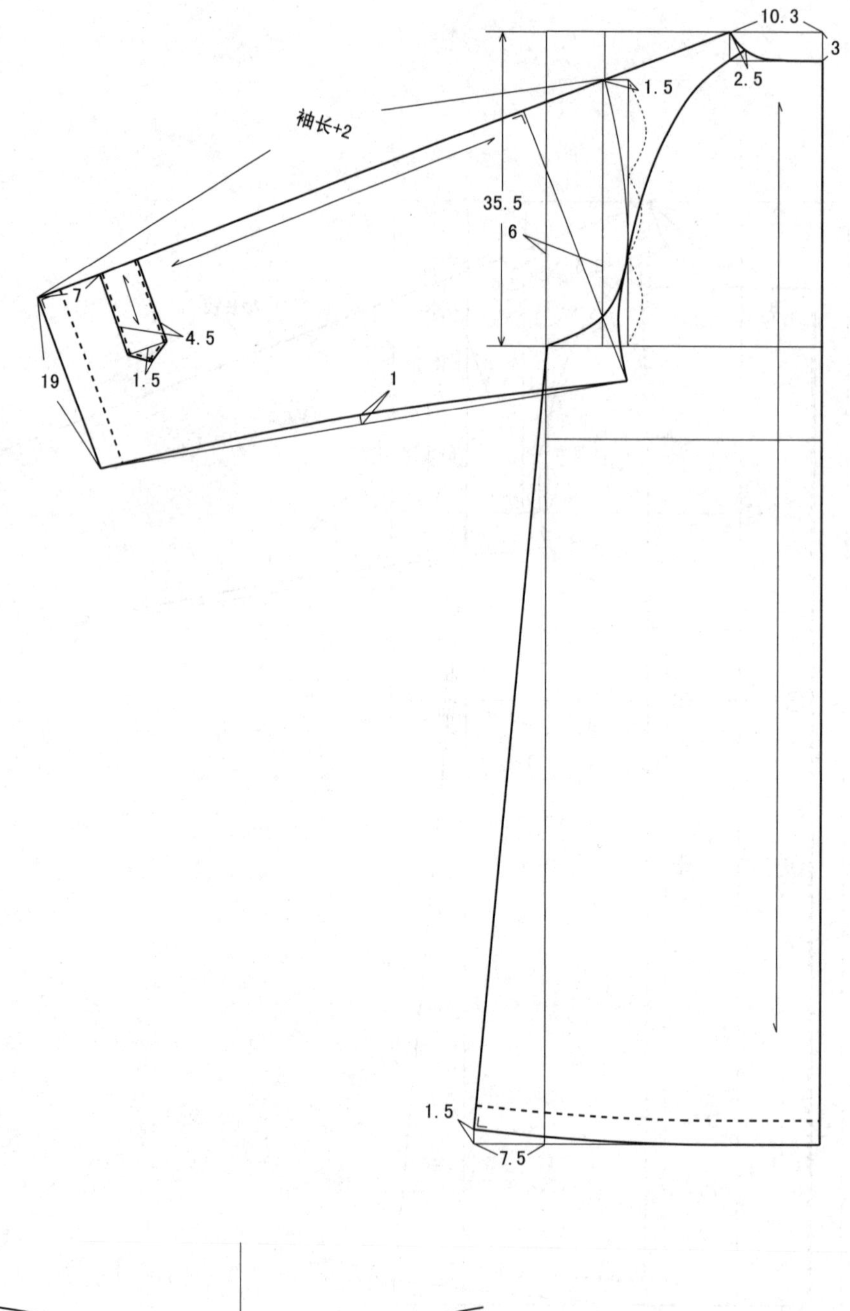
10.3
3
2.5
1.5
袖长+2
35.5
6
7
4.5
1.5
19
1
1.5
7.5

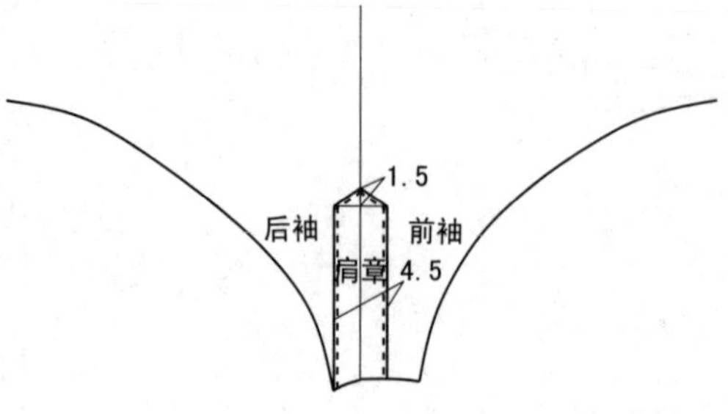
1.5
后袖
前袖
肩章
4.5

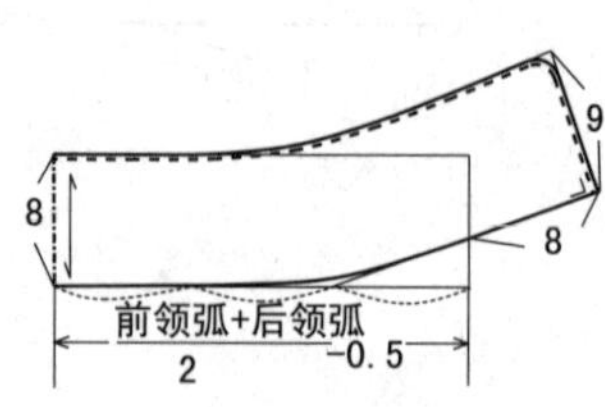
9
8
8
前领弧+后领弧
2
-0.5

八十三、卡腰女长大衣

款式分析

单排三粒扣，卡腰宽摆，前后身公主线分割。分割缝中开两个斜插袋，圆装袖，款式活泼大方。

成品规格表

尺寸＼部位	衣长 L	胸围 B	肩宽 S	领围 N	袖长 SL	袖口 CW
160/84A（号型）	105	104	42	40	55	13.6

主要部位比例分配公式及尺寸表

序号	部位	细部公式	尺寸
①	前衣长	L	105
②	前领口深	$\frac{N}{5}$	8
③	前落肩	$\frac{S}{10}+0.5+\frac{1}{2}$省（省量影响值）	6.5
④	前袖窿深	$\frac{B}{5}+6$	26.8
⑤	腰节线	$\frac{号}{4}$	40
⑥	底边上翘	定寸	2
⑦	叠门线	定寸	3
⑧	前领口宽	$\frac{N}{5}+0.3$	8.3
⑨	前肩宽	$\frac{S}{2}+2.5$（省量影响值）	23.5
⑩	前冲肩	定寸	4
⑪	前胸围	$\frac{B}{4}+1$	27
⑫	后衣长	$L-1$	104
⑬	后领口深	定寸	2.3
⑭	后落肩	$\frac{S}{10}+1.8$（省量影响值）	6
⑮	后袖窿深	$\frac{B}{5}+6$	26.8
⑯	后领口宽	$\frac{N}{5}+0.3$	8.3
⑰	后肩宽	$\frac{S}{2}+1.5$	22.5
⑱	后冲肩	定寸	2.8
⑲	后胸围	$\frac{B}{4}-0.5$	25.5
⑳	袖长	SL	55
㉑	袖山高	$\frac{B}{10}+5$	15.4
㉒	袖口	$\frac{1.5}{10}B-$（1.5~2）	13.6

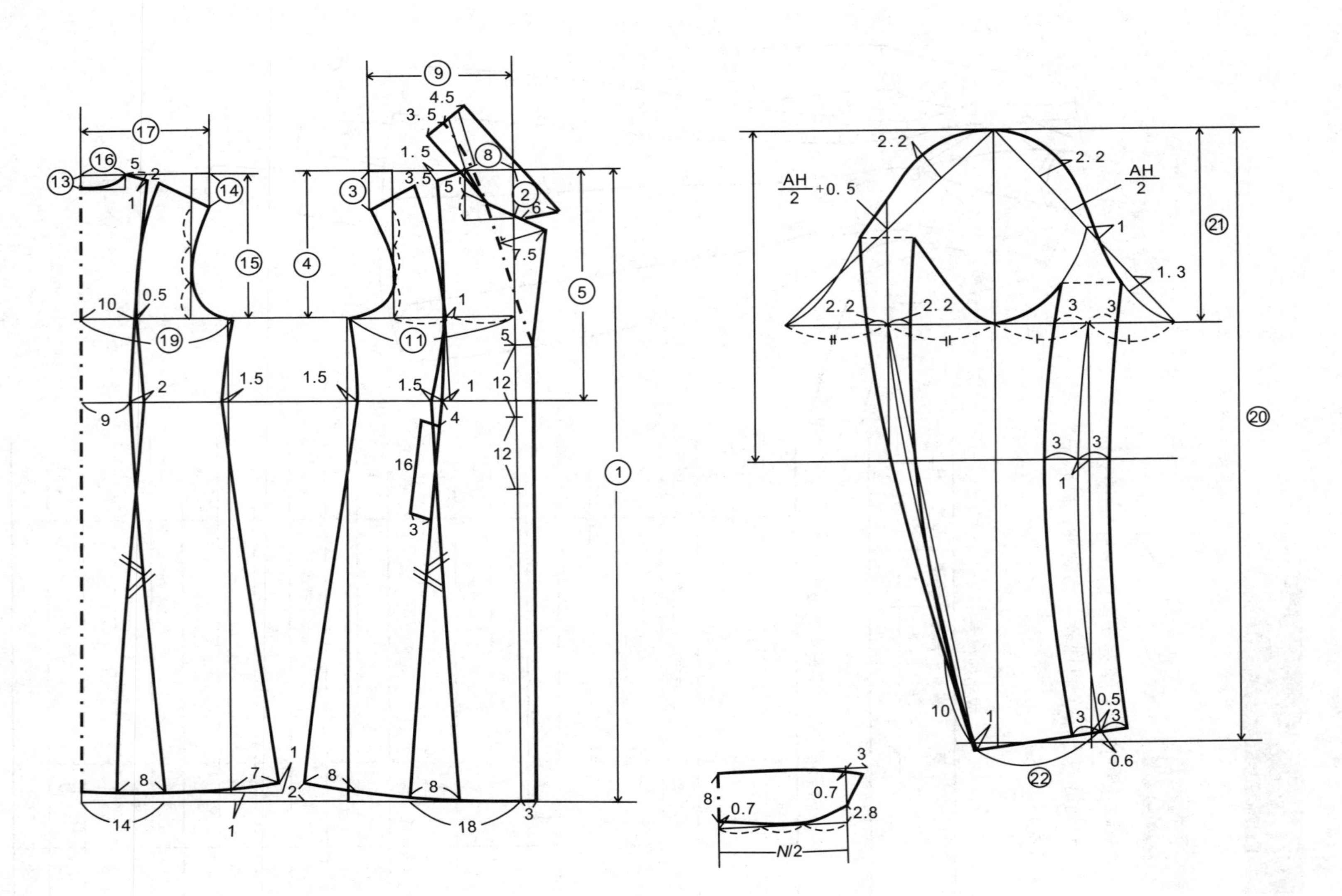

AH/2 +0.5
AH/2
N/2

八十四、披风

款式分析

立领，前开门五粒扣，包括胳膊在内的胸围量，要追加胸围放松量32cm以上。前后各有两条破缝线，利用破缝线巧妙开出出手的位置，能够适应上肢的运动，着装随意洒脱。

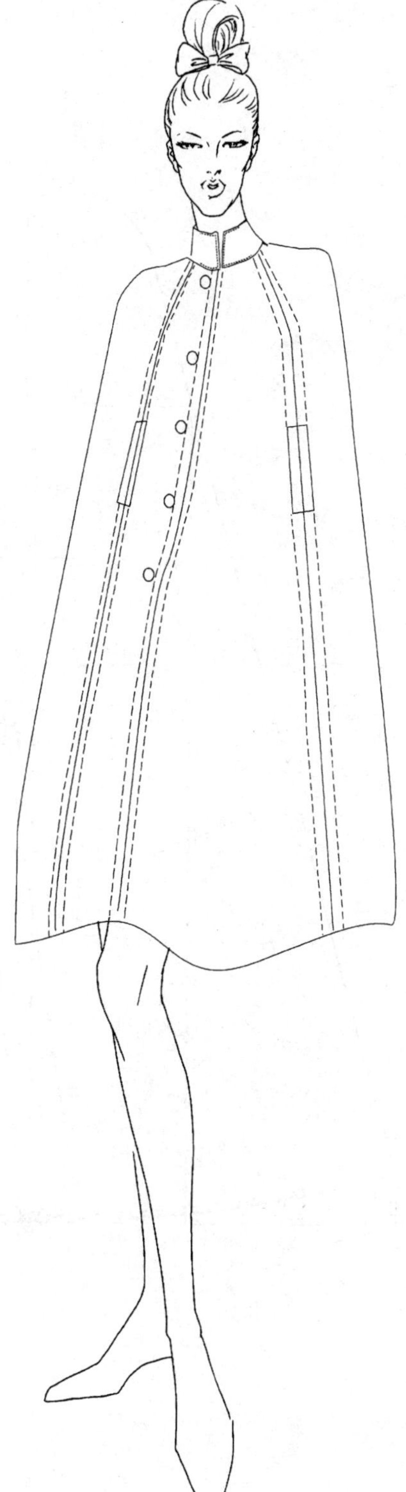

成品规格表

尺寸＼部位	衣长 L	胸围 B	肩宽 S	领大 N
160/84A（号型）	105	100	40	45

注：此款用原型制图。

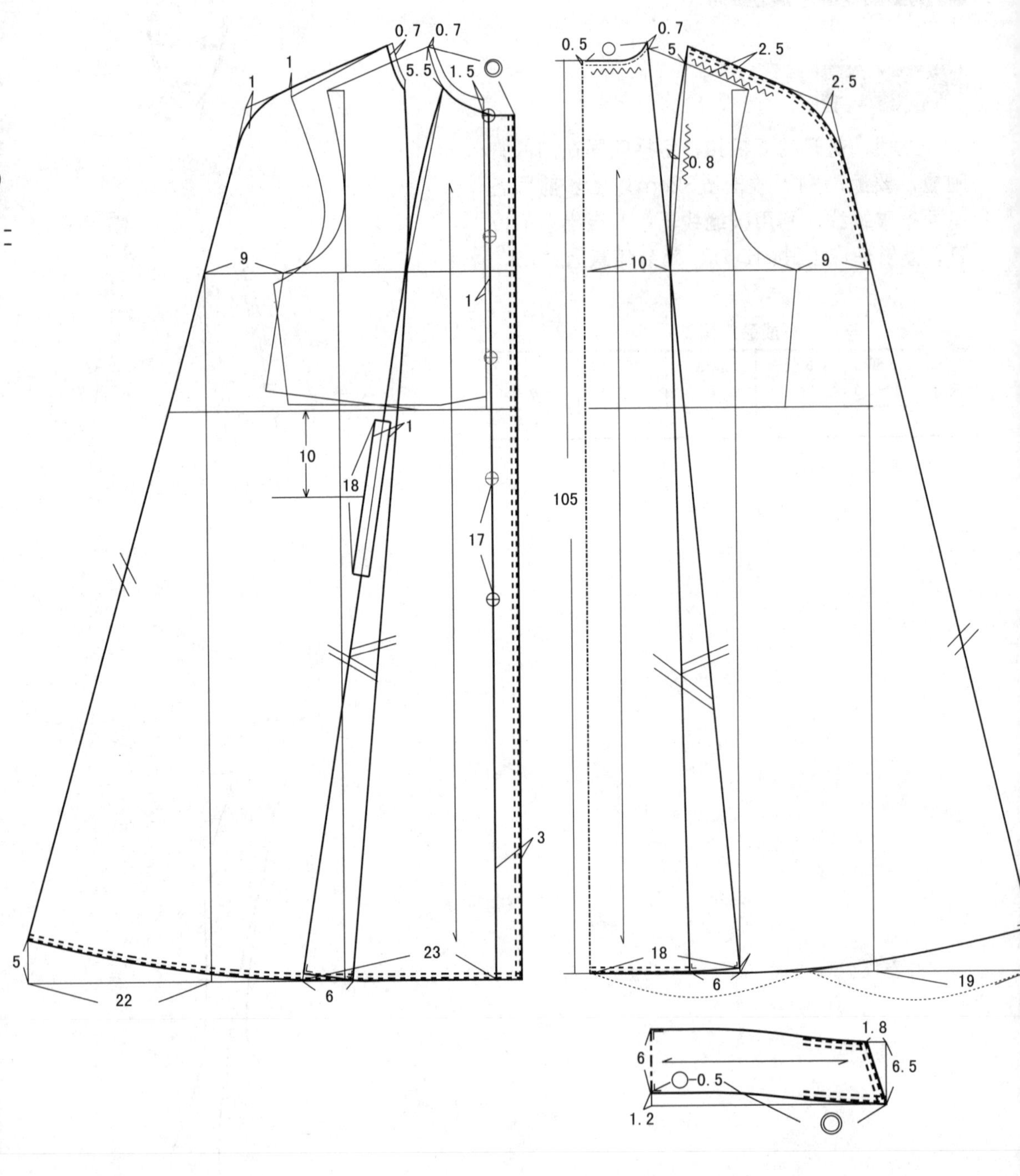
0.7
0.7
1
1
5.5
1.5
9
1
10
1
18
17
3
23
5
22
6
0.5
0.7
5
2.5
2.5
0.8
10
9
105
18
6
19
1.8
6
6.5
0.5
1.2

八十五、全插肩袖女大衣

款式分析

单排五粒扣女大衣。连翻领前后披肩，全插肩袖，直腰身，穿着自然大方。

成品规格表

部位 / 尺寸	衣长 L	胸围 B	肩宽 S	袖长 SL
170/84A(号型)	115	112	42	55
部位 / 尺寸	袖口 CW	领大 N	腰节 WL	
170/84A(号型)	17	45	42.5	

主要部位比例分配公式及尺寸表

序号	部位	细部公式	尺寸
①	衣长	L	115
②	前肩高	定寸	2.5
③	前袖窿深	$\frac{2}{10}B+5$	27.4
④	前领口深	$\frac{2}{10}N+0.5$	9.5
⑤	前领口宽	$\frac{2}{10}N-0.5$	8.5
⑥	前胸宽	$\frac{1.5}{10}B+1.5$	18.3
⑦	前胸围	$\frac{B}{4}-0.5$	27.5
⑧	前肩宽	$\frac{S}{2}$	21
⑨	袖长	袖长尺寸	55
⑩	前袖口	袖口尺寸−1	16
⑪	后领口深	定寸2.5～3	3
⑫	后领口宽	$\frac{2}{10}N-0.2$	8.8
⑬	后肩高	定寸	2.5
⑭	后袖窿深	$\frac{2}{10}B+7$	29.4
⑮	后背宽	$\frac{1.5}{10}B+1.5$	18.3
⑯	后肩宽	$\frac{S}{2}+0.5$	21.5
⑰	后胸围	$\frac{B}{4}+0.5$	28.5
⑱	后袖长	SL	55
⑲	后袖口	袖口尺寸+1	18
⑳	袖深	$\frac{B}{10}+5.5$	16.7

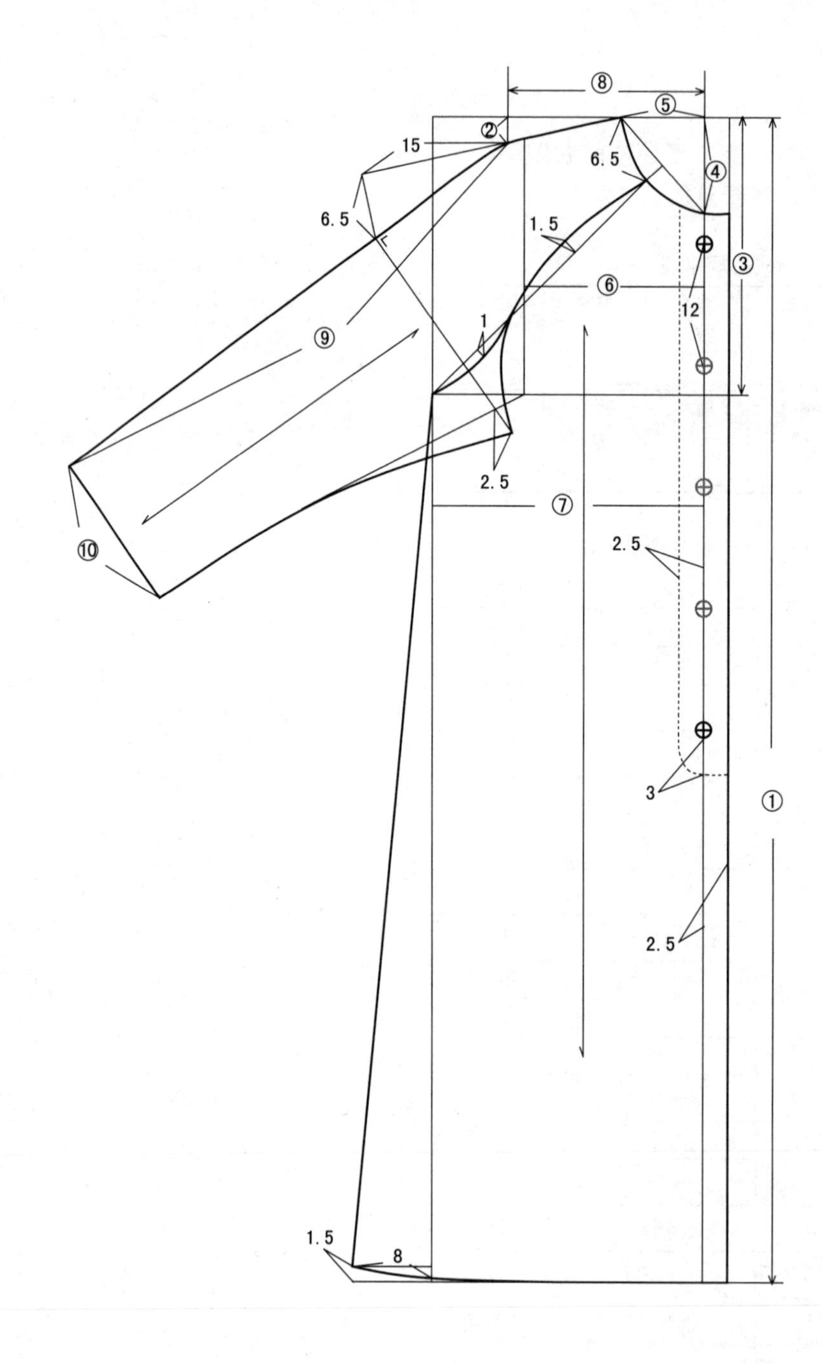
⑧
⑤
②
15
6.5
④
6.5
1.5
③
⑥
12
⑨
1
2.5
⑦
⑩
2.5
3
①
2.5
1.5
8

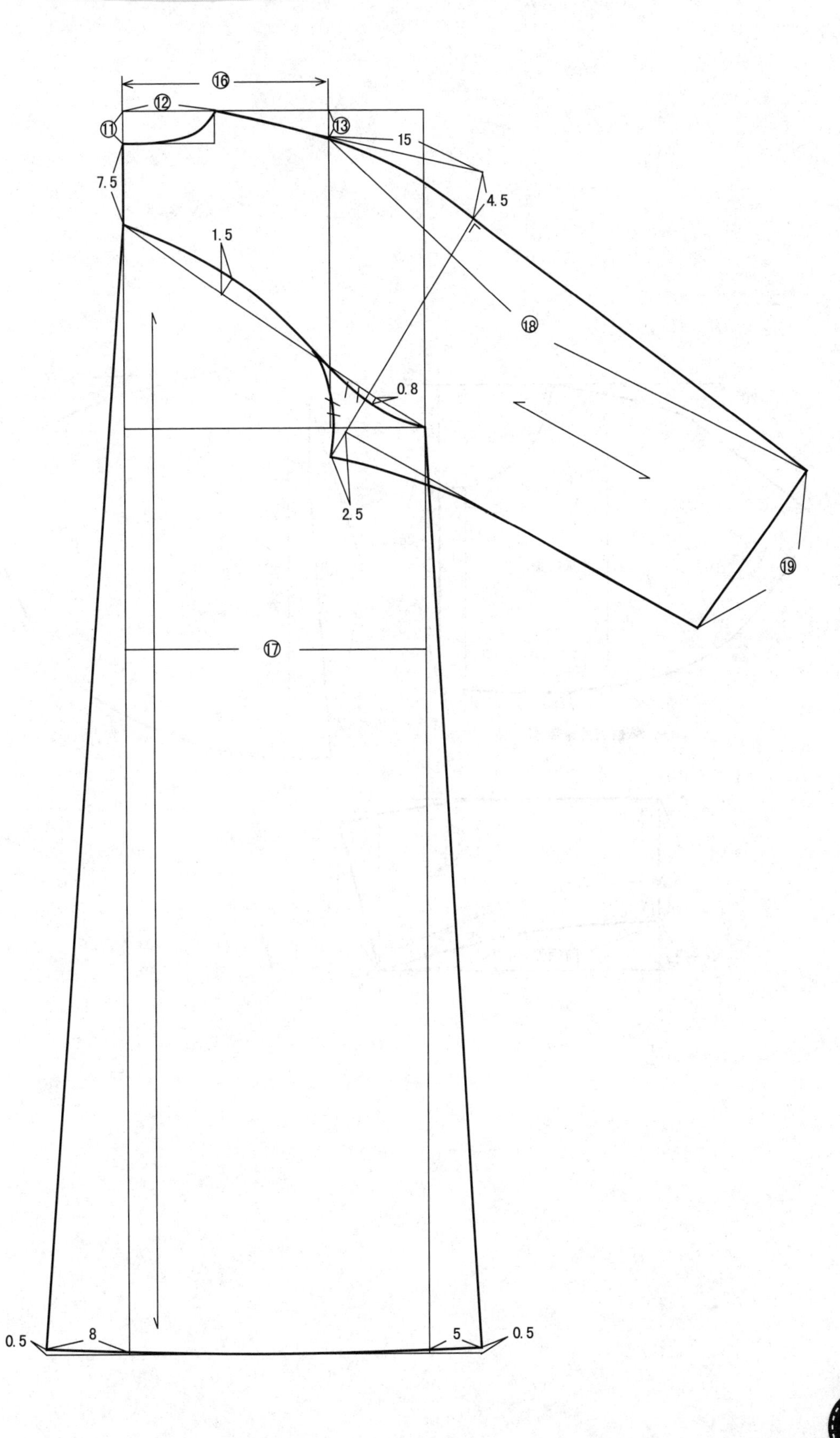

⑯
⑫
⑪
⑬
15
7.5
4.5
1.5
⑱
0.8
2.5
⑲
⑰
0.5
8
5
0.5

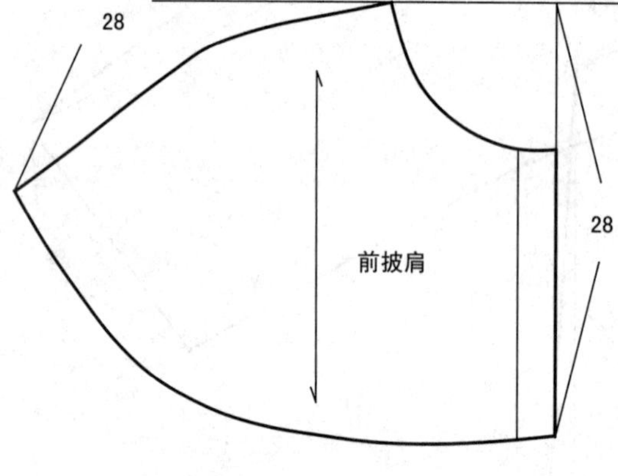

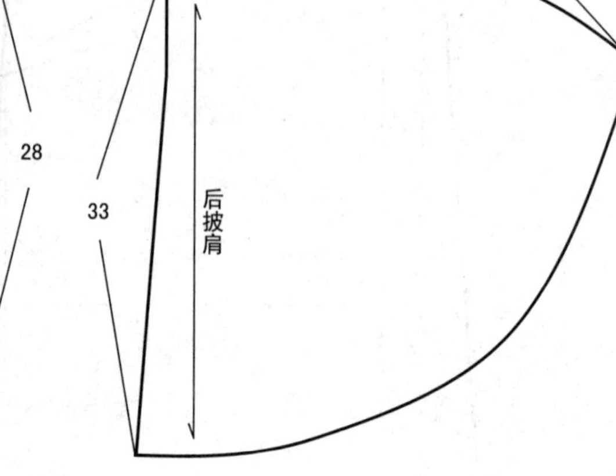

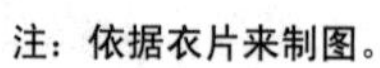
注：依据衣片来制图。

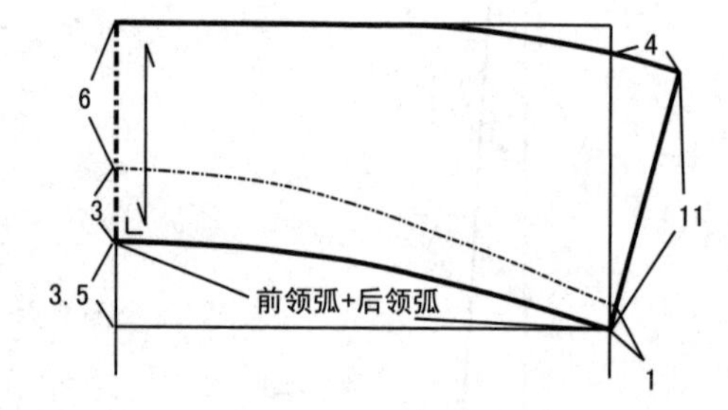

八十六、中式领刀背缝外衣

款式分析

前后身刀背缝分割，一片式中袖，对襟立领，款式既有西式塑身功能，又具有传统的东方之美。

成品规格表

部位 尺寸	衣长 L	胸围 B	领围 N	肩宽 S	袖长 SL	袖口 CW
160/84A(号型)	70	100	38	40	55	13.5

主要部位比例分配公式及尺寸表

序号	部位	细部公式	尺寸
①	前衣长	L	70
②	前领口深	$\frac{N}{5}+1$	8.6
③	前落肩	$\frac{S}{10}+0.5$	4.5
④	前袖窿深线	$\frac{B}{5}+5$	25
⑤	腰节线	$\frac{号}{4}$	40
⑥	底边上翘	定寸	2
⑦	前领口宽	$\frac{N}{5}-1.2$	6.4
⑧	前胸宽	$\frac{1.5}{10}B+3$	18
⑨	前肩宽	$\frac{S}{2}-0.5$	19.5
⑩	前胸围	$\frac{B}{4}$	25
⑪	后衣长	$L-1$	69
⑫	后领口深	定寸	2.3
⑬	后落肩	$\frac{S}{10}$	4
⑭	后袖窿深	$\frac{B}{5}+5$	25
⑮	后领口宽	$\frac{N}{5}-0.7$	6.9
⑯	背宽	$\frac{1.5}{10}B+4$	19
⑰	后肩宽	$\frac{S}{10}+0.3$	20.3
⑱	后胸围	$\frac{B}{4}$	25
⑲	袖长	SL	55
⑳	袖山高	$\frac{B}{10}+3.5$	13.5
㉑	袖口	定寸	13.5

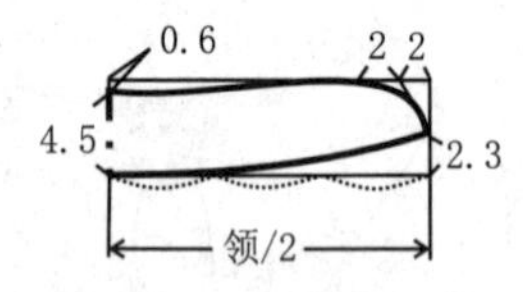
0.6
2 2
4.5
2.3
领/2

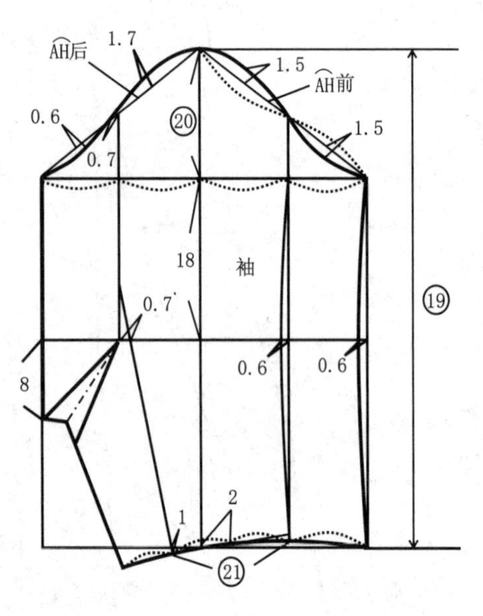
AH后
1.7
1.5
AH前
0.6
⑳
1.5
0.7
18
袖
⑲
0.7
8
0.6
0.6
2
1
㉑

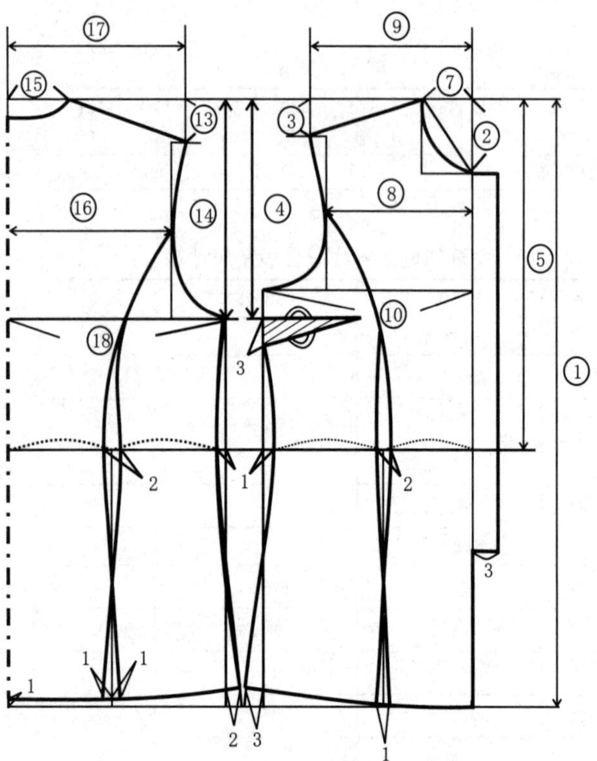
⑰
⑨
⑮
⑦
⑬
③
②
⑯
⑭
④
⑧
⑤
⑩
⑱
3
①
2
1
2
3
1 1
1
2 3
1

八十七、双排插肩袖女风衣

款式分析

双排插肩袖女风衣，长及膝盖的风衣配以较宽松型衣身，插身袖便于手臂的活动，款式简洁大方，是春秋季节的主要品种之一。

成品规格表

尺寸 \ 部位	衣长 L	胸围 B	肩宽 S	领围 N	袖长 SL	袖口 CW
165/86A（号型）	100	118	41	41	58	17

主要部位比例分配公式及尺寸表

序号	部位	细部公式	尺寸
①	前衣长	L	100
②	前领口深	$\frac{N}{5}$	8.2
③	前落肩	$\frac{S}{10}-0.5$	3.6
④	前袖窿深	$\frac{B}{5}+4$	27.6
⑤	腰节线	$\frac{号}{4}$	41.2
⑥	底边上翘	定寸	2
⑦	撇门线	定寸	1.5
⑧	叠门线	定寸	7.5
⑨	前领口宽	$\frac{N}{5}+0.5$	8.7
⑩	前肩宽	$\frac{S}{2}$	20.5
⑪	前冲肩	定寸	2
⑫	前胸围	$\frac{B}{4}$	29.5
⑬	后衣长	L	100
⑭	后领口深	定寸	2.5
⑮	后落肩	$\frac{S}{10}-1$	3.1
⑯	后袖窿深	$\frac{B}{5}+5$	28.6
⑰	后领口宽	$\frac{N}{5}+0.5$	8.7
⑱	后肩宽	$\frac{S}{2}+0.7$	21.2
⑲	后冲肩	定寸	1.5
⑳	后胸围	$\frac{B}{4}$	29.5
㉑	袖长	SL	58
㉒	前袖口	CW−1	16
㉓	后袖口	CW+1	18

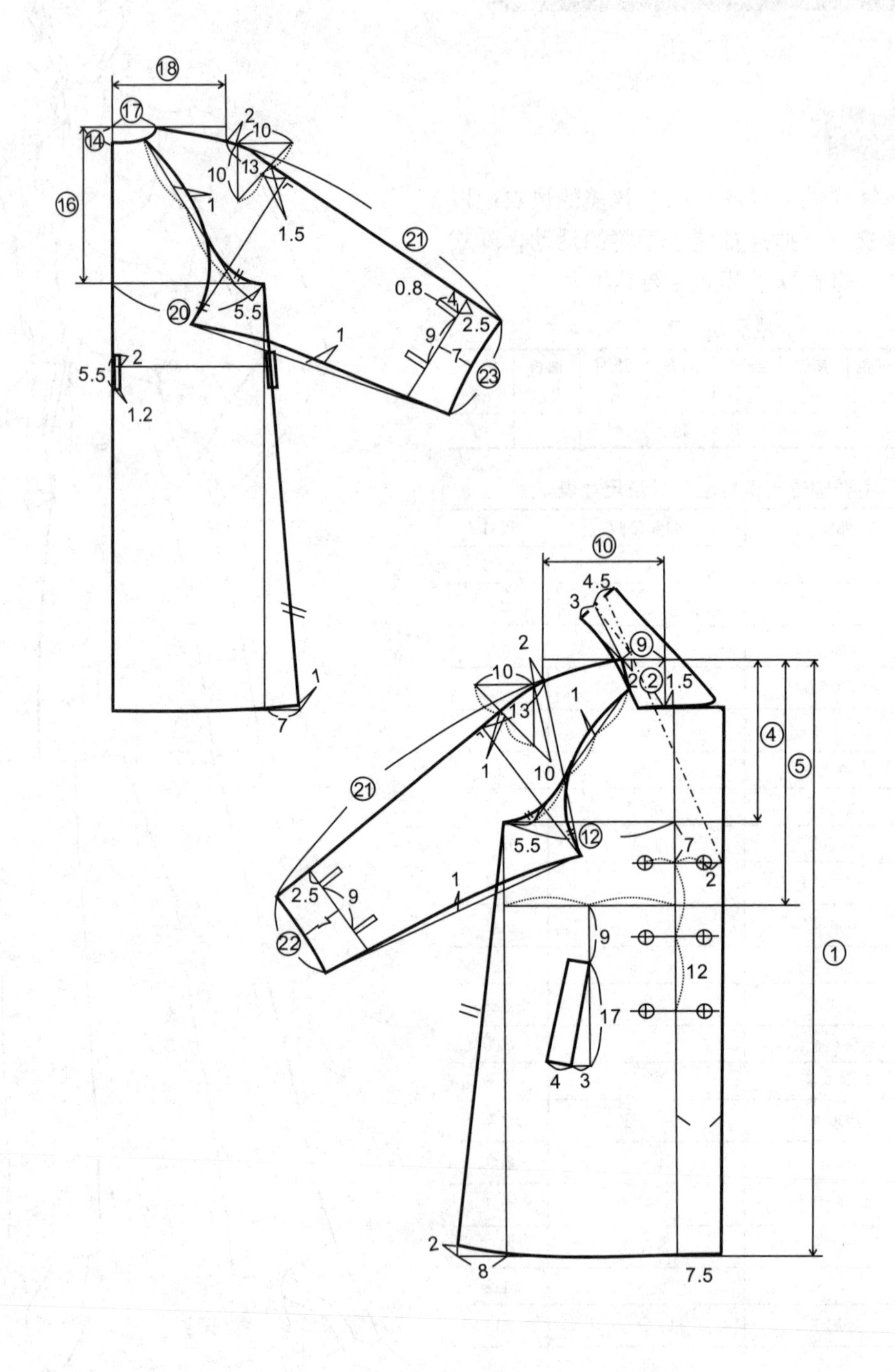
⑱
⑰
⑭
⑯
2
10
10
13
1
1.5
㉑
0.8
4
2.5
9
7
⑳
5.5
1
㉓
2
5.5
1.2
1
7
⑩
4.5
3
⑨
2
10
2.2
1.5
13
1
④
⑤
1
10
㉑
⑫
5.5
7
2
2.5
9
1
㉒
9
12
17
①
4
3
2
8
7.5

八十八、二粒扣插肩袖长大衣

款式分析

驳领单排二粒扣，左右前身各配一个插袋。后开缝，后下摆开叉，配插肩袖，美观舒适，活动自如。

成品规格表

尺寸 \ 部位	衣长 L	胸围 B	肩宽 S	袖长 SL	袖口 CW
160/84A（号型）	102	112	46	56	17

主要部位比例分配公式及尺寸表

序号	部位	细部公式	尺寸
①	前衣长	L	102
②	前落肩线	$\frac{B}{20}+0.3$	5.9
③	前领深线	定寸	15
④	前袖窿深	$\frac{B}{5}+6$	28.4
⑤	前腰节线	$\frac{号}{4}+1$	41
⑥	底边上翘线	定寸	2.5
⑦	叠门线	定寸	3
⑧	前领宽线	$\frac{B}{10}-2$	9.2
⑨	胸宽线	$\frac{1.5}{10}B+4$	20.8
⑩	前肩宽线	$\frac{S}{2}$	23
⑪	前胸围线	$\frac{B}{4}$	28
⑫	后衣长	$L-2+2$	102
⑬	后落肩线	$\frac{B}{20}$	5.6
⑭	后领深线	定寸	2.3
⑮	后袖窿深	$\frac{B}{5}+8$	30.4
⑯	后腰节线	$\frac{号}{4}+3$	43
⑰	后领宽线	$\frac{B}{10}-2$	9.2
⑱	背宽线	$\frac{1.5}{10}B+5$	21.8
⑲	后胸围线	$\frac{B}{4}$	28

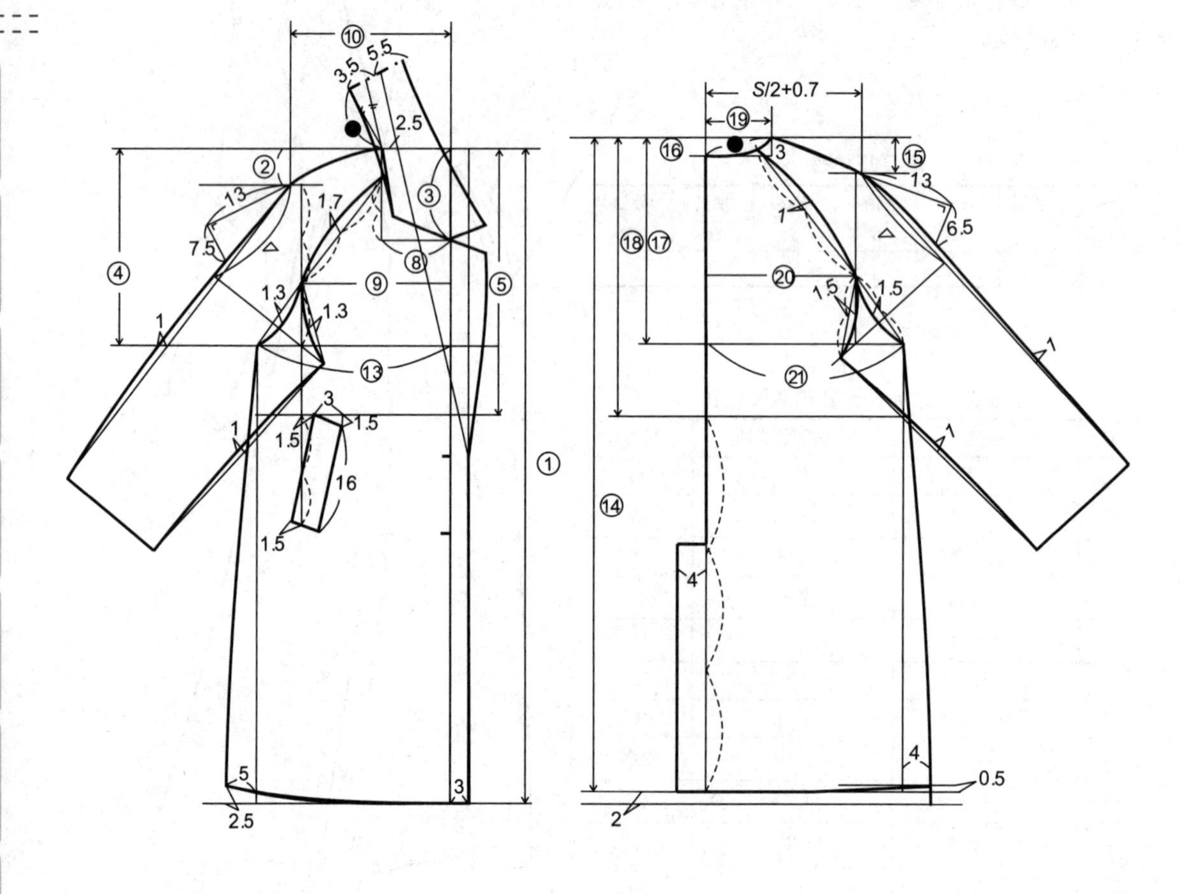

⑩
3.5
5.5
2.5
②
③
13
1.7
7.5
④
⑧
⑨
⑤
1.3
1.3
1
⑬
3
1.5
1.5
1
16
①
1.5
5
3
2.5
S/2+0.7
⑲
⑯
3
⑮
13
1
6.5
⑱ ⑰
⑳
1.5
1.5
㉑
1
1
⑭
4
4
0.5
2

第九章

童装结构制图 9

八十九、插肩式娃娃装

款式分析

圆领，全开领娃娃装，袖口脚口装松紧，穿脱方便，活动自如。

成品规格表

部位 尺寸	裤长 L	胸围 B	绗丈	袖长 SL	袖肥 SW	袖口 CW	领宽
60/42（号型）	50	60	33	21.5	13.5	6.5	12

部位 尺寸	前直开领	后直开领	臀围 H	脚口 SB	股上 BR	股上 IL	肩宽 S
60/42（号型）	6	1.5	68	22	36	14	23

主要部位比例分配公式及尺寸表

序号	部位	细部公式	尺寸
①	衣长	L-3（罗纹）	47
②	臀围	$\frac{H}{2}$	34
③	胸围	$\frac{B}{2}$	30
④	袖根	胸宽向里	2
⑤	中心线	$\frac{H}{2}$	17
⑥	横开领	定寸	12
⑦	直开领	定寸	6
⑧	肩宽	S（定寸）	23
⑨	落肩	肩下落	1
⑩	绗丈	定寸	33
⑪	袖口	（CW）定寸	9.8
⑫	袖肥	（SW）定寸	13.5
⑬	前脚口	$\frac{SB}{2}+1$	12
⑭	股上	（BR）定寸	36
⑮	股下	L-BR	14
⑯	股上分三份第一份	距中心线	2
⑰	股上分三份第二份	距中心线	6.5
⑱	股上分三份第三份	距中心线	9.5
⑲	后脚口	$\frac{SB}{2}-1$	10
⑳	袖长	（SL）定寸	21.5

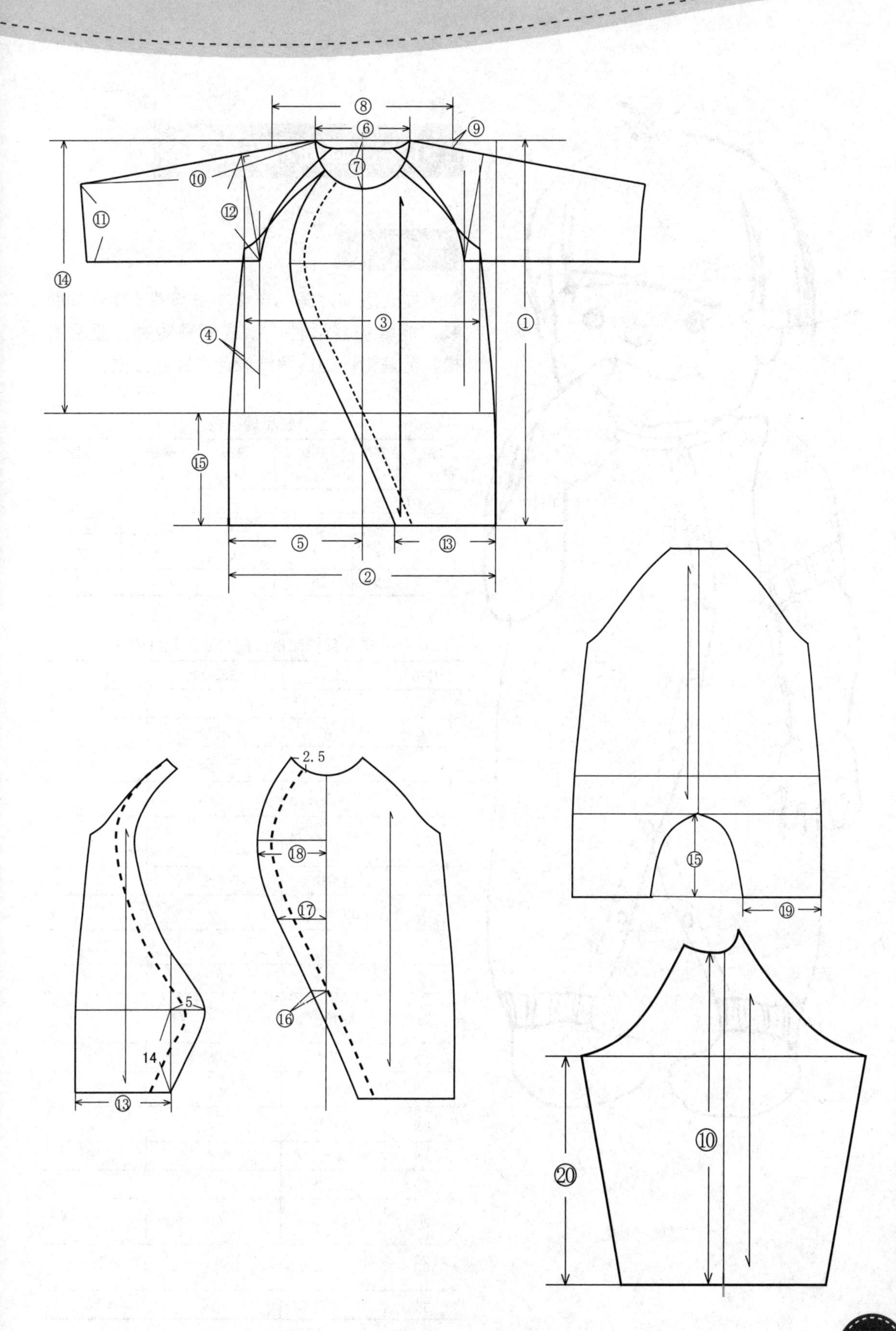
⑧
⑥
⑨
⑦
⑩
⑪
⑫
⑭
③
①
④
⑮
⑤
⑬
②
2.5
⑱
⑰
5
⑯
14
⑬
⑮
⑲
⑳
⑩

九十、圆袖式娃娃装

款式分析

婴儿腹部浑圆，穿着衣身与裤子相连的服装，能增加舒适性。款式无领短袖，腰部宽松，前偏襟，边口罗纹设计，穿脱方便。

成品规格表

部位 / 尺寸	衣长 L	胸围 B	臀围 H	肩宽 S
66/44（号型）	60	64	74	23
部位 / 尺寸	**领围 N**	**袖长 SL**	**袖口 CW**	**脚口 SB**
66/44（号型）	25.5	21	20	24

主要部位比例分配公式及尺寸表

序号	部位	细部公式	尺寸
①	前衣长	L	60
②	肩高	定寸	2
③	前领深线	$\frac{N}{5}+0.5$	5.6
④	前袖窿深	$\frac{B}{5}+3$	15.8
⑤	下裆长	定寸（去裤罗纹口3cm）	21
⑥	叠门线	定寸	2
⑦	前领宽	$\frac{N}{5}$	5.1
⑧	肩宽	$\frac{S}{2}$	11.5
⑨	冲肩	定寸	1.5
⑩	后衣长	后衣长线上抬1（L+1）	61
⑪	后领深	定寸	1
⑫	后领宽	$\frac{N}{5}$	5.1
⑬	脚口宽	$\frac{SB}{2}$	12
⑭	袖长	SL−2	19
⑮	袖山高	定寸	6
⑯	罗纹袖口长	定寸	12.5
⑰	罗纹领口宽	定寸	2
⑱	罗纹裤口长	定寸	16

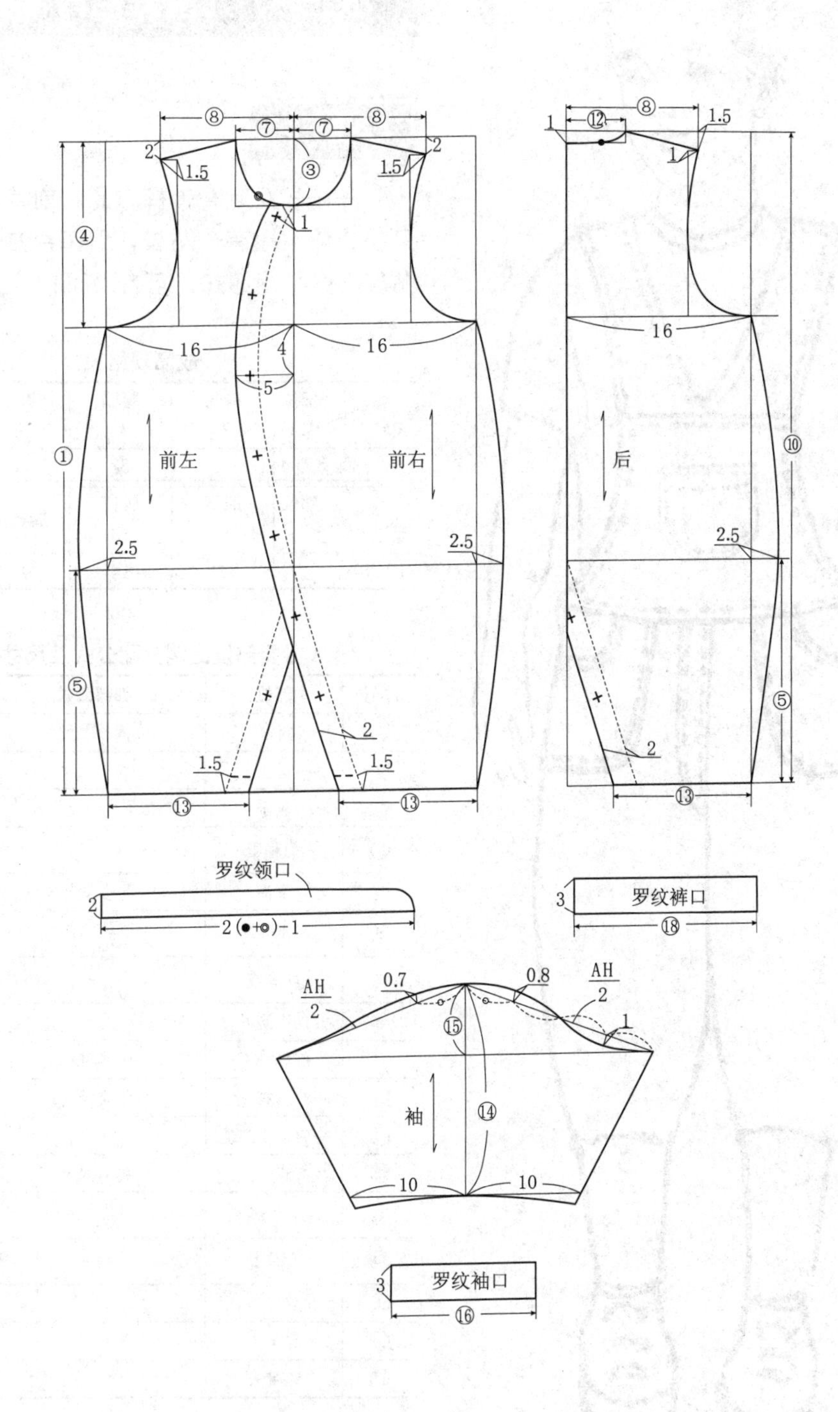
⑧
⑦
⑦
⑧
2
2
1.5
1.5
③
1
④
16
16
4
5
①
前左
前右
2.5
2.5
⑤
2
1.5
1.5
⑬
⑬
1
⑫
⑧
1.5
1
16
后
⑩
2.5
⑤
2
⑬
罗纹领口
2
2(●+○)-1
3
罗纹裤口
⑱
AH
2
0.7
0.8
AH
2
1
⑮
袖
⑭
10
10
3
罗纹袖口
⑯

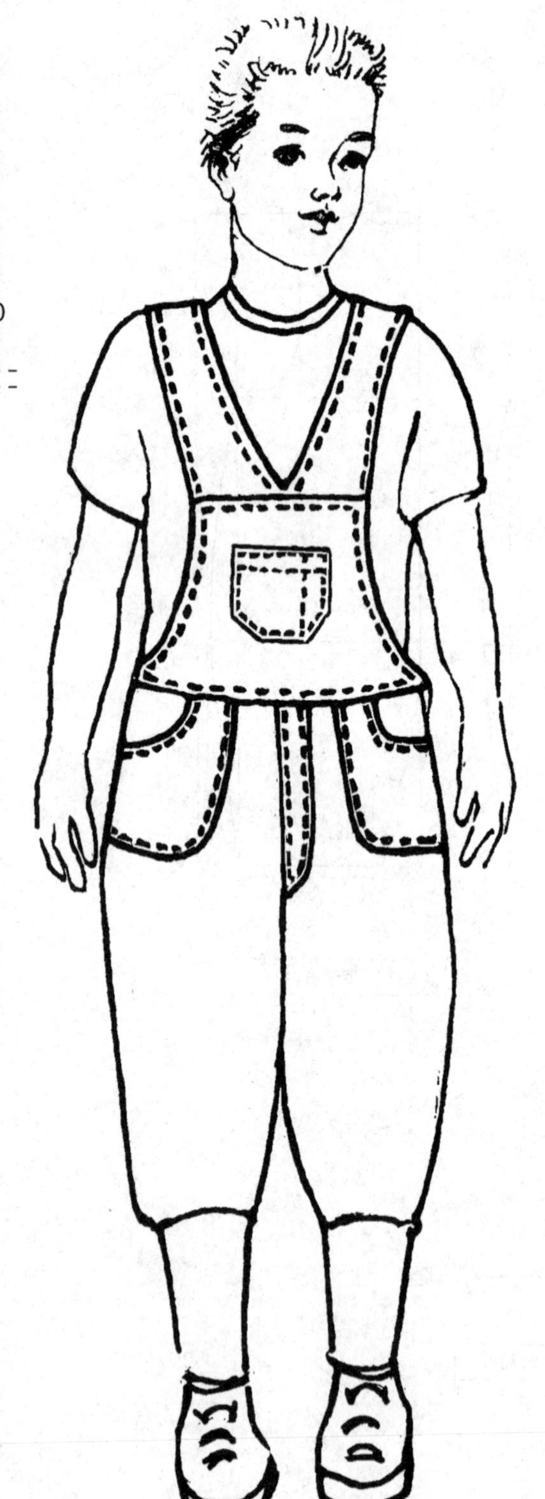

九十一、儿童开裆背带裤

款式分析

开裆式儿童背带裤。此款前片左右各有两只袋，前上段有一贴袋，后裤片左右各有一只贴袋。开裆用纽扣，可合上可拉开。

成品规格表

部位/尺寸	裤长 L	腰围 W	臀围 H	股上 BR
130/64（号型）	74.5	32	68	44

部位/尺寸	股下 IL	脚口 SB	胸裆宽	
130/64（号型）	30.5	14	15	

主要部位比例分配公式及尺寸表

序号	部位	细部公式	尺寸
①	裤长	裤长尺寸	74.5
②	股上	股上尺寸	44
③	股下	裤长尺寸－股上尺寸	30.5
④	前臀围	$\frac{H}{4}-1$	16
⑤	臀高	下裆向上5	/
⑥	小裆	$\frac{H}{20}-1$	2.4
⑦	烫迹线	$\frac{3}{20}H-1$	9.2
⑧	上口距胸裆宽	定寸	9
⑨	前胸裆高	定寸	12.5
⑩	前胸裆宽	定寸	16
⑪	前胸裆上口宽	定寸	15
⑫	前脚口宽	脚口尺寸	14
⑬	后臀围	$\frac{H}{4}+1$	18
⑭	大裆宽	$\frac{H}{10}$	6.8
⑮	后切替	定寸	21.5
⑯	后脚口	脚口尺寸	14
⑰	背带长	定寸	16

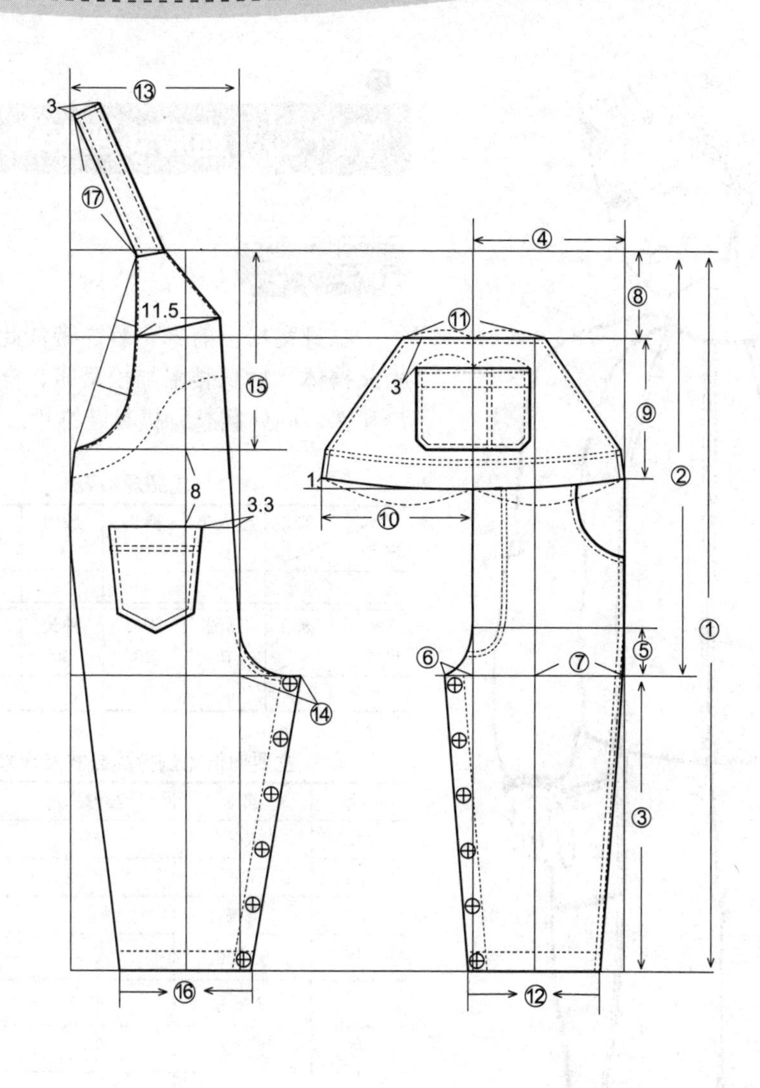

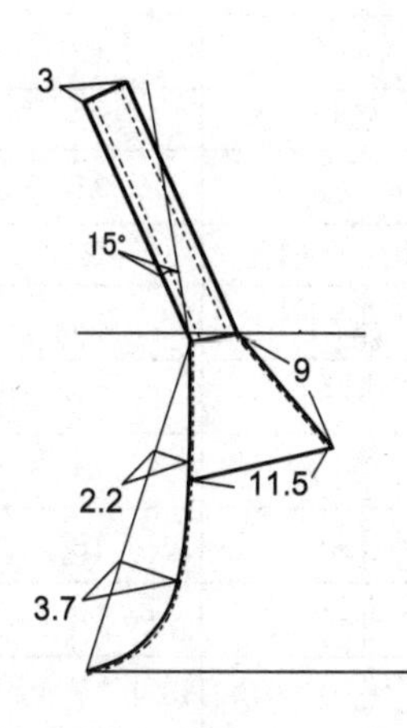

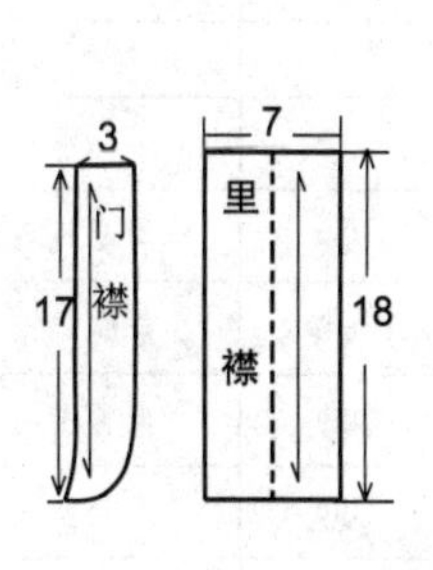

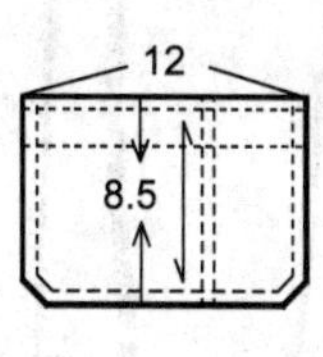

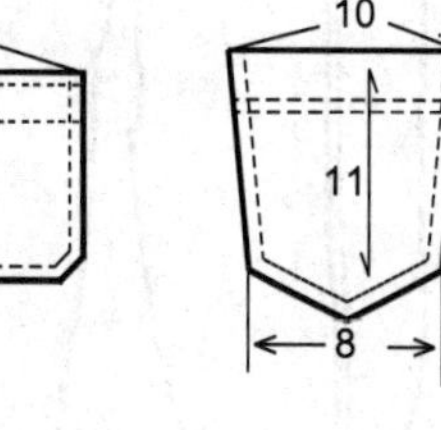

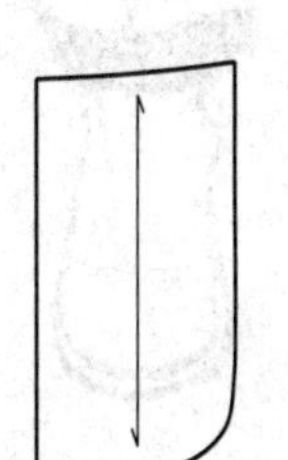

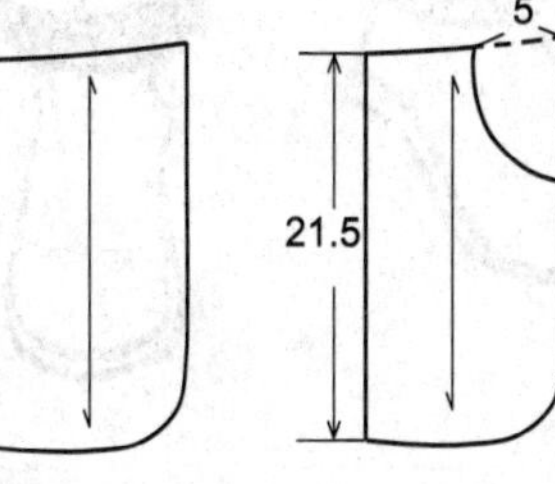

①服装制图基础知识
②裤装结构制图
③裙装结构制图
④衬衫结构制图
⑤茄克衫结构制图
⑥中式服装结构制图
⑦西服结构制图
⑧大衣结构制图
⑨童装结构制图

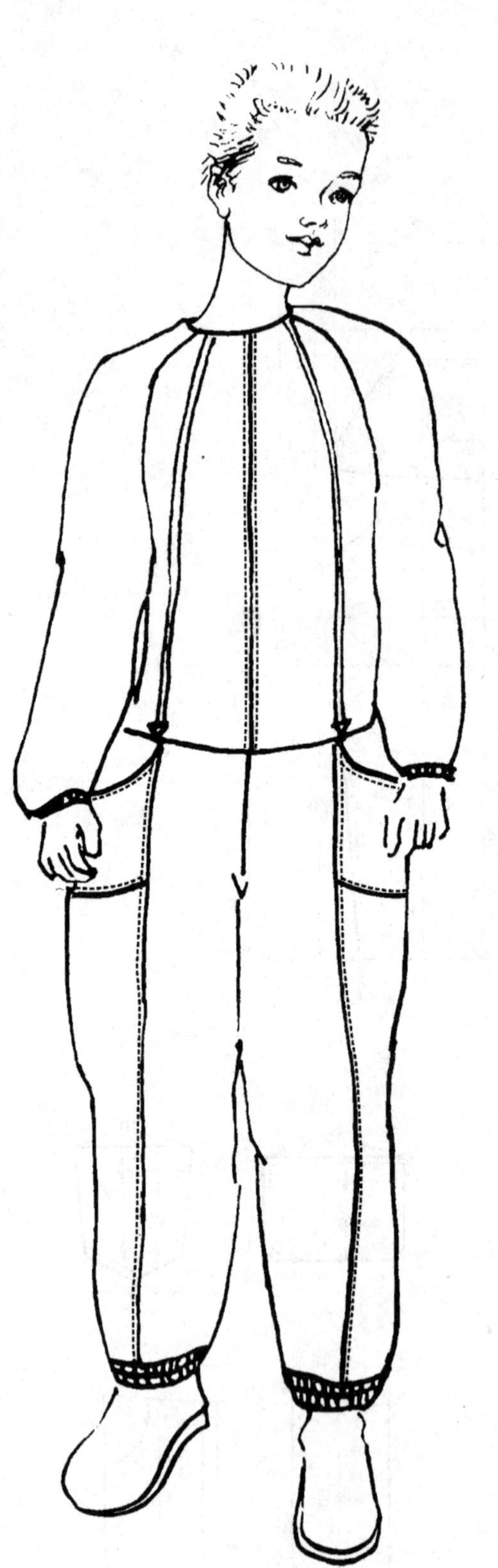

九十二、插肩式连衣裤

款式分析

衣身宽松，前身有装饰带，此连衣裤既宽松又得体，后身腰围加松紧带，穿着方便，袖口和裤口向外翻起，极具装饰性。

成品规格表

部位 尺寸	全衣长 *L*	裤长 TL	腰围 *W*	上裆长	臀围 *H*
135/68A（号型）	83	38	68	20	68
部位 尺寸	**胸围 *B***	**脚口 SB**	**袖长 SL**	**袖口 CW**	**领大 *N***
135/68A（号型）	68	32	41	19	31

主要部位比例分配公式及尺寸表

序号	部位	细部公式	尺寸
①	衣长	$L+2$	85
②	裤长	TL+2	40
③	臀高	定寸	5
④	前臀围	$\frac{H}{4}-1$	16
⑤	前腰围	$\frac{W}{4}-1$	16
⑥	前胸围	$\frac{B}{4}-1$	16
⑦	直开领	$\frac{2}{10}N-1$	5.2
⑧	横开领	$\frac{2}{10}N-1.5$	4.7
⑨	袖长	SL+2	43
⑩	袖口宽	$\frac{CW}{2}$	9.5
⑪	袖根	胸围线向里	2
⑫	小裆宽	$\frac{H}{20}-1$	2.4
⑬	烫迹线	$\frac{3}{20}H-1$	9.2
⑭	前脚口	$\frac{SB}{2}-2$	14
⑮	后臀围	$\frac{H}{4}+1$	18
⑯	后腰围	$\frac{W}{4}+1$	18
⑰	后胸围	$\frac{B}{4}+1$	18
⑱	后裆宽	$\frac{H}{10}$	6.8
⑲	后脚口	$\frac{SB}{2}+2$	18

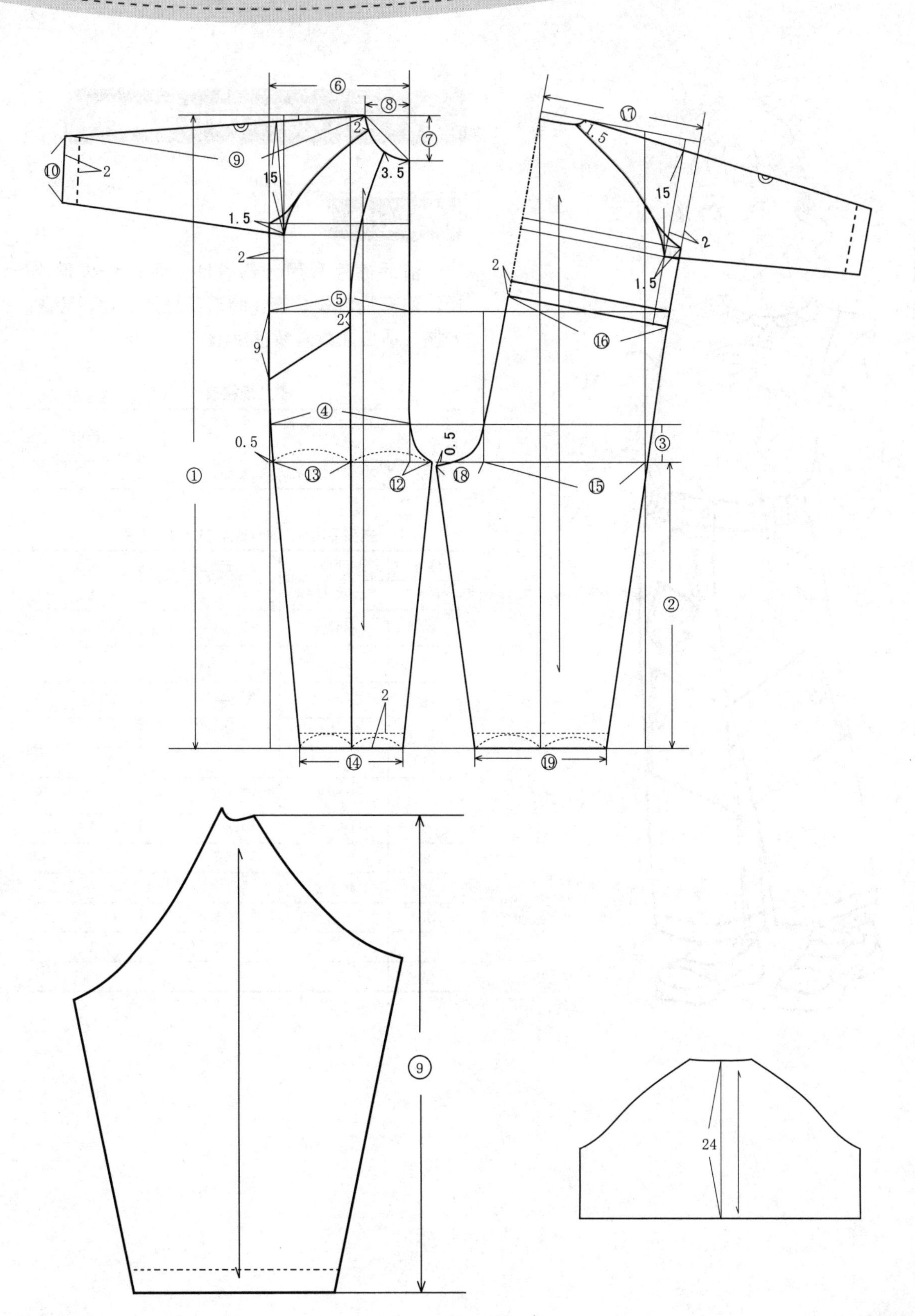

⑥
⑧
⑦
②
3.5
⑨
⑩
2
15
1.5
2
⑤
2
9
④
0.5
⑬
⑫
0.5
⑱
⑮
③
①
②
2
⑭
⑲
⑰
1.5
15
2
1.5
2
⑯
⑨
24

九十三、儿童多开片直筒裤

款式分析

前后裤片利用分割设计，后裤片线条流畅，前裤片口袋装饰，腰部侧缝处抽褶，穿脱方便，适合儿童着装特点。

成品规格表

部位 尺寸	裤长 L	臀围 H	裤口
120/56（号型）	72	80	17

主要部位比例分配公式及尺寸表

序号	部位	细部公式	尺寸
①	前裤片长	$L-3$	69
②	横档线	$\frac{H}{4}$	20
③	臀围宽	$\frac{H}{4}$	20
④	小档宽	$\frac{H}{20}-1$	3
⑤	前裤口宽	裤口－1	16
⑥	后裤片长	$L-3$	69
⑦	大裆宽	$\frac{H}{10}$	8
⑧	后裤口宽	裤口＋1	18
⑨	腰带长	$H-4$	76
⑩	腰带宽	定寸	3
⑪	贴袋长	定寸	10
⑫	贴袋宽	定寸	11
⑬	裤袢	定寸	4×1

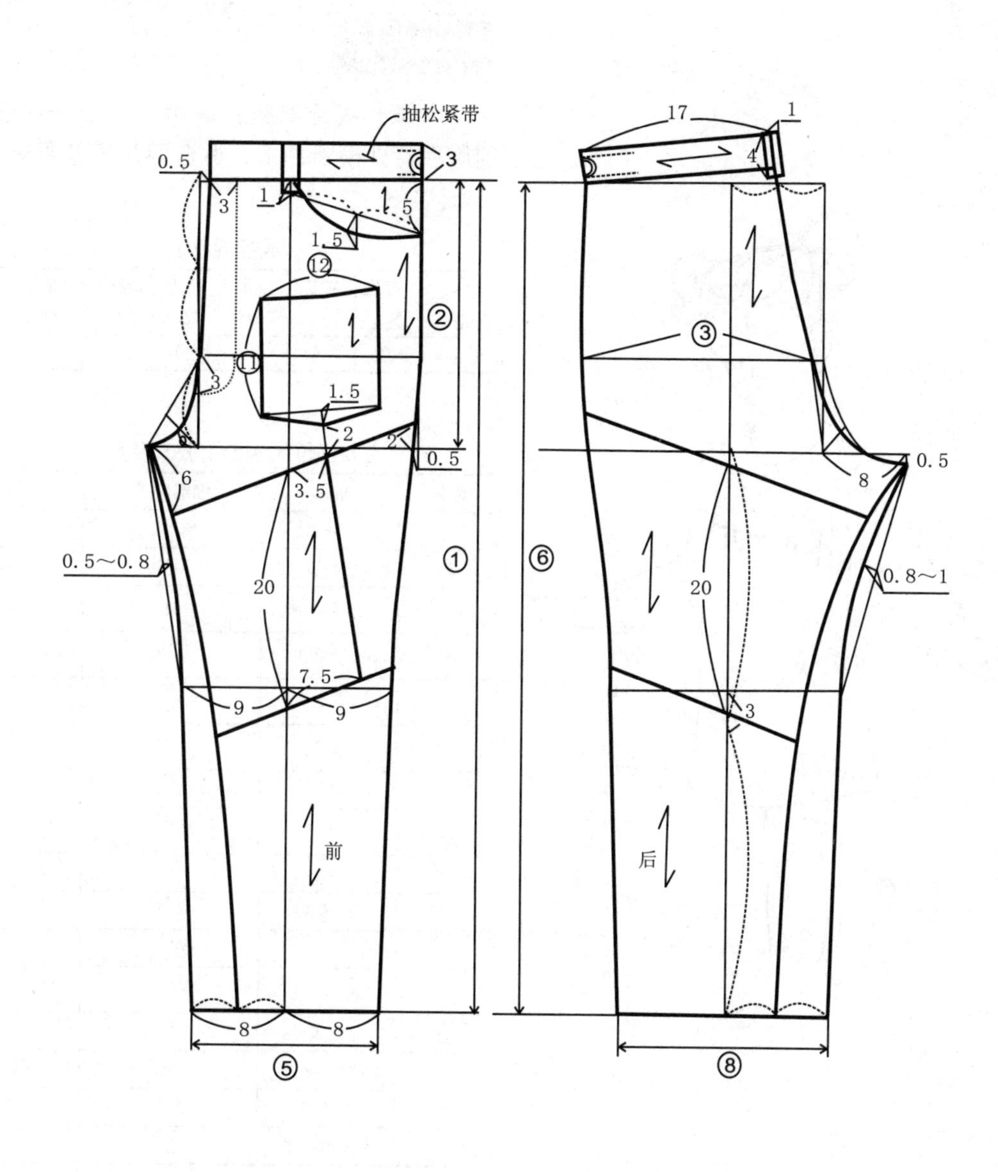

抽松紧带
0.5
3
1
1.5
1.5
12
2
11
3
1.5
2
2
0.5
6
3.5
0.5～0.8
20
1
7.5
9
9
前
8
8
5
17
1
4
3
8
0.5
6
20
0.8～1
3
后
8

①服装制图基础知识
②裤装结构制图
③裙装结构制图
④衬衫结构制图
⑤茄克衫结构制图
⑥中式服装结构制图
⑦西服结构制图
⑧大衣结构制图
⑨童装结构制图

九十四、抽褶连衣裙

款式分析

平领长袖连衣裙，采用后中心开门设计，前胸后背处横断抽褶，适合婴儿穿着要求。

成品规格表

部位 尺寸	衣长 L	胸围 B	肩宽 S	领围 N	袖长 SL	领高
60/42A（号型）	54	54	20	24	17	3

主要部位比例分配公式及尺寸表

序号	部位	细部公式	尺寸
①	前衣长	L	54
②	肩高	定寸	1.5
③	前领口深	$\frac{N}{5}+0.5$	5.3
④	前袖窿深	$\frac{B}{5}+4$	14.8
⑤	前领口宽	$\frac{N}{5}$	4.8
⑥	肩宽	$\frac{S}{2}$	10
⑦	冲肩	定寸	1.5
⑧	前胸围	$\frac{B}{4}$	13.5
⑨	后衣长	L	54
⑩	后领深	定寸	1.5
⑪	叠门宽	定寸	1.5
⑫	后领口宽	$\frac{N}{5}$	4.8
⑬	褶量	定寸	5
⑭	袖长	SL	17
⑮	袖山高	定寸	6
⑯	领口抽带长	定寸	40

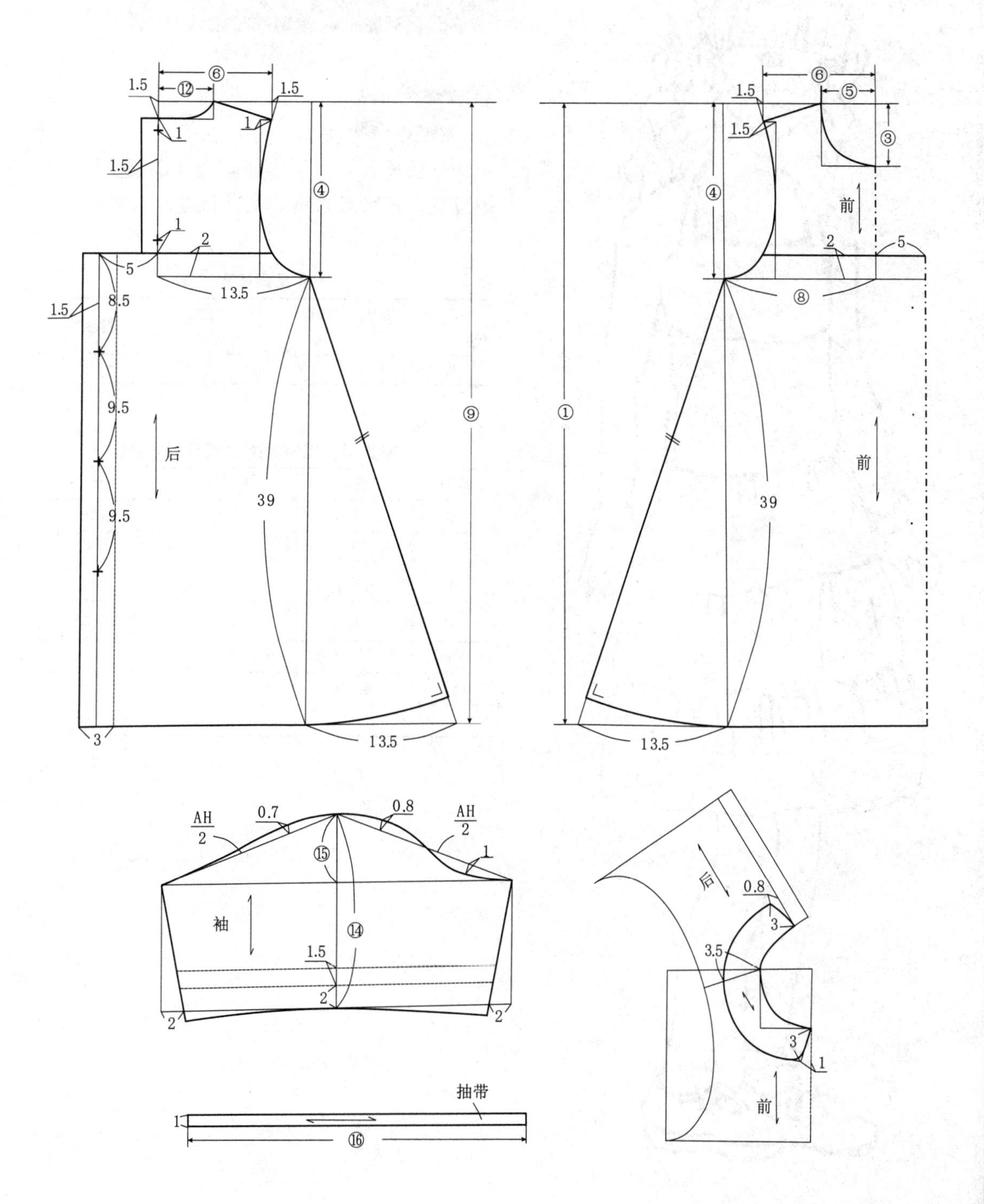
⑥
1.5
⑫
1.5
1
1
1.5
1
2
5
13.5
1.5
8.5
④
9.5
后
9.5
39
⑨
3
13.5
⑥
⑤
1.5
1.5
③
④
前
2
5
⑧
①
前
39
13.5
AH
2
0.7
0.8
AH
2
1
⑮
袖
⑭
1.5
2
2
2
后
0.8
3
3.5
3
1
前
抽带
1
⑯

九十五、儿童多层褶裙

款式分析

一般裙长设计至膝盖附近，绱腰头，三层抽碎褶，侧缝装拉链。款式飘逸、自然。

成品规格表

尺寸＼部位	裙长 L	腰围 W	腰头宽
120/56（号型）	51	58	3

主要部位比例分配公式及尺寸表

序号	部位	细部公式	尺寸
①	前裙长	$L-3$	48
②	前腰宽	$\frac{W}{4}$	14.5
③	后裙长	$L-3$	48
④	后腰宽	$\frac{W}{4}$	14.5
⑤	后中心下落	定寸	0.7
⑥	腰头长	$W+3$	61
⑦	腰头宽	定寸	3

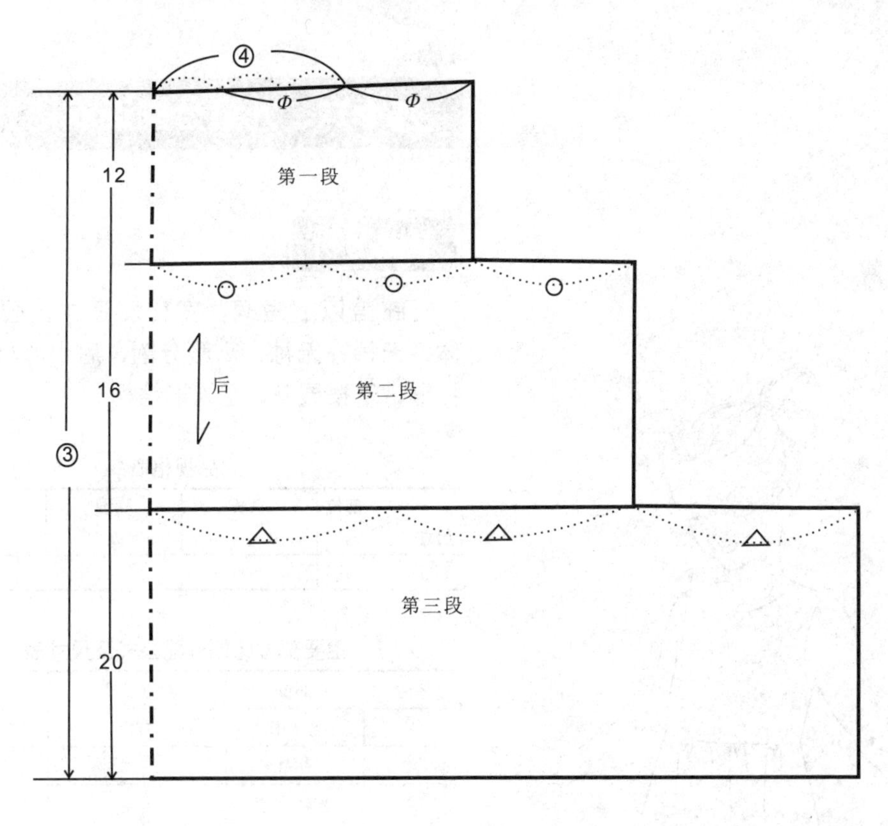
④
Φ
Φ
12
16
20
③
第一段
第二段
后
第三段

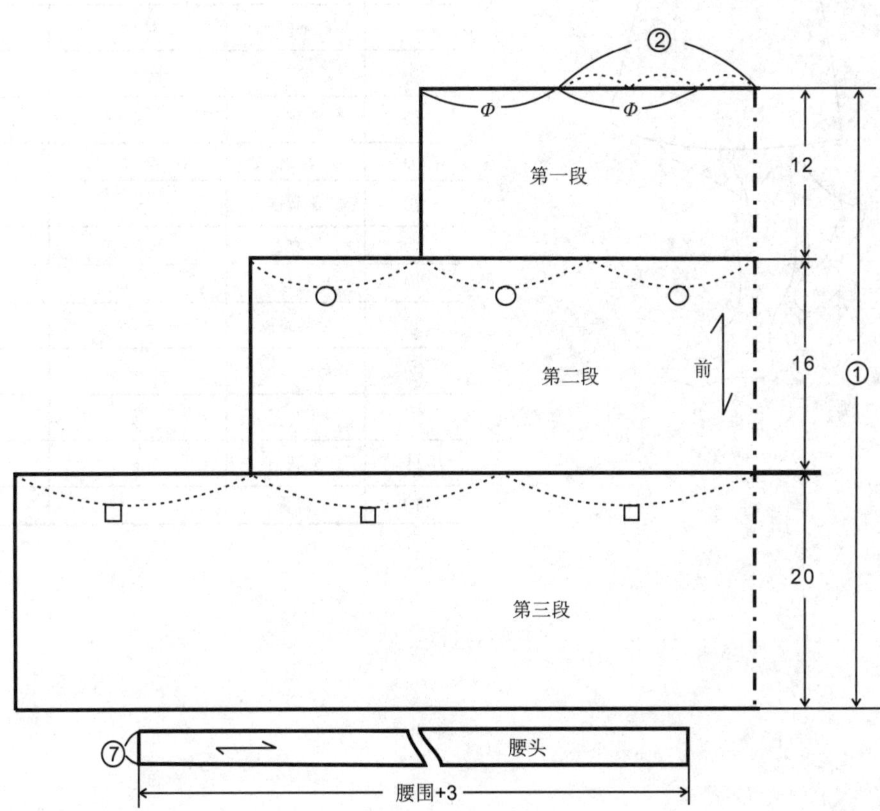
②
Φ
Φ
12
16
20
①
第一段
第二段
前
第三段
⑦
腰头
腰围+3

九十六、儿童分割连衣裙

款式分析

膝盖以上短裙，宽松度适中，腰部略合体，无领，无袖，高腰分割，后中心分割、绱拉链，下摆展开，呈A形结构。

成品规格表

部位 尺寸	衣长 L	胸围 B	肩宽 S
120/62（号型）	62	76	30

主要部位比例分配公式及尺寸表

序号	部位	细部公式	尺寸
①	前衣长	L	62
②	落肩	定寸	3.5
③	前领口深	$\frac{B}{20}+3$	6.8
④	前袖窿深	$\frac{B}{5}+4$	19.2
⑤	前领口宽	$\frac{B}{20}+2.5$	6.3
⑥	前肩宽	$\frac{S}{2}$	15
⑦	冲肩	定寸	1.5
⑧	前胸围	$\frac{B}{4}$	19
⑨	后衣长	L	62
⑩	后领口深	定寸	2
⑪	后袖窿深	$\frac{B}{5}+5$	20.2
⑫	后领口宽	$\frac{B}{20}+2.5$	6.3
⑬	后肩宽	$\frac{S}{2}$	15
⑭	后胸围	$\frac{B}{4}$	19
⑮	褶量	定寸	12

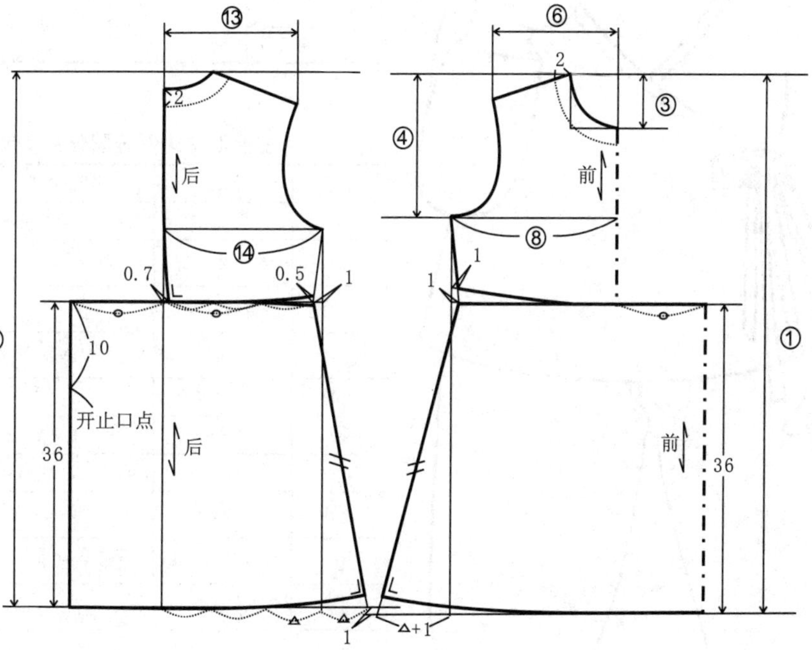

⑬ ⑥
2 2 ③
④
后 前
⑭ ⑧
0.7 0.5 1 1 1
⑨ ①
10
开止口点
36 36
后 前
△ △ 1 △+1

九十七、无领偏襟衬衫

款式分析

本款适合幼童穿着。无领长袖中式偏襟设计，采用系带联接，穿着方便。

成品规格表

部位 尺寸	背长 L	胸围 B	肩宽 S	领围 N	臀高	手臂长
66/42（号型）	17.5	58	20	23	8.5	19

主要部位比例分配公式及尺寸表

序号	部位	细部公式	尺寸
①	前衣长	L=背长+臀高+5	31
②	前袖窿深线	$\frac{B}{5}+4$	15.6
③	前领口宽	$\frac{N}{5}+0.2$	4.8
④	前胸围	$\frac{B}{4}$	14.5
⑤	前片偏襟量	定寸	8
⑥	后衣长	背长+臀高+5	31
⑦	后领口深	定寸	1
⑧	后袖窿深	$\frac{B}{5}+4$	15.6
⑨	后领口宽	$\frac{N}{5}+0.2$	4.8
⑩	后胸围	$\frac{B}{4}$	14.5
⑪	袖长	$\frac{1}{2}$肩宽+手臂长	29
⑫	袖口	定寸	16
⑬	门襟系带长	定寸	40
⑭	侧缝系带长	定寸	16
⑮	系带宽	定寸	1

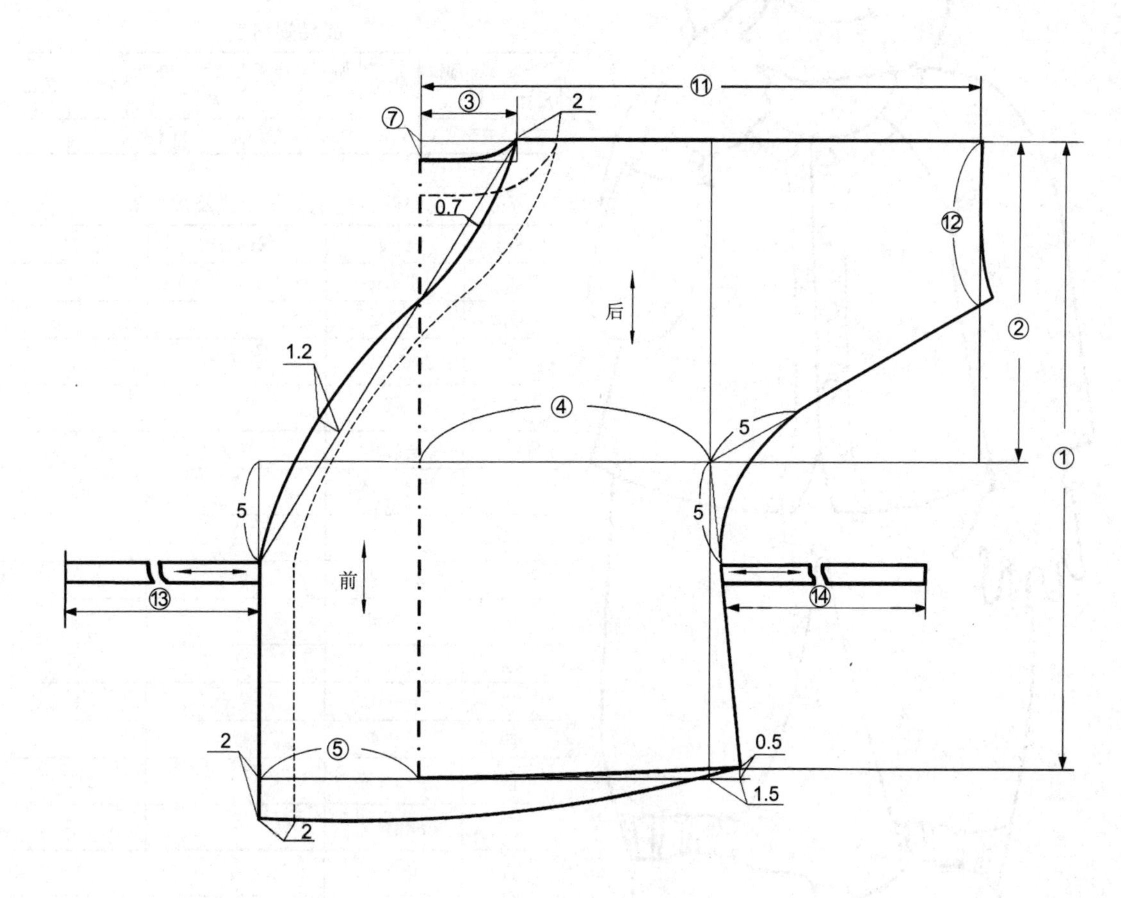

⑪
③
⑦
2
0.7
⑫
后
②
1.2
④
5
①
5
5
前
⑬
⑭
2
⑤
0.5
1.5
2

九十八、婴儿无领插肩袖衬衫

款式分析

无领前开门设计，插肩袖便于手臂活动，适合3～9个月的婴儿。

成品规格表

部位 / 尺寸	背长	胸围 B	肩宽 S	领围 N	袖长 SL	臀高	袖口
60/44（号型）	18	58	23	24.5	18	9	16

主要部位比例分配公式及尺寸表

序号	部位	细部公式	尺寸
①	前衣长	L=背长+臀高+5	32
②	前肩高	定寸	2
③	前领口深	$\frac{N}{5}+0.3$	5.2
④	前袖窿深	$\frac{B}{5}+4$	15.6
⑤	叠门宽	定寸	1
⑥	前领口宽	$\frac{N}{5}$	4.9
⑦	前肩宽	$\frac{S}{2}$	11.5
⑧	前冲肩	定寸	2
⑨	前胸围	$\frac{B}{4}$	14.5
⑩	后衣长	L	32
⑪	后领深	定寸	1
⑫	后肩高	定寸	2
⑬	后袖窿深	$\frac{B}{5}+4$	15.6
⑭	后领口宽	$\frac{N}{5}$	4.9
⑮	后肩宽	$\frac{S}{2}$	11.5
⑯	后冲肩	定寸	2
⑰	后胸围	$\frac{B}{4}$	14.5
⑱	袖长	SL	18
⑲	袖口	定寸	16

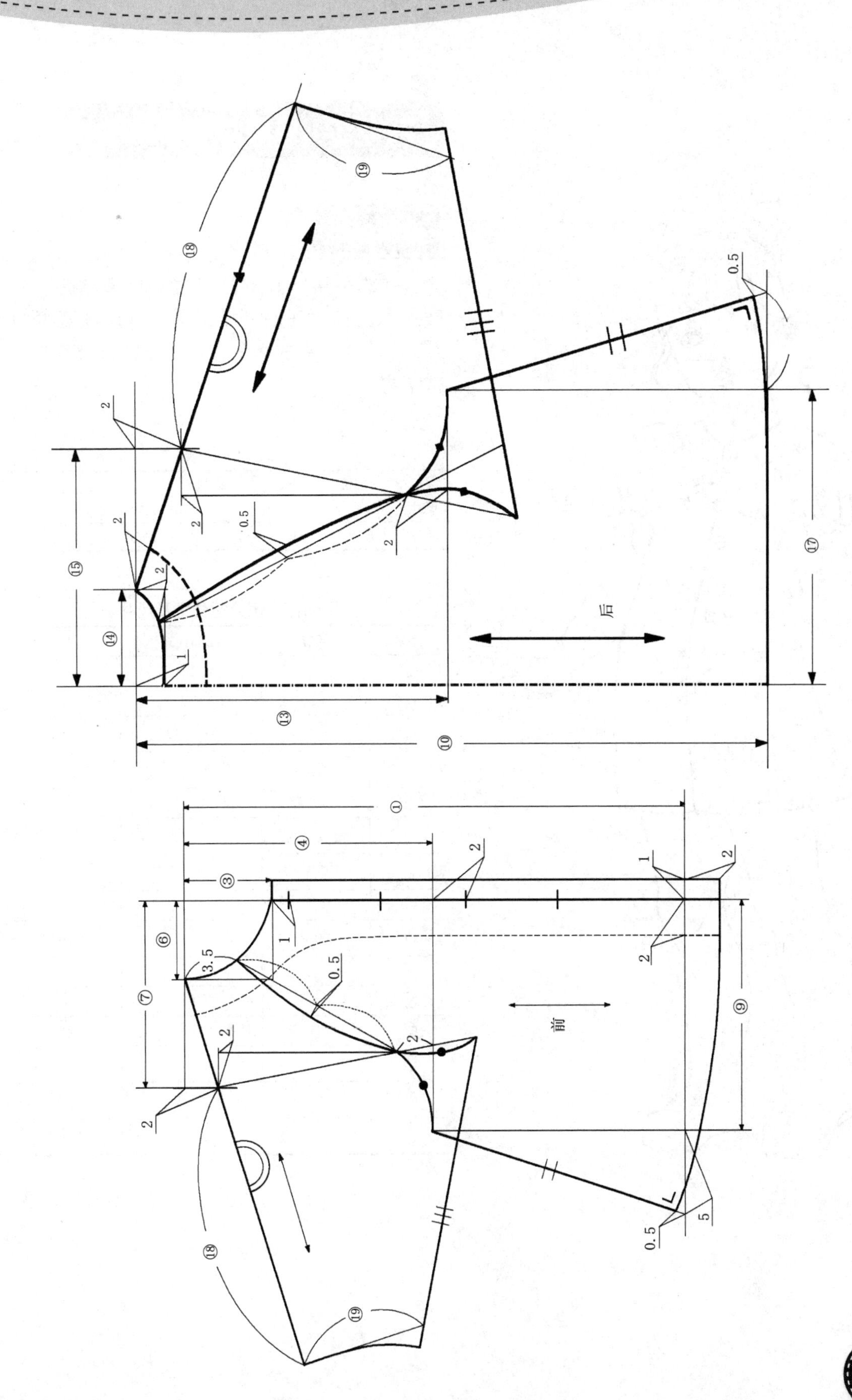

后
前

九十九、插肩灯笼袖衬衫

款式分析

款式采用一片式插肩袖，松肩结构，在开大领宽和领深的基础上添领，添领宽度为2.5cm，袖山头抽褶量10cm,袖口用松紧或系带结构。

成品规格表

部位 尺寸	衣长 L	胸围 B	肩宽 S	袖长 SL
110/58（号型）	46	76	30	13

主要部位比例分配公式及尺寸表

序号	部位	细部公式	尺寸
①	前衣长	L	46
②	肩高	定寸	4
③	前领口深	$\frac{B}{20}+7$	10.8
④	前袖窿深	$\frac{B}{5}+5$	20.2
⑤	叠门宽	定寸	1.5
⑥	前领口宽	$\frac{B}{20}+7$	10.8
⑦	肩宽	$\frac{S}{2}$	15
⑧	冲肩	定寸	1.5
⑨	前胸围	$\frac{B}{4}$	19
⑩	底边上翘	定寸	1.5
⑪	后衣长	L	46
⑫	后领口深	视领宽作适当调整	5.6
⑬	后袖窿深	$\frac{B}{5}+6$	21.2
⑭	后领口宽	$\frac{B}{20}+7$	10.8
⑮	后胸围	$\frac{B}{4}$	19

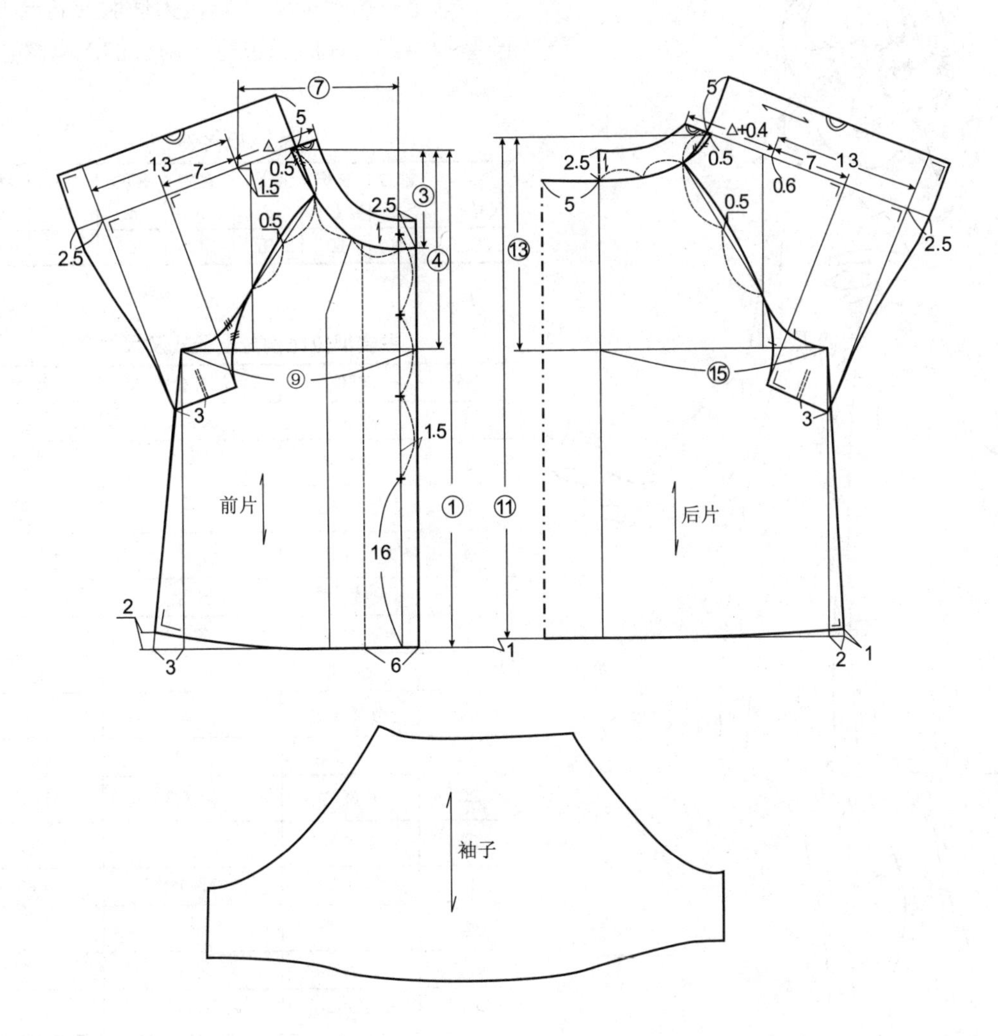

⑦
5
△
13
7
0.5
1.5
2.5
③
0.5
2.5
④
⑨
3
1.5
前片
①
16
2
3
6
1
5
△+0.4
2.5
0.5
5
7
13
0.6
⑬
0.5
2.5
⑮
3
⑪
后片
2
1
袖子

一百、抽褶女童衫

款式分析

这是一款普通女童衫，为使服装符合儿童圆腹的特点，在胸部进行分割，加入褶量。

成品规格表

尺寸＼部位	衣长 L	胸围 B	肩宽 S	领围 N	袖长 SL	袖口 CW
120/56（号型）	50	78	33	32	41.5	13

主要部位比例分配公式及尺寸表

序号	部位	细部公式	尺寸
①	前衣长	L	50
②	前落肩	$\frac{S}{10}$	3.3
③	前领口深	$\frac{N}{5}$	6.4
④	前袖窿深线	$\frac{B}{5}+5$	20.6
⑤	底边上翘	定寸	1
⑥	止口线	定寸	3
⑦	叠门线	定寸	1.5
⑧	前领口宽	$\frac{N}{5}-0.6$	5.8
⑨	冲肩	定寸	1
⑩	肩宽线	$\frac{S}{2}-0.3$	16.2
⑪	前胸围	$\frac{B}{4}$	19.5
⑫	后衣长	50−0.7	49.3
⑬	后落肩	$\frac{S}{10}$	3.3
⑭	后领口深	定寸	1.7
⑮	后袖窿深线	$\frac{B}{5}+5$	20.6
⑯	后底边上翘	定寸	0.3
⑰	后肩宽	$\frac{S}{2}$	16.5
⑱	冲肩	定寸	1
⑲	后领口宽	$\frac{N}{5}-0.3$	6.1
⑳	后胸围	$\frac{B}{4}$	19.5
㉑	袖长	SL	41.5
㉒	袖山高	定寸	9

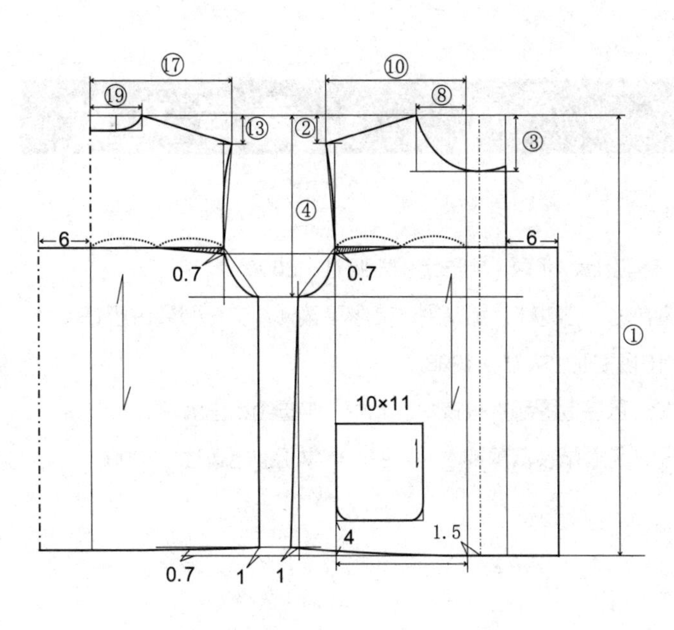

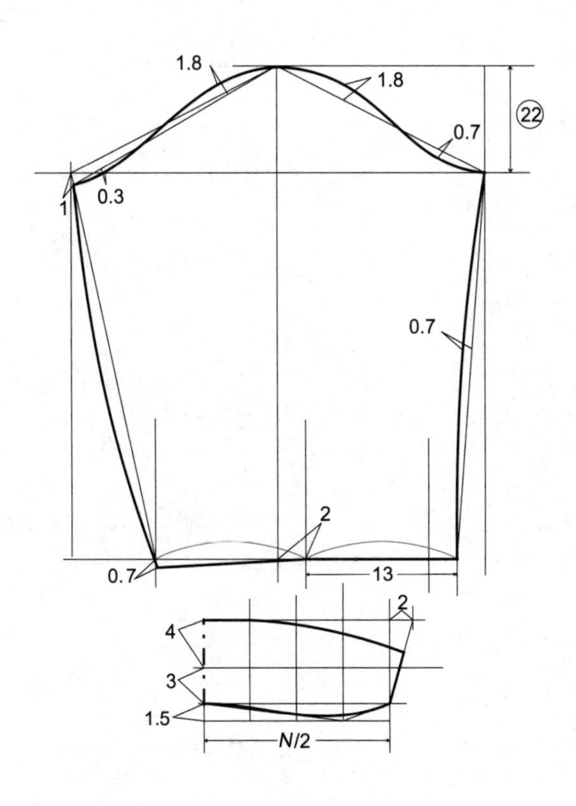

① 服装制图基础知识
② 裤装结构制图
③ 裙装结构制图
④ 衬衫结构制图
⑤ 茄克衫结构制图
⑥ 中式服装结构制图
⑦ 西服结构制图
⑧ 大衣结构制图
⑨ 童装结构制图

参考文献

［1］ 张文斌. 服装结构设计. 北京：中国纺织出版社，2006.
［2］［日］文化服装学院. 范树林，郝瑞闽，文家琴编译. 文化服装讲座(新版). 北京：中国轻工业出版社，1998.
［3］ 王海亮，周邦桢. 服装制图与推板技术. 北京：中国纺织出版社，2001.
［4］ 杨佑国，陈鹤玉. 图解服装裁剪技术. 北京：化学工业出版社，2009.